Maßstab 8
Mathematik

Herausgegeben von

Max Schröder

Bernd Wurl

Alexander Wynands

Schroedel

Maßstab 8
Mathematik

Herausgegeben und bearbeitet von

Jost Baier, Kerstin Cohrs-Streloke, Anette Lessmann, Hartmut Lunze, Monika Mattern, Ludwig Mayer, Peter Ploszynski, Jürgen Ruschitz, Dr. Max Schröder, Christa Spring, Prof. Bernd Wurl, Prof. Dr. Alexander Wynands

in Zusammenarbeit mit der Verlagsredaktion

Zum Schülerband erscheinen:

Materialien 7 – 9: Best.-Nr. 84617
Lösungsheft: Best.-Nr. 84628

Bildquellenverzeichnis
Umschlagfoto: Imagine-Liaison, Hamburg
Dieter Rixe, Braunschweig: 6, 7, 10 (2), 11 (2), 12 (2), 13 (2), 16, 23, 24, 28, 29, 31, 41 (2), 42, 43, 46, 52 (3), 57 (2), 59, 68, 80 (4), 82, 89 (2), 93 (3), 78 (9), 101, 103, 104, 105, 113, 114, 117 (2), 118 (7), 119, 122, 123 (9), 125 (5), 126, 128, 141 (3)
S. 14: Sven Simon, Essen (Schwimmen), Imagine – Waldkirch, Hamburg (Stadion); S. 15: © The Guinness Book of Records 1991 oder 1992, Seite 76 (Fingernägel), Seite 194 (Eiffelturm); S. 30: Mauritius – Scheuerecker, Mittenwald; S. 50: Stadt Emmerich; S. 53: dpa, Frankfurt/Main; Mauritius – Sylvie, Mittenwald (Pension), Zefa – Leinauer, Düsseldorf (bayerisches Paar); S. 94: Mauritius – SST, Mittenwald; S. 108: dpa, Frankfurt/Main (Leuchtturm), Mauritius – Pigneter, Mittenwald (Castel del Monte), Luftbild-Bertram, München-Haar (Luftbild Berlin); S. 121: Michael Fabian (3); S. 127: Alexander Wynands; Thyssen Krupp Stahl AG, Duisburg: S. 131; S. 132: Greiner + Meyer, Braunschweig.

Trotz entsprechender Bemühungen ist es nicht in allen Fällen gelungen, den Rechtsinhaber ausfindig zu machen. Gegen Nachweis der Rechte zahlt der Verlag für die Abdruckerlaubnis die gesetzlich geschuldete Vergütung.

ISBN 3-507-**84638**-1

© 2003 Schroedel Verlag
im Bildungshaus Schroedel Diesterweg Bildungsmedien GmbH & Co. KG, Hannover

Alle Rechte vorbehalten. Dieses Werk sowie einzelne Teile desselben sind urheberrechtlich geschützt. Jede Verwertung in anderen als den gesetzlich zugelassenen Fällen ist ohne vorherige schriftliche Zustimmung des Verlages nicht zulässig.

Druck A $^{5\,4\,3\,2\,1}$ / Jahr 07 06 05 04 03

Alle Drucke der Serie A sind im Unterricht parallel verwendbar. Die letzte Zahl bezeichnet das Jahr dieses Druckes.

Illustrationen: Hans-Jürgen Feldhaus
Zeichnungen: Michael Wojczak
Satz-Repro: More*Media* GmbH, Dortmund
Druck: J. P. Himmer GmbH & Co. KG, Augsburg

Hinweise

Merksätze

Merksätze stehen auf einem blauen Hintergrund.

Beispiele

Musterbeispiele als Lösungshilfen stehen auf einem gelben Hintergrund.

Testen, Üben, Vergleichen (TÜV)

Jedes Kapitel endet mit 1 bis 2 Seiten TÜV, bestehend aus den wichtigsten Ergebnissen und typischen Aufgaben dazu. Die Lösungen dieser Aufgaben sind zur Selbstkontrolle für die Schülerinnen und Schüler am Ende des Buches angegeben.

Projekte/Themenseiten

Projekt- bzw. Themenseiten sind im Buch besonders gekennzeichnet:

Differenzierung

Besonders schwierige Aufgaben sind durch einen roten Kreis um die Aufgabennummer gekennzeichnet:

Knobelaufgaben sind ebenfalls besonders gekennzeichnet:

Leitfiguren

Durch das Buch führen zwei Leitfiguren: die Null und die Eins.
Sie können die Aufgabe stellen oder geben nützliche Tipps und Hilfen.

Inhaltsverzeichnis

1 Brüche, Größen, Zuordnungen — 6

- Stationenrechnen — 8
- Brüche und Dezimalbrüche — 9
- Länge — 10
- Masse — 11
- Volumen — 12
- Zeit — 13
- Sport — 14
- Merkwürdige Rekorde — 15
- Proportionale Zuordnungen — 16
- Dreisatz bei proportionalen Zuordnungen — 18
- Stundenlohn und Stückpreis — 19
- Eine Reise durch die USA — 20
- Antiproportionale Zuordnungen — 22
- Zuordnungen im Koordinatensystem — 26

2 Konstruieren in der Ebene — 28

- Dreieckstypen — 30
- Konstruktion von Dreiecken — 31
- Mittelsenkrechte im Dreieck — 34
- Winkelhalbierende im Dreieck — 35
- Höhen- und Seitenhalbierende im Dreieck — 36
- Satz des Thales — 37
- Viereckstypen — 38
- Konstruktion von Vierecken — 39
- Maßstabsgerechtes Zeichnen — 41
- Kreis und Gerade — 42
- Testen, Üben, Vergleichen — 44

3 Prozent- und Zinsrechnung — 46

- Grundbegriffe der Prozentrechnung — 48
- Prozentsätze über 100% — 50
- Prozentformel — 51
- Berechnung von Grundwert und Prozentsatz mit der Formel — 52
- Vermehrter Grundwert — 54
- Verminderter Grundwert — 55
- Promille — 57
- Rabatt – Skonto — 58
- Streifen-, Säulen- und Kreisdiagramm — 59
- Kapital, Zinssatz und Zinsen — 61
- Jahreszinsen — 62
- Sabrinas und Sebastians Träume und Albträume — 63
- Zinssatz und Kapital — 64
- Monatszinsen und Tageszinsen — 66
- Was macht Petra mit dem Geldgeschenk? — 69
- Testen, Üben, Vergleichen — 70

4 Terme und Gleichungen — 72

- Pinnwand — 74
- Terme mit Variablen — 75
- Aufstellen und Berechnen von Termen — 77
- Gleichungen und Ungleichungen — 78
- Lösen von Gleichungen mit Umkehroperatoren — 79
- Ordnen und Zusammenfassen — 81
- Gleichungen mit der Variablen auf beiden Seiten — 83
- Lösen von Gleichungen durch Umformen — 84
- Pension Tannenblick — 86
- Lösen von Sachaufgaben durch Gleichungen — 87
- Klammerregeln für Summen und Differenzen — 88
- Ausmultiplizieren und Ausklammern — 89
- Auflösen von Formeln nach einer Variablen — 90
- Testen, Üben, Vergleichen — 91

Inhaltsverzeichnis

5 Flächenberechnung — 92

- Flächeninhalt und Umfang des Rechtecks — 94
- Flächeninhalt des Dreiecks — 95
- Flächeninhalt des Parallelogramms — 96
- Flächeninhalt des Trapezes — 97
- Umfang des Kreises — 100
- Flächeninhalt des Kreises — 102
- 🌐 Silberschmuck – selbst gemacht — 105
- Testen, Üben, Vergleichen — 106

6 Körper zeichnen und berechnen — 108

- Säule und Prisma — 110
- Schrägbilder — 111
- Oberfläche von Würfel und Quader — 112
- Oberfläche der Säule — 113
- Volumen (Rauminhalt) von Quader und Würfel — 114
- Volumen (Rauminhalt) des Prismas — 115
- Massenberechnungen — 117
- 🌐 Verpackungen — 118
- 🌐 Zylinder bauen und zeichnen — 120
- Oberfläche des Zylinders — 121
- Volumen des Zylinders — 122
- Testen, Üben, Vergleichen — 124

7 Stochastik — 126

- Daten erfassen und darstellen — 128
- Mittelwert — 130
- Stichproben — 131
- Relative Häufigkeit — 133
- Glück und Zufall — 135
- 🌐 Die Würfel fallen — 136
- Erwarteter Gewinn oder Verlust — 138
- Mehrstufige Zufallsversuche — 139
- Testen, Üben, Vergleichen — 140

Qualitätssicherung — 142

- Lösungen der TÜV-Seiten — 145
- Lösungen der Qualitätssicherung — 149
- Formeln — 150
- Maßeinheiten — 151
- Stichwortverzeichnis — 152

1 Brüche, Größen, Zuordnungen

1 Brüche, Größen, Zuordnungen

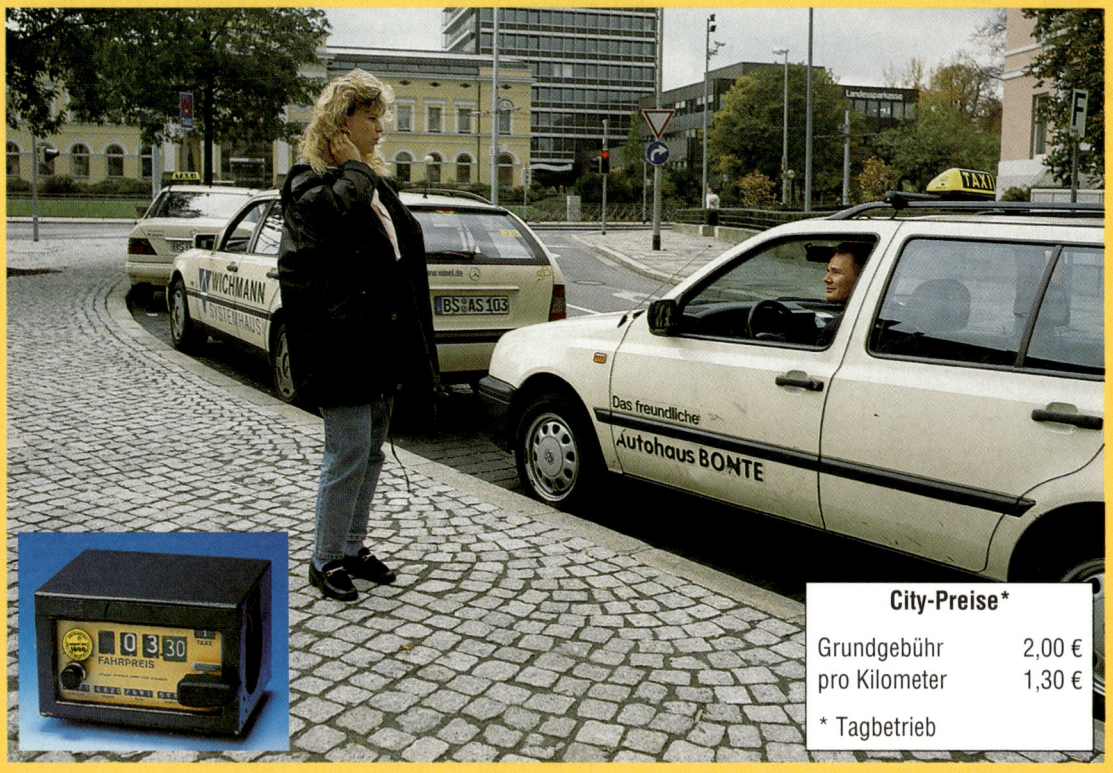

City-Preise*

Grundgebühr	2,00 €
pro Kilometer	1,30 €

* Tagbetrieb

Was ist günstiger?

Super Basil
4,5 kg
7,49 €

Super Basil
10 kg
19,00 €

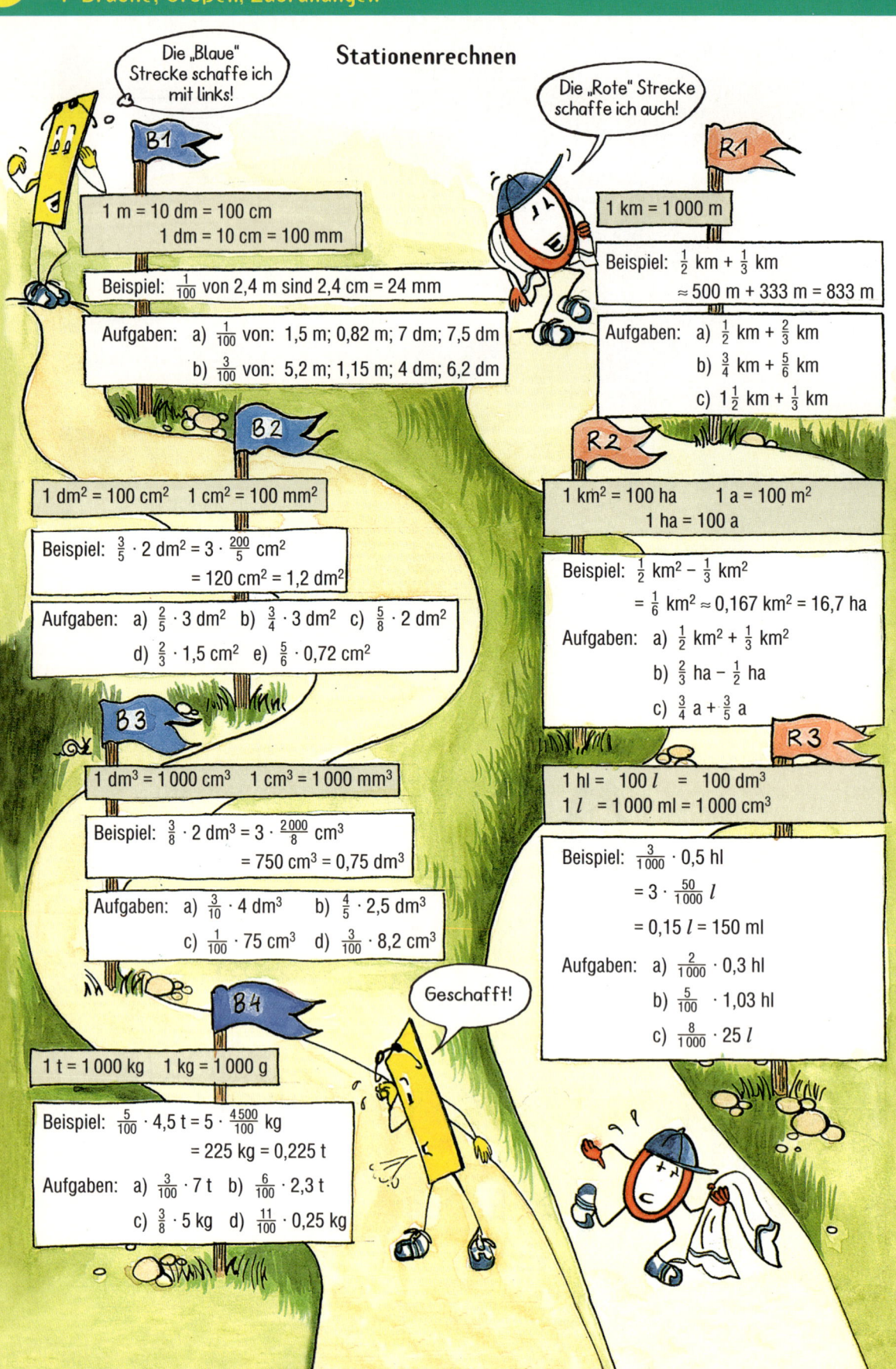

Brüche und Dezimalbrüche

1.

Zähler / Nenner	1	2	3	4	5	6	7	8	9
1	$\frac{1}{1}=1$	$\frac{2}{1}=2$	$\frac{3}{1}=3$	$\frac{4}{1}=4$	$\frac{5}{1}=5$	$\frac{6}{1}=6$	$\frac{7}{1}=7$	$\frac{8}{1}=8$	$\frac{9}{1}=9$
2	$\frac{1}{2}=0{,}5$	$\frac{2}{2}=1$	$\frac{3}{2}=1{,}5$	$\frac{4}{2}=2$	$\frac{5}{2}=2{,}5$	$\frac{6}{2}=3$	$\frac{7}{2}=3{,}5$	$\frac{8}{2}=4$	$\frac{9}{2}=4{,}5$
3	$\frac{1}{3}=0{,}333\ldots$	$\frac{2}{3}=0{,}666\ldots$	$\frac{3}{3}=1$	$\frac{4}{3}=1{,}33\ldots$	$\frac{5}{3}=1{,}66\ldots$	$\frac{6}{3}=2$	$\frac{7}{3}=2{,}33\ldots$	$\frac{8}{3}=2{,}66\ldots$	$\frac{9}{3}=3$
4	$\frac{1}{4}=0{,}25$	$\frac{2}{4}=0{,}5$	$\frac{3}{4}=0{,}75$	$\frac{4}{4}=1$	$\frac{5}{4}=1{,}25$	$\frac{6}{4}=1{,}5$	$\frac{7}{4}=1{,}75$	$\frac{8}{4}=2$	$\frac{9}{4}=2{,}25$
5	$\frac{1}{5}=0{,}2$	$\frac{2}{5}=0{,}4$	$\frac{3}{5}=0{,}6$	$\frac{4}{5}=0{,}8$	$\frac{5}{5}=1$	$\frac{6}{5}=1{,}2$	$\frac{7}{5}=1{,}4$	$\frac{8}{5}=1{,}6$	$\frac{9}{5}=1{,}8$
6	$\frac{1}{6}=0{,}1666\ldots$	$\frac{2}{6}=0{,}333\ldots$	$\frac{3}{6}=0{,}5$	$\frac{4}{6}=0{,}666\ldots$	$\frac{5}{6}=0{,}8333\ldots$	$\frac{6}{6}=1$	$\frac{7}{6}=1{,}166\ldots$	$\frac{8}{6}=1{,}33\ldots$	$\frac{9}{6}=1{,}5$
7	$\frac{1}{7}=0{,}1428\ldots$	$\frac{2}{7}=0{,}2857\ldots$	$\frac{3}{7}=0{,}4285\ldots$	$\frac{4}{7}=0{,}5714\ldots$	$\frac{5}{7}=0{,}7142\ldots$	$\frac{6}{7}=0{,}8571\ldots$	$\frac{7}{7}=1$	$\frac{8}{7}=1{,}1428\ldots$	$\frac{9}{7}=1{,}2857\ldots$
8	$\frac{1}{8}=0{,}125$	$\frac{2}{8}=0{,}25$	$\frac{3}{8}=0{,}375$	$\frac{4}{8}=0{,}5$	$\frac{5}{8}=0{,}625$	$\frac{6}{8}=0{,}75$	$\frac{7}{8}=0{,}875$	$\frac{8}{8}=1$	$\frac{9}{8}=1{,}125$
9	$\frac{1}{9}=0{,}111\ldots$	$\frac{2}{9}=0{,}222\ldots$	$\frac{3}{9}=0{,}333\ldots$	$\frac{4}{9}=0{,}444\ldots$	$\frac{5}{9}=0{,}555\ldots$	$\frac{6}{9}=0{,}666\ldots$	$\frac{7}{9}=0{,}777\ldots$	$\frac{8}{9}=0{,}888\ldots$	$\frac{9}{9}=0{,}999\ldots$

a) Übertrage die Tabelle in dein Heft. Umrande die Brüche größer als 1 und die Brüche kleiner als 1 mit verschiedenen Farben.
b) Wie viele Brüche in der Tabelle sind natürliche Zahlen?
c) Wie viele abbrechende Dezimalbrüche stehen in der Tabelle?
d) Schreibe alle gekürzten Brüche der Tabelle auf, die einen periodischen Dezimalbruch haben.
e) Angela behauptet: „0,999… ist gleich 1." Was meinst du dazu?

2.
a) Gib den Flächeninhalt des großen Quadrats in cm² an.
b) Wie viel cm² misst ein kleines Gitterquadrat?
c) Wie viele Gitterquadrate enthält das große Quadrat?

3. Stell dir vor, auf dem großen Quadrat liegt eine dicke Eisenplatte, die 1 kg wiegt.
a) Wie viel g wiegt dann $\frac{3}{8}$ dieser Platte? Zeige die entsprechende Fläche.
b) Auf welchem Bruchteil der ganzen Fläche liegen etwa 62 g?
c) Wie dick ist etwa die Eisenplatte 2,14 mm, 2,14 cm oder 2,14 dm (1 dm³ Eisen wiegt ca. 7,3 kg)?

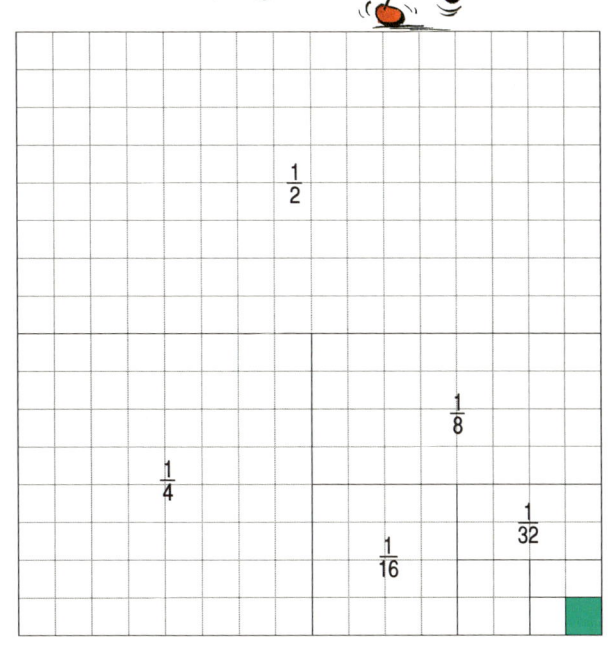

Länge

1. Ein Rundkurs ist $2\frac{1}{4}$ km lang. Es sind 60 Runden zu fahren. Wie lang ist die Strecke?

2. Im Flussfreibad von Künzelsau (Baden-Württemberg) gibt es häufig ein Langstreckenschwimmen in einer Rundbahn von $\frac{1}{4}$ km Länge. Berechne die Schwimmstrecke (Dezimalbruch) in km.
   a) Frau B. (75 Jahre) 3 Runden   b) Herr X. (73 Jahre) 5 Runden   c) Maria D. (14 Jahre) 7 Runden

3. Bei einer 180 km langen Radtour platzt einem Teilnehmer nach drei Viertel der Strecke ein Reifen. Wie viel Kilometer ist er noch vom Ziel entfernt?

4. Welche Längen sind gleich? Schreibe sie mit Gleichheitszeichen ins Heft.

   a) 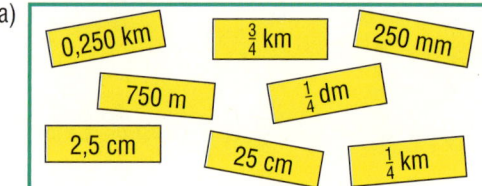   b)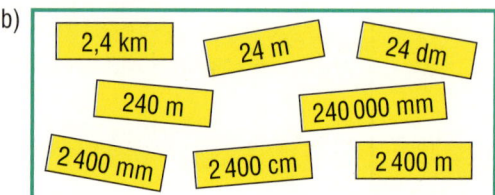

5. Vergleiche. Setze <, > oder = ein.
   a) $\frac{1}{5}$ km ■ 250 m   b) $\frac{2}{3}$ m ■ 60 cm   c) $\frac{3}{8}$ km ■ 375 m   d) $\frac{3}{4}$ dm ■ 70 mm

6. Frau Erhard möchte im Wohnzimmer den Vorhang erneuern. Das Fenster ist 2,80 m breit. Der Vorhang soll in Falten hängen.
   a) Wie breit muss der Vorhangstoff sein?
   b) Für ein anderes Fenster kaufte Frau Erhard einen 7 m breiten Vorhangstoff. Wie breit ist dieses Fenster?

7. Herr Herzog hat für ein 3,50 m breites Fenster 9 m breiten Vorhangstoff gekauft. Welche Stoffbreite ist das für 1 m Fensterbreite? Runde.

8. Frau Rohr plant mit ihrer 8. Klasse einen Wandertag. Die Strecke ist auf der Wanderkarte 14 cm lang (Maßstab 1 : 100 000). Wie lang ist die Wanderstrecke in Wirklichkeit?

9. Martin hat ein naturgetreues Automodell im Maßstab 1 : 25 gebastelt. Sein Flitzer ist 18,4 cm lang, 7,2 cm breit und 5,6 cm hoch. Welche Maße hat das Original?

10. Ein Flugzeugmodell hat eine Spannweite von 39,2 cm. In Wirklichkeit sind das 19,6 m. Berechne den Maßstab.

11. Ein Ball fällt aus 18 m Höhe senkrecht nach unten. Nach jedem Aufprall springt er nur noch halb so hoch. Wie lang ist der Weg, den der Ball dann bis zum dritten Aufprall zurücklegt?

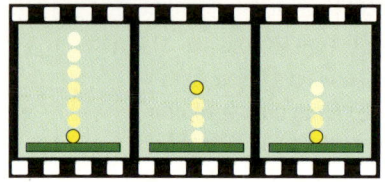

1 Brüche, Größen, Zuordnungen

Masse

1. Dein Mathematikbuch wiegt etwa $\frac{1}{2}$ Kilogramm. Wie schwer ist ein Paket mit 25 Mathematikbüchern, wenn die Verpackung nicht eingerechnet wird?

2. Herr Weiß liefert für einen Verlag Zeitschriften aus. Jede Zeitschrift wiegt ein Fünftel Kilogramm. Immer 60 Zeitschriften werden gebündelt. Wie viel wiegt jedes Zeitschriftenbündel?

3. Ein Lieferwagen hat eine Nutzlast von $1\frac{3}{4}$ t. Die Fahrerin soll 32 Pakete, die jeweils 40 kg wiegen, einladen. Können dann noch weitere Pakete zugeladen werden?

4. Ein Paket mit 500 Blatt Kopierpapier wiegt etwa $2\frac{1}{4}$ kg. Eine Schule bestellt 60 000 Blätter.
   a) Wie viele Pakete werden angeliefert?
   b) Wie viel wiegt die ganze Lieferung?
   c) Wie viel Gramm wiegt ein Blatt?

5. Familie Neumann zieht um nach Lüdenscheid. Eine Umzugsfirma verpackt den Hausrat der Neumanns in 12 Kartons zu je 50 kg. Die Möbel wiegen 1,8 t. Was wiegt das gesamte Umzugsgut?

6. Jugendliche deines Alters benötigen täglich 75 mg Vitamin C. Womit kannst du deinen Vitamin-C-Bedarf decken? Gib vier Beispiele an.

7. Eisen ist in deiner Ernährung ebenfalls lebenswichtig. Davon solltest du täglich etwa 20 mg essen oder trinken. In 0,1 kg Roggenbrot sind 3 mg und in 0,1 kg Schinken 2 mg Eisen enthalten. Wie könntest du damit deinen täglichen Eisenbedarf decken? Schreibe drei Möglichkeiten auf.

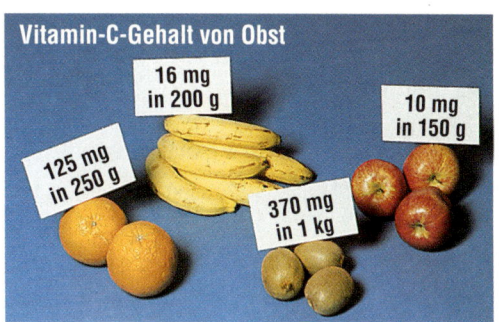

8. In der Obst- und Gemüseabteilung wurden 0,24 t Tomaten angeliefert. Nach einer Woche ist ein Sechstel der Ware verdorben. Wie viel Kilogramm sind das?

9. Nadja hat nach ihrer Ausbildung die Verantwortung für den Gemüseeinkauf. Sie bestellt 24 Kisten mit Gurken. Jede Kiste wiegt 20 kg. Kann sie alle Gurken auf einen Rollwagen mit $\frac{1}{2}$ t Nutzlast laden?

10. Frau Hartmann belädt ihren Lieferwagen mit $\frac{1}{2}$ t Tomaten, 180 kg Gurken und mit 400 Obstschalen, die jeweils 500 g wiegen. Das Fahrzeug hat eine Nutzlast von 1 t. Wie viel Kilogramm Kartoffeln kann sie noch zuladen?

11. Ein Schnitzel verliert beim Braten in der Pfanne etwa ein Drittel seines Gewichts. Frau Manz hat 0,84 kg Fleisch gekauft. Wie viel Gramm wiegen die gebratenen Schnitzel?

12. Bauer Scheufler hat einen Ladewagen mit 1,8 t Heu im Stall abgeladen. Wie schwer war das Gras, wenn es beim Trocknen zu Heu $\frac{2}{3}$ seiner Masse verloren hat?

13. Daniela, Jens und Achim wiegen zusammen 126 kg. Achim wiegt 2 kg mehr als Jens und Jens wiegt 2 kg mehr als Daniela. Wie viel wiegt Daniela, wie viel Jens und Achim?

Volumen

1. Die Schülerinnen und Schüler der Klasse 8a betreuen in der Schule ein Aquarium. Es ist 180 cm lang, 60 cm breit und 50 cm hoch. Es ist zur Hälfte mit Wasser gefüllt. Wie viel l Wasser sind es?

2. Pia hat zu Hause auch ein Aquarium. Es ist 1,10 m lang, 40 cm breit und 60 cm hoch. Das Becken ist zu dreiviertel gefüllt. Berechne die Wassermenge in cm^3, in l und in hl.

3. Eine Milchpackung ist 10,2 cm lang, 5,1 cm breit und 20,4 cm hoch. Berechne das Volumen in cm^3 und dm^3. Für wie viel l Milch ist die Packung geeignet?

4. Das Schwimmbad in Niedernhall ist 50 m lang, 24 m breit und durchschnittlich 1,5 m tief. Schätze zuerst, berechne dann, wie viel Wasser hineinpasst (m^3 und l).

5. Das Klassenzimmer von Hannah ist etwa 7,10 m breit, 9,55 m lang und 3,95 m hoch. Berechne das Volumen des Klassenzimmers in m^3. Runde auf zwei Kommastellen.

6. Familie Bergner „produziert" täglich im Durchschnitt $14\frac{1}{2}$ l Müll. Bergners haben ein Standgefäß für Müll, das 240 l fasst und alle 14 Tage geleert wird. Reicht das Gefäß?

7. Ein Müllauto kann etwa 16 m^3 Müll transportieren.
   a) Wie viel 80-l-Mülltonnen haben das gleiche Volumen?
   b) Durch Anpressen kann das Müllauto den Inhalt von etwa 1 000 vollen 80-l-Tonnen aufnehmen. Auf welches Volumen wird der Inhalt einer Mülltonne gepresst?

8. Streichholzschachteln sind 5 cm lang, 4 cm breit und etwa 1 cm hoch. Berechne das Volumen der Türme.

   a)   b)   c)

9. In einer Medizinflasche sind 0,75 l Spritzmittel. Wie viele 4 ml-Spritzen kann man daraus füllen?

10. Passen 1 000 000 Kugeln mit einem Durchmesser von 1 mm in eine Streichholzschachtel, eine Kaffeetasse, einen Eimer, …? *Hinweis:* Überlege, wie viele mm^3-Würfel in einen dm^3-Würfel passen.

1 Brüche, Größen, Zuordnungen

Zeit

1. Welches ist die längste Zeitdauer? Schätze zuerst, vergleiche dann durch Umrechnen in Sekunden.
   a) 18 000 Sekunden   1 800 Minuten   18 Stunden   1 Tag
   b) 50 000 Sekunden   500 Minuten   15 Stunden $\frac{1}{2}$ Tag

   1 Jahr = 360 Tage
   1 h = 60 min
   1 min = 60 s

2. In Deutschland wird ein Mensch durchschnittlich 77 Jahre alt. Eine Elefantenschildkröte kann viermal so alt werden. Ein Hund kann etwa 15 Jahre alt werden. Wer wird etwa so alt?
   a) 473 Mio. Sekunden   b) 110 000 Tage   c) 4 000 Wochen

3. Ungefähr ein Drittel unseres Lebens verbringen wir Menschen mit Schlafen. Wie viele Stunden sind das bei einem 40-Jährigen; einem 15-Jährigen; einem 80-Jährigen?

4. Die Klasse 8a plant mit ihrer Lehrerin einen Wandertag. Die Gruppe möchte um 8.20 Uhr starten und muss die Strecke in $5\frac{3}{4}$ Stunden schaffen. Wie spät ist es dann?

5. Nasia fährt um 7.35 Uhr zu Hause mit dem Schulbus ab. Die Fahrt dauert $\frac{3}{4}$ Stunde. Kommt sie noch vor dem Klingeln um 8.20 Uhr in der Schule an?

6. Veronika und Martin sind mit dem Fahrrad um 9.45 Uhr gestartet. Nach $1\frac{1}{4}$ Stunden haben sie ein Drittel der Strecke zurückgelegt.
   a) Wie lange dauerte die reine Fahrzeit?
   b) Wann sind sie nach einer Pause von 45 min am Ziel?

7. Nadja möchte sich 5 Lieder von einer CD anhören.
   a) Runde die Laufzeiten auf ganze Minuten und überschlage die gesamte Laufzeit.
   b) Rechne die gesamte Laufzeit genau aus.

1	2	3	4	5
3 min 42 s	2 min 54 s	3 min 21 s	4 min 12 s	2 min 54 s

8. Janosch hat eine Kassette mit $2\frac{1}{2}$ Stunden Aufnahmedauer gekauft. Sein Wunschfilm beginnt um 20.15 Uhr und endet um 22.35 Uhr. Kann er den Film vollständig aufzeichnen? Begründe deine Antwort.

9. In Deutschland besuchen die meisten Schülerinnen und Schüler 10 Jahre lang die allgemeinbildende Schule.
   a) Berechne die Stunden, die dabei in der Schule zugebracht werden (40 Schulwochen je Jahr mit 30 Stunden pro Woche).
   b) Welche Zeit verbringt der Durchschnittsschüler in 10 Jahren vor dem Fernsehgerät (täglich 3 Stunden).

10. Kevin ist ein „Durchschnitts-TV-Seher". Er hat bisher 388 800 Minuten fern gesehen. Wie alt ist Kevin etwa?

11. a) Eva und Sven sind zusammen 28 Jahre alt. Eva ist zwei Jahre älter als Sven. Wie alt ist jeder?
    b) Vater und Sohn sind zusammen 72 Jahre alt, wobei der Sohn halb so alt wie der Vater ist. Wie alt sind Vater und Sohn jeweils?

Sport

1 Brüche, Größen, Zuordnungen

Sport

1. In der Saison 1997/98 strömten 9 604 654 Zuschauer in die Stadien der 18 Vereine der Fußballbundesliga.

   a) Wie hoch waren etwa die Einnahmen durch Eintrittskarten, wenn die Karten durchschnittlich 24 DM (12 €) kosteten?

   b) Wie viele Spiele trug jeder Verein in der Hin- und Rückrunde aus?

   c) Wie viele Spiele fanden in der Saison statt?

   d) Wie viele Zuschauer waren durchschnittlich bei jedem Spiel? Runde auf Tausend.

2. Das schnellste Tor in der Fußball-Bundesliga schoss Giovane Elber beim Spiel Bayern München gegen Hamburger SV am 31.1.1998. Ihm gelang das „Blitztor" nach 11 Sekunden. Wie viele Tore wären in dem Spiel gefallen, wenn die Spieler das Tempo beibehalten hätten? Berücksichtige nach jedem Tor eine Minute bis zum erneuten Anstoß.

3. In vielen Sportdisziplinen gibt es auf den ersten Blick „krumme" Maße. Erläutere, wie sie mit den englischen Maßen zusammenhängen.

   a) Fußball: Breite des Tores   7,32 m
   b) Fußball: Abstand der Mauer beim Freistoß   9,15 m
   c) Kugelstoßen: Durchmesser des Stoßkreises 2,135 m
   d) Kugelstoßen Männer: Gewicht der Kugel   7,26 kg
   e) Leichtathletik: Breite der Laufbahn   1,22 m

Englische Längen und Gewichte	
1 inch	2,54 cm
1 foot	30,48 cm
1 yard	91,44 cm
1 ounce	28,35 g
1 pound	453,59 g
1 stone	6,35 kg

4. Der Weltrekord im 100-m-Lauf der Männer ist 9,84 s (1998).

   a) Wie viel m lief der Weltrekordler in 1 s? Runde auf cm.

   b) Stell dir vor, du könntest so schnell wie der 100-m-Weltrekordler 1 Stunde lang laufen. Wie weit bist du dann gelaufen? Runde auf m.

5. a) Eine Mannschaft aus Dresden schwamm 1988 eine 1 000 x 50-m-Staffel in 7 h 31 min 45 s. Wie viel Sekunden wurden durchschnittlich für 50 m benötigt?

   b) Vergleiche mit dem Weltrekord über 50-m-Freistil (Männer: 21,81 s, Frauen: 24,51 s).

6. 1994 stellte Kieren Perkins (Australien) im 1 500-m-Freistilschwimmen mit 14:41,66 min einen neuen Weltrekord auf.

   a) Berechne, welche Strecke der Schwimmer in einer Hundertstelsekunde zurücklegte. Dividiere dazu die Länge der Schwimmstrecke (in mm) durch die Zeit in Hundertstelsekunden.

   b) Wie genau müsste die Bahnlänge von 50 m stimmen, damit bei der Zeitmessung die Genauigkeit von einer Hundertstelsekunde einen Sinn hat? Dividiere das Ergebnis von a) durch die Anzahl der Bahnlängen beim 1500-m-Schwimmen. Beachte, dass bei der Anlage von 50-m-Becken eine Abweichung von ± 3 mm erlaubt ist.

Merkwürdige Rekorde

1. Die längsten Fingernägel hatte Shridhar Chillal aus Indien. Am 12. März 1996 hatten die Nägel seiner linken Hand folgende Längen: Daumen 135 cm, Zeigefinger 104 cm, Mittelfinger 112 cm, Ringfinger 119 cm, kleiner Finger 119 cm. Fingernägel wachsen etwa $\frac{1}{2}$ mm pro Woche. Herr Chillal behauptete, seine Nägel zuletzt im Jahr 1952 geschnitten zu haben. Überprüfe.

2. Der größte Geldschein ist die chinesische 1-Guan-Note aus dem 14. Jahrhundert. Sie ist 33 cm lang und 22,8 cm breit. 1917 gab es in Rumänien eine Banknote, die nur 38 mm lang und 27,5 mm breit war. Wie viele rumänische Geldscheine benötigt man ungefähr, um den chinesischen auszulegen?

3. Die im Format größte Zeitung, die gedruckt und verkauft wurde, erschien am 14. Juni 1993 in Gent (Belgien). Die Seiten waren 142 cm lang und 99,5 cm breit. Die kleinste Zeitung war 6,9 cm lang und 5,4 cm breit und wurde am 5. September 1885 in Washington (USA) gedruckt. Wie viele Seiten dieser Zeitung benötigt man ungefähr, um eine Seite der größten Zeitung auszulegen?

4. Die auffälligste Leuchtreklame strahlte von 1925 bis 1936 vom Eiffelturm in Paris. Sie war noch in 38 km Entfernung zu erkennen. Die Lichterkette bestand aus 250 000 Glühbirnen und elektrischen Leitungen von insgesamt 90 km Länge. Die einzelnen Buchstaben waren ca. 20 m hoch. Um welchen Betrag würde die jährliche Stromrechnung deiner Eltern steigen, wenn ihr diese Leuchtreklame im Garten hättet? (Brenndauer pro Tag: 8 Stunden; Preis je Glühlampe für eine Stunde: 1,2 Cent.)

5. In Jamaica lief 1993 Ashrita Furman 113,76 km mit einer Milchflasche auf dem Kopf. Er brauchte dafür 18 Stunden und 46 Minuten. Vergleiche mit den folgenden Rekorden, indem du überschlägst, wie viele Minuten durchschnittlich für einen km benötigt wurden.
   - Kinderroller fahren: 24 Stunden für 303 km (1986)
   - Kohlen tragen (50,8 kg): 8 Std. 26 Min. für 42,195 km (1983)

6. 1989 schaffte der Engländer Paddy Doyle 37 350 Liegestütze in 24 Stunden. Wie viele Sekunden brauchte er durchschnittlich für einen Liegestütz?

Proportionale Zuordnungen

Eine Zuordnung heißt **proportional**, wenn zum Vielfachen einer Ausgangsgröße das entsprechende Vielfache der zugeordneten Größe gehört.

Portionen	Preis (€)
· 2 ⌇ 4	10 ⌇ · 2
8	20

Portionen	Preis (€)
: 2 ⌇ 4	10 ⌇ : 2
2	5

Der Graph ist ein Strahl vom Nullpunkt aus.

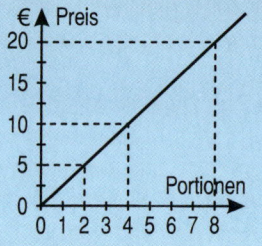

Aufgaben

1. Die Zuordnung ist proportional. Bestimme die fehlende Größe.

a)
Menge (kg)	Preis (€)
3	13,50
12	■

b)
Menge (kg)	Preis (€)
35	42
5	■

c)
Anzahl	Preis (€)
7	28
21	■

d)
Anzahl	Preis (€)
36	6
6	■

2. Auf dem Wochenmarkt wird stückweise verkauft ohne Mengenrabatt:
a) Bei Frau Möhler kosten 6 Hühnereier 1,20 €. Wie viel kosten 30 Eier?
b) Bei Frau Spartz kosten 15 Kiwis 4,50 €. Wie viel kosten 5 Kiwis?
c) Bei Frau Drescher kosten 8 Rosen 6 €. Wie viel kosten 48 Rosen?

3. Durchsage im Getränkemarkt: „Sechs Flaschen Apfelsaft kosten heute 4,80 €." Familie Hausmann nimmt gleich 24 Flaschen mit. Welcher Betrag wird dafür verlangt?

4. Frau Burkhardt kauft Schnitzel beim Metzger. Sie bezahlt für 600 g 4,80 €. Frau Baumann will nur die halbe Menge, Herr Kraft die doppelte Menge. Welche Preise zahlen Frau Baumann und Herr Kraft?

5. Für das Austragen von 150 Prospekten erhält Jana 9,50 €. In den Ferien übernimmt sie diese Arbeit von zwei Freunden und trägt 450 Prospekte aus. Wie hoch ist dann ihr Verdienst?

6. Marcel hilft einer Rentnerin im Garten. Im Monat April hat er für zehn Stunden 40 € erhalten. Im Mai hat er 15 Stunden geholfen. Welchen Geldbetrag erhielt er?

7. Stefan kauft zu Schuljahresbeginn neue Schulhefte. Im Fachgeschäft werden sechs Hefte für 3,60 € angeboten. Er will neun Hefte kaufen. Welchen Betrag muss er zahlen?

1 Brüche, Größen, Zuordnungen

8. Die Graphik zeigt für Fleisch eine Zuordnung kg ⟶ €.
  a) Lies die Preise ab für:
     2 kg   2,5 kg   4 kg
  b) Lies die Mengen ab für:
     5 €   2,50 €   17,50 €
  c) Begründe: Die Zuordnung ist proportional.

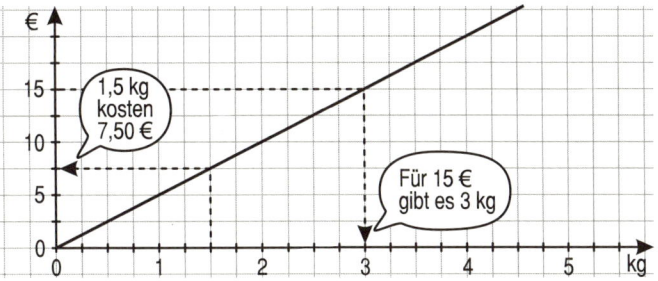

9. a) 4 kg Spargel kosten 25 €. Zeichne den Graphen der Zuordnung Menge (kg) ⟶ Preis (€). Wähle als Einheiten 1 cm für 5 € (Hochachse) und 1 cm für 0,5 kg (Rechtsachse).
  b) Lies die ungefähren Preise ab für:
     1,5 kg   3,0 kg   2,250 kg
  c) Lies die ungefähren Mengen ab für:
     5,– €   20,– €   35,– €   7,50 €

Zeichne für den gerundeten Wert.

10. Frau Kärcher tauscht für eine Reise nach Athen 148,20 € (gerundet: 150 €) in 50 000 gr. Drachmen (gr. D).
  a) Zeichne den Graphen der Zuordnung € ⟶ gr. D. Wähle als Einheiten 1 cm für 20 € und 1 cm für 10 000 gr. D.
  b) Lies ab, wie viel gr. D sind es (etwa):
     60 €   180 €   270 €   135 €
  c) Lies ab, wie viel € sind es (etwa):
     80 000 gr. D   30 000 gr. D   55 000 gr. D   10 000 gr. D

11. a) Herr Laux verdient am Montageband einer Autofabrik in 8 Stunden 100 €. Zeichne den Graphen der Zuordnung: Zeit (h) ⟶ Lohn (€). Wähle als Einheiten 1 cm für 2 h und 2 cm für 100 €.
  b) Lies den Lohn ab für:
     10 h   16 h   6 h   12 h   2 h
  c) Wie viele Stunden muss er arbeiten für:
     50 €   200 €   350 €   275 €

12. Trage die Größenpaare in ein Koordinatensystem ein und prüfe an dieser Zeichnung, ob sie zu einer proportionalen Zuordnung gehören oder nicht.

a) Menge (kg)	Preis (€)	b) Menge (kg)	Preis (€)	c) Anzahl	Preis (€)	d) Anzahl	Preis (€)
3	60	3	70	40	50	40	50
4	80	6	130	60	75	60	75
7	140	9	190	100	125	90	90

13. Die Zuordnung ist proportional, berechne die fehlenden Werte.

a) Menge (kg)	Preis (€)	b) Menge (kg)	Preis (€)	c) Anzahl	Preis (€)	d) Anzahl	Preis (€)
2	■	■	4	5	■	■	9
6	15	14	8	10	4,80	15	45
12	■	■	16	15	■	■	90
18	■	■	20	20	■	■	360

14. Prüfe durch Rechnen, ob die Größenpaare zu einer proportionalen Zuordnung gehören.

Die proportionalen ergeben einen Ausruf.

a) 4 kg 18 €	b) 9 kg 15 €	c) 9 m 12 €	d) 120 km 9 l
2 kg 9 € T	3 kg 6 € H	4,50 m 6 € O	600 km 45 l O

e) 7 Stück 56 €	f) 15 Stück 12 €	g) 4,80 m 8,64 €	h) 423 126 €
28 Stück 110 € N	75 Stück 60 € O	1,20 m 2,40 € A	141 42 € R

15. Eine 20-köpfige Jugendgruppe möchte einen Freizeitpark besuchen. Die Einzelkarte kostet 15 €. Für 25 Teilnehmer gibt es eine Gruppenkarte zu 250 €. Was ist zu tun?

1 Brüche, Größen, Zuordnungen

Dreisatz bei proportionalen Zuordnungen

Aufgabe	Beurteilung	Dreisatz				
8 kg einer Ware kosten 20 €. Wie viel € kosten 6 kg? Antwort: 6 kg der Ware kosten 15 €.	Die Zuordnung kg ⟶ € ist proportional.	Menge (kg) | Preis (€) 8 | 20 1 | 2,50 6 | 15 (:8, ·6)		Menge (kg) | Preis (€) 8 | 20 1 | 20/8 6 | (20·6)/8 = 15		

Aufgaben

1. Marina kauft im Supermarkt 7 Kiwis ein und bezahlt dafür 2,73 €. Am nächsten Tag benötigt sie für eine Nachspeise 4 Kiwis. Wie viel hat sie dafür zu zahlen?

2. Jens hat auf einem Flohmarkt 7 CDs für 98 € gekauft. Seine Freundin Christina findet beim gleichen Händler 4 CDs. Welchen Betrag muss sie zahlen?

3. Auf Manuels Drucker werden die 32 Seiten der Schülerzeitung in 8 Minuten ausgedruckt.
   a) Wie lange dauert das Ausdrucken der Extra-Zeitung zur Klassenfahrt mit 50 Seiten?
   b) Die erste Ausgabe nach den Sommerferien hat nur 12 Seiten. Wie lange dauert der Ausdruck?

4. Die Zuordnung ist proportional. Berechne die fehlende Größe.

   a) | Menge (kg) | Preis (€) |
      |---|---|
      | 3,2 | 44,80 |
      | 2,4 | ■ |

   b) | Länge (m) | Preis (€) |
      |---|---|
      | 5,4 | 48,60 |
      | 7,5 | ■ |

   c) | Fläche (m²) | Preis (€) |
      |---|---|
      | 54 | 648 |
      | 72 | ■ |

   d) | Fläche (m²) | Preis (€) |
      |---|---|
      | 85 | 680 |
      | ■ | 240 |

5. Anna hilft im Seniorenheim. Für 24 Stunden bekam sie 180 €. Im April hat sie 27 Stunden gearbeitet.

6. Martin kauft für seinen Walkman 6 Batterien. Er bezahlt 4,20 €. Im Radio von Stefan fehlen 4 Batterien. Welchen Betrag muss Stefan bei gleichem Stückpreis bezahlen?

7. a) 4 l Olivenöl kosten 10,80 €. Wie viel kosten 3 l?
   b) 5 l Rotwein kosten 24 €. Wie viel kosten 3 l?
   c) 2 l Weißwein kosten 11,60 €. Wie viel kosten 4,5 l?

8. Familie Hock sucht eine 4-Zimmer-Wohnung. Im Südcenter ist eine 96 m² große Wohnung frei. Wie viel € Miete kostet sie?

9. Herr und Frau Kosch suchen eine kleine 2-Zimmer-Wohnung. Eine Wohnung mit 57 m² Wohnfläche ist frei. Wie hoch ist die Miete?

Wohnen im Südcenter 3-Zimmer-Wohnung mit 74 m² nur 518 € Miete (+ Nebenkosten)

10. Herr Schlegel startet mit vollgetanktem Wohnmobil in den Urlaub. Nach 450 km Fahrstrecke tankt er 55,8 l Benzin nach. Wie viel verbraucht das Fahrzeug auf 100 km?

11. Berechne den Verbrauch auf 100 km. Runde auf eine Stelle nach dem Komma.
    a) 35 l für 270 km
    b) 42 l für 340 km
    c) 39 l für 470 km
    d) 47 l für 510 km

12. 8 Rosen kosten so viel wie 6 Rosen plus 3 €. Wie viel kosten 12 Rosen?

Stundenlohn und Stückpreis

Karin erhält für 5 Stunden 45 €, Esther für 8 Stunden 64 €. Wer verdient besser?

Lösung mit Stundenlohn (€)

Karin: $\frac{45\,€}{5}$ = 9 € Esther: $\frac{64\,€}{8}$ = 8 €

Karin hat den höheren Stundenlohn.

Die 6er-Packung kostet 2,10 €, die 10er-Packung 3,50 €. Welche ist günstiger?

Lösung mit Stückpreis (€)

6er-Pck.: $\frac{2,10\,€}{6}$ = 0,35 € 10er-Pck.: $\frac{3,50\,€}{10}$ = 0,35 €

Beide haben den gleichen Stückpreis.

Aufgaben

1. Menderes und Gülay helfen in einer Obsthandlung aus. Menderes erhält für vier Stunden Arbeit 24 €, Gülay für neun Stunden 45 €. Verdienen beide gleich gut?

2. Carola und Ines spielen gern Tennis. Ines hat für 6 Tennisbälle 7,20 € bezahlt, Carola erwarb 4 Bälle der gleichen Marke für 4,40 €. Wer hat günstiger eingekauft?

3. Svenja und Andre haben im Urlaub viel fotografiert und vergleichen nun die Bildpreise. Svenja hat ohne Filmentwicklung für 24 Bilder 8,40 €, Andre für 38 Bilder 15,20 € bezahlt. Wer hat den günstigeren Preis?

4. Vor einer Schullandheimfahrt wollen sich Kai und Jens mit Filmen eindecken. Folgende Angebote kennen die zwei Freunde: A: 5 Filme zu 9,50 € und B: 3 Filme zu 5,10 €. Wo kaufen sie ein?

5. Thomas hat in den Ferien bei einer Spedition ausgeholfen und wöchentlich Stundenzahl und Lohn notiert. Zwei Wertepaare sind falsch. Welche Paare sind dies? Begründe.

1. Woche	2. Woche	3. Woche	4. Woche	5. Woche	6. Woche
38 Stunden	36 Stunden	29 Stunden	40 Stunden	35 Stunden	37 Stunden
266 €	252 €	223 €	280 €	240 €	259 €

6. Jan und Martin geben Nachhilfestunden. Jan verlangt für 6 Stunden 36 € und Martin für 8 Stunden 42 €, wobei Martins „Stunden" nur 45 Minuten dauern. Wer lässt sich besser bezahlen?

Eine Reise durch die USA

1 Brüche, Größen, Zuordnungen

Eine Reise durch die USA

Wie soll ich ohne Taschenrechner $ in € umrechnen?

Ungefähr minus 10%.

Welcher Kurs ist das?

1. Geld: Dollar ($) und Euro (€)

Der Wert des Dollars schwankt gegenüber dem Euro stark. Die Banken geben deshalb keine Umrechnungskärtchen aus.

€	$		$	€
1			1	
2			2	
3	3,54		3	
4			4	3,40
5			5	
10			10	
50			50	
100			100	

a) Fertige selbst eine Umrechnungstabelle an.
b) Wie viel $ bekommt man für 750 €?
c) Wie viel kostet das in €?
   T-Shirt: 12,70 $ Hamburger: 1,90 $
   Jeans: 34,90 $ Frühstück: 5,80 $

2. Entfernungen: Meilen (mls) und km

Für eine längere Autofahrt ist es bequem, die Entfernungsangaben in Meilen schnell in Kilometer anzugeben.

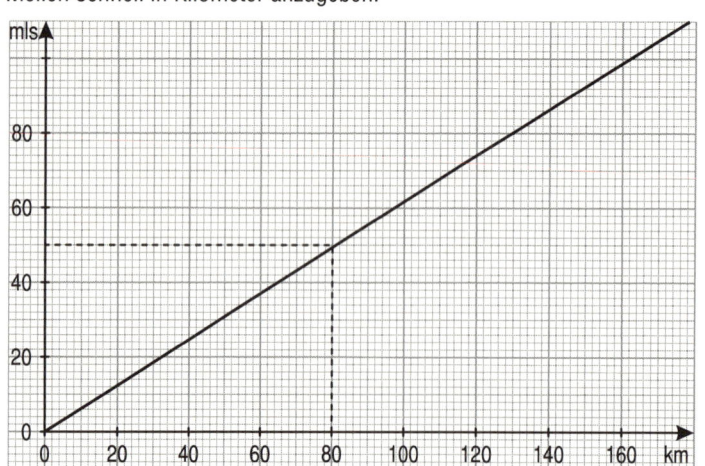

a) Lies ab, wie viel mls es sind:
   25 km   50 km   100 km   125 km   150 km
b) Lies ab, wie viel km es sind: 10 mls   30 mls   50 mls   100 mls
c) Bestimme mit dem markierten Wertepaar: 1 mls = ■ km
   1 km = ■ mls

Und wie kann man mls in km umrechnen?

Mal 2, dann minus 20%.

Plus die Hälfte geht auch.

Das ist aber ungenau.

Eine Reise durch die USA
1 Brüche, Größen, Zuordnungen

21

Speed-Limit
Town/Village: 25 mls/h
Highways: 55 mls/h

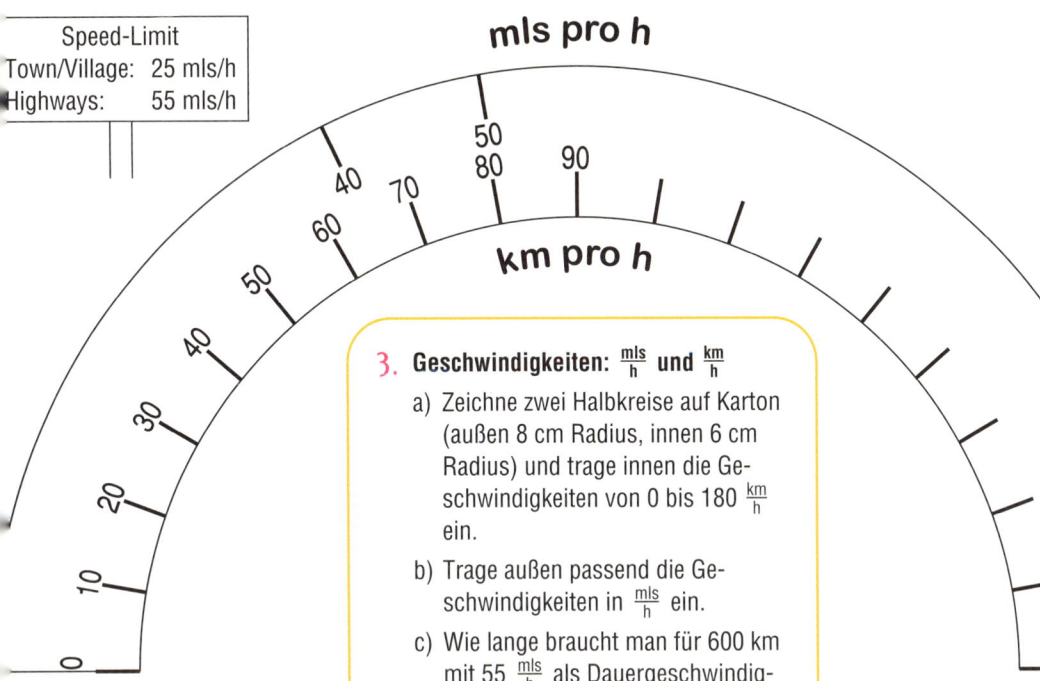

3. Geschwindigkeiten: $\frac{mls}{h}$ und $\frac{km}{h}$

a) Zeichne zwei Halbkreise auf Karton (außen 8 cm Radius, innen 6 cm Radius) und trage innen die Geschwindigkeiten von 0 bis 180 $\frac{km}{h}$ ein.

b) Trage außen passend die Geschwindigkeiten in $\frac{mls}{h}$ ein.

c) Wie lange braucht man für 600 km mit 55 $\frac{mls}{h}$ als Dauergeschwindigkeit? Runde sinnvoll.

4. Hohlmaße: Gallonen und Liter

a) 5 Gallonen sind etwa 19 l. Wie viel l wurden getankt?

b) Welcher Preis in $ pro l ist das?

c) Wie viele Gallonen passen in einen Tank, der 65 l fasst?

5. Temperaturen: °F (Fahrenheit) und °C

Fahrenheit	32°	50°	68°	86°	104°
Celcius	0°	10°	20°	30°	40°

a) Zeichne mithilfe der Wertetabelle den Graphen der Zuordnung °C ⟶ °F

b) Lies ab, wie viel °C es sind.
Colorado City 72 °F Grand Canyon Village 60°F
Death Valley 131 °F Lake Tahoe 44°F

Antiproportionale Zuordnungen

Eine Zuordnung heißt **antiproportional**, wenn zum Vielfachen einer Ausgangsgröße der entsprechende Teil der zugeordneten Größe gehört.

Beispiel: Anteil pro Person bei Festpreis für einen Bus

Personen	€ p. Pers.
30	25
15	50

:2 ↘ ↘ ·2

Personen	€ p. Pers.
30	25
60	12,50

·2 ↘ ↘ :2

Ein Rechteck ist 12 m lang und 5 m breit. Wie breit ist ein 8 m langes Rechteck gleicher Fläche?
Antwort: Es ist 7,5 m breit.

Dreisatz

Länge (m)	Breite (m)
12	5
1	60
8	7,5

:12 ↘ ↘ ·12
·8 ↘ ↘ :8

Produktgröße:
12 · 5 = 60 Flächeninhalt (m²)
Dividiert durch die neue Länge:
60 : 8 = 7,5

Aufgaben

1. Eine Jugendgruppe mit 36 Teilnehmern mietet einen Bus. Jeder Mitfahrer soll 24 € Buskosten übernehmen. Bei der Abfahrt können aber nur 32 Personen teilnehmen.
   a) Wie hoch sind die Kosten für den Bus?
   b) Wie viel muss jede der 32 Personen zahlen?

2. Fünf Freunde wollen zum Popkonzert nach Nürnberg. Im Mietwagen hätte das jeden 27 € gekostet. Bei der Abfahrt sind zwei krank. Wie viel muss jetzt jeder für den Wagen zahlen?

3. Der Lebensmittelvorrat einer Almhütte reicht für 12 Tage, wenn 24 Personen dort sind.
   a) Wie lange würde der Vorrat reichen, wenn der Hüttenwart allein in der Hütte wäre.
   b) Wie lange reicht der Vorrat, wenn jeden Tag 18 Personen in der Hütte sind?

4. Zwei gleich große Bottiche waren voller Saft. Der eine ist schon in 0,7-l-Flaschen abgefüllt worden, 400 Flaschen sind es. Der andere soll in 0,2-l-Flaschen abgefüllt werden. Wie viele Flaschen werden es?

5. Der Mostereibesitzer überlegt: „Dieser Bottich gäbe 420 Flaschen zu je 0,7 l. Oder soll ich in 0,5-l-Flaschen abfüllen? Aber wie viele Flaschen brauche ich dafür?"

1 Brüche, Größen, Zuordnungen

6. Familie Bartel ist beim Hausbau. Der Polier hatte geplant, den Rohbau von 3 Maurern in 12 Tagen zu errichten. Jetzt stehen aber 4 Maurer zur Verfügung. Wie lange brauchen sie?

7. a) Der Aushub einer Baustelle kann von 6 Lkws abtransportiert werden, wenn jeder 8-mal fährt. Wie oft muss jeder Lkw fahren, wenn es 8 Lkws sind?
b) Wie viele Lkws sind erforderlich, wenn jeder 12-mal fährt?

8. Die Holzdecke in Marias Kinderzimmer wurde bisher von 32 Brettern zu je 9 cm Breite abgedeckt. Die neuen Bretter sind 12 cm breit und genauso lang wie die alten. Wie viele neue Bretter sind erforderlich?

9. Auf dem Boden liegen 50 cm breite Teppichfliesen, jeweils 12 in einer Reihe. Die neuen Korkplatten sind 40 cm breit. Wie viele passen in eine Reihe?

10. Familie Pfeifer hat für den Zelturlaub im Sommer gespart. Wenn sie täglich 90 € ausgeben, reicht die Urlaubskasse genau 21 Tage lang. Wie lang reicht sie, wenn sie:
a) täglich 105 € ausgeben   b) täglich 70 € ausgeben   c) täglich 60 € ausgeben?

11. Frederik hat 450 € in der Urlaubskasse. Wie viel kann er pro Tag ausgeben, wenn er 20, 18, 16, …, 2 Tage Urlaub macht? Erstelle eine Wertetabelle (Runde auf Cent).

Tage	20	18	16	14
€ pro Tag				

12. In einem Tank sind 7 200 l Apfelmost. Wie viele Kanister können damit gefüllt werden?
a) 40-l-Kanister   b) 60-l-Kanister   c) 90-l-Kanister   d) 100-l-Kanister

13. 25 Kanister zu je 100 l werden in 20-l-Kanister umgefüllt. Wie viele Kanister braucht man?

14. Mit dem Fahrrad braucht Frederik für eine 100 km lange Strecke etwa 5 Stunden. Mit dem Zug ginge es mit der vierfachen Geschwindigkeit. Wie viele Stunden dauert es dann?

15. Imke wandert mit 4 km pro Stunde. So braucht sie 6 Stunden für den Weg rund ums Ferschweiler Plateau. Mit dem Fahrrad fährt sie 20 km pro Stunde. Wie lange braucht sie dann?

16. Herr Zeller fährt auf der Autobahn mit 100 $\frac{km}{h}$ Durchschnittsgeschwindigkeit. Eine Strecke, für die er im Auto 6 Stunden braucht, wird von einem Airbus in einer Stunde zurückgelegt. Mit welcher Geschwindigkeit fliegt der Airbus?

17. Die Tabelle zeigt den Kraftstoffverbrauch zweier Pkw-Modelle bei unterschiedlichen Fahrweisen.
a) Das Diesel-Modell kann bei Tempo 90 mit einer Tankfüllung 1 600 km fahren. Wie viel l fasst der Tank?
b) Wie weit kommt das Diesel-Modell bei Tempo 120 und im „Stadtzyklus"?
c) Berechne die Reichweiten des Benzin-Modells. Sein Tank ist derselbe wie der des Diesel-Modells.
d) Berechne für beide Modelle die Reichweite im „Drittelmix", d.h., die drei Fahrweisen kommen auf gleich langen Strecken vor.

Verbrauch in l pro 100 km		
Modell / Fahrweise	66 kw – 5. Gang	
	Diesel	Benzin
Tempo 90	3,8	6,2
Tempo 120	5,2	7,5
Stadtzyklus	6,2	10,5

Vermischte Aufgaben

1. Prüfe, zu welcher Art Zuordnung die Größenpaare gehören.

a) Arbeitslohn	
3 Stunden	69 €
5 Stunden	115 €

b) Nabenschaltung	
7 Gänge	130 €
14 Gänge	600 €

c) Busfahrt	
32 Pers.	30 € p. P.
30 Pers.	32 € p. P.

d) Hotelübernachtung	
3 Sterne	75 €
4 Sterne	180 €

e) Miete	
60 m²	360 €
90 m²	540 €

f) Benzin tanken	
22 l	17,60 €
55 l	44,00 €

g) Rundfahrt	
20 $\frac{km}{h}$	6 Stunden
60 $\frac{km}{h}$	2 Stunden

h) Most in Flaschen	
360 Fl.	0,7-l-Fl.
840 Fl.	0,3-l-Fl.

2. Frau Richter bringt ihr Auto zum Kundendienst in die Werkstatt. Es wurden für $1\frac{3}{4}$ Arbeitsstunden 91 € berechnet. Der Kundendienst am Auto von Herrn Kurz dauert $1\frac{1}{4}$ Stunden. Was bezahlt er?

3. Bei Waschmitteln lohnt sich oft ein Preisvergleich. Im Supermarkt werden angeboten: 3 kg zu 2,55 € und 10 kg desselben Waschmittels zu 9,49 €. Vergleiche, welches Angebot ist günstiger?

4. In manchen Ländern wird Urlaubern Goldschmuck nach Gewicht verkauft.

   a) Frau Walch kauft ein Paar Manschettenknöpfe, das 15 g wiegt. Wie teuer ist es?
   b) Herr Sachs kauft eine Halskette für 320 €. Wie schwer ist sie?
   c) Jan schätzt: Im Laden ist für 1 Mio. € Goldschmuck. Wie viel würde der wiegen? (Runde)
   d) Ein 1-kg-Barren Gold kostet 8 650 € (1999). Vergleiche mit dem Schmuckpreis.

5. Der Bericht über das Berufspraktikum der Klasse 8a ist 10 Seiten lang, wobei jede Seite 54 Zeilen hat. Wie lang wird der Bericht, wenn auf jeder Seite 60 Zeilen gedruckt werden?

6. Drei Familien aus verschiedenen Gemeinden vergleichen ihre Wasserrechnungen. Ordne vom günstigsten zum ungünstigsten Preis.

Berger	Metzger	Schuster
237 m³	187 m³	198 m³
592,50 €	654,50 €	594,– €

7. Bei Stromrechnungen muss neben dem Preis für den gelieferten Strom auch ein monatlicher Grundpreis gezahlt werden. Bei Familie Fischer sind dies 12,70 € pro Monat.

   a) Sie verbraucht monatlich 420 Kilowattstunden zu je 0,12 €. Wie hoch ist die Monatsrechnung?
   b) Wenn Fischers ihren monatlichen Verbrauch halbieren, zahlen sie dann auch nur die Hälfte?

8. a) Welches Mobiltelefon ist günstiger, wenn man nicht auf die Grundgebühr achtet?
   b) Mathias schätzt, dass er monatlich 60 Minuten in der Nebenzeit telefoniert. Welches Angebot ist das bessere für ihn?
   c) Frau Binder will nur erreichbar sein, sie rechnet nur mit 20 Gesprächsminuten in der Nebenzeit.

Billophon	Tolltelco
– Spottbillig –	– tolles Angebot –
100 Gesprächsminuten	10 Gesprächsminuten
nur 19,– €	nur 2,80 €
in der Nebenzeit	in der Nebenzeit
von 17 Uhr bis 8 Uhr	von 17 Uhr bis 8 Uhr
monatl. Grundgebühr 12,95 €	monatl. Grundgebühr 7,95 €

1 Brüche, Größen, Zuordnungen

9. Die Graphik zeigt die Zuordnung Zeit ⟶ Lohn für einen Facharbeiter.

  a) Wie viel verdient er in:
  6 h 4 h 12 h 15 h?

  b) Wie lange arbeitet er für:
  125 € 37,50 € 75 €?

  c) Woran erkennst du, dass dies eine proportionale Zuordnung ist?

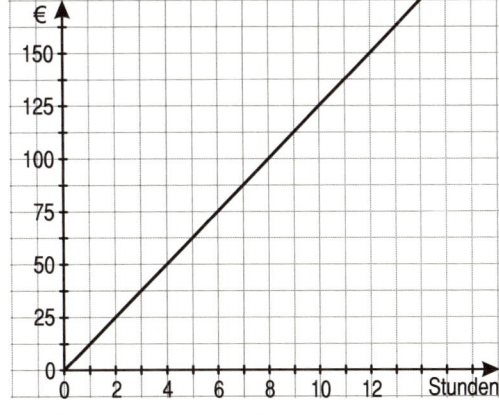

10. Ronja verdient im Biergarten als Aushilfskellnerin in 8 Stunden 56 €. Zeichne den Graphen der Zuordnung Zeit ⟶ Lohn.

  a) Wie viel verdient sie in:
  3 h 5 h 10 h 18 h?

  b) Wie lange arbeitet sie für:
  60 € 180 € 90 €?

11. Anne verdient mit 5 Stunden Arbeit 30 € und Beate mit 8 Stunden Arbeit 78 €. Zeichne für beide den Graphen der Zuordnung Zeit ⟶ Lohn in dasselbe Koordinatensystem. Woran erkennst du an der Zeichnung, wer von beiden besser verdient?

12. Am 12. 6. 99 tauschte Ulf ca. 25 € in 60 sFr (schweizer Fr.). Erstelle zwei Umrechnungstabellen. Runde ganzzahlig.

€	5	10	15	...	50
sFr					

sFr	5	10	15	...	50
€					

13. Die Preise für Wasserversorgung sind von Gemeinde zu Gemeinde unterschiedlich. In Friesa zahlt jeder Haushalt jährlich 60 € Grundgebühr und 3 € pro m³ verbrauchtes Wasser.

  a) Zeichne den Graphen der Zuordnung Verbrauch ⟶ Rechnungsbetrag. Wähle als Einheiten 1 cm für 10 m³ und 1 cm für 100 DM. Runde sinnvoll. (Zeichne bis 100 m³).

  b) Woran erkennst du, dass diese Zuordnung *nicht* proportional ist?

14. In einem Theatersaal sind in der 1. Reihe 20 Sitze, in der 2. Reihe sind 24 Sitze, in der 3. Reihe 28 usw., von Reihe zu Reihe immer 4 Sitze mehr. Die 25. Reihe ist die letzte im Theatersaal. Ist die Zuordnung Reihennummer ⟶ Anzahl der Sitze proportional? Begründe.

15. Der Aushub einer Baustelle kann von 3 Lkws abtransportiert werden, wenn jeder 16-mal fährt. Die Graphik zeigt die Zuordnung Fahrten pro Lkw ⟶ Anzahl Lkw.

  a) Lies ab und erstelle eine Wertetabelle.

  b) Prüfe anhand der Tabelle: Was für eine Zuordnung ist es?

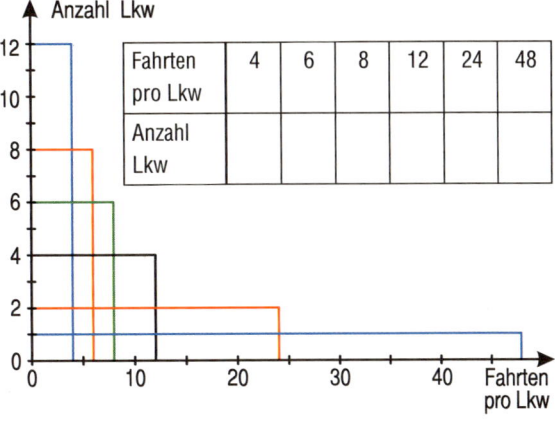

Fahrten pro Lkw	4	6	8	12	24	48
Anzahl Lkw						

16. Bei einem Fußballspiel sind anfangs 22 Spieler auf dem Platz. Bei jeder roten Karte verringert sich die Zahl der Spieler auf dem Platz. Ist die Zuordnung Anzahl roter Karten ⟶ Anzahl Spieler antiproportional? Begründe.

17. In Langenberg wird die Wasserversorgung erneuert. 4 Bagger können die Arbeiten in 8 Tagen erledigen. Nach 3 Tagen wird ein fünfter Bagger eingesetzt. Wie lange dauern die Arbeiten?

Zuordnungen im Koordinatensystem

> **Proportionale Zuordnung:**
> Alle Punkte liegen auf einer Halbgeraden vom Nullpunkt aus. Zum Zeichnen der Halbgeraden braucht man nur ein Wertepaar.
>
> **Antiproportionale Zuordnung:**
> Alle Punkte liegen auf einer **Hyperbel**. Zum Zeichnen der Hyperbel braucht man viele Wertepaare.

8 kg einer Ware kosten 20 €.

Menge (kg)	Preis (€)
8	20
6	15

Welche Rechtecke haben eine Fläche von 12 m²?

Länge (m)	Breite (m)
1	12
2	6
3	4
4	3
6	2
12	1

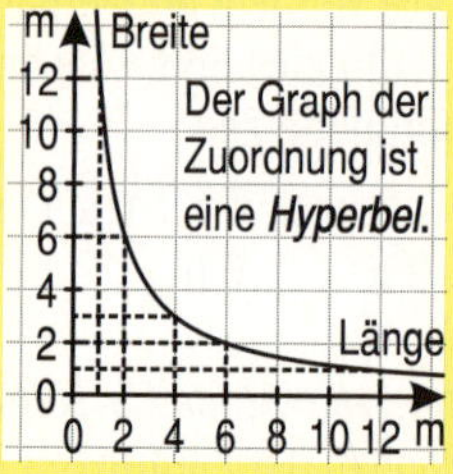

Der Graph der Zuordnung ist eine *Hyperbel*.

Aufgaben

1. Stellt der Graph eine proportionale Zuordnung dar? Begründe deine Antwort.

   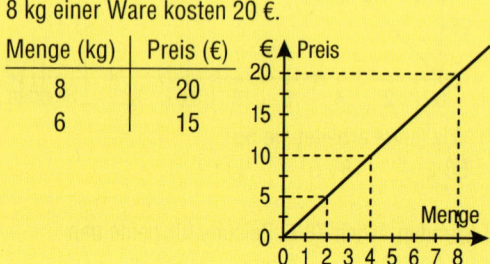

2. Lies aus dem Graphen des Preisstrahles die Werte so genau wie möglich ab.

   a) Wie viel kosten 1 kg, 2 kg, 3,5 kg, 4,5 kg Kartoffeln?

   b) Fertige eine Tabelle für die Werte zwischen 5 kg und 10 kg an (alle halben kg).

   c) Lies aus dem Graphen ab, wie viel man für 2,50 €, 4,50 €, 3,50 €, 1,00 €, 1,20 € bekommt.

   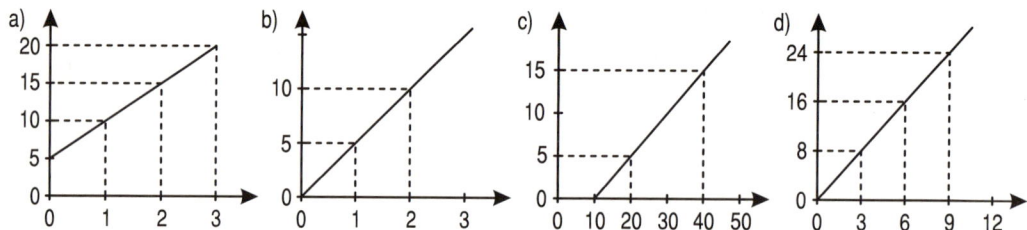

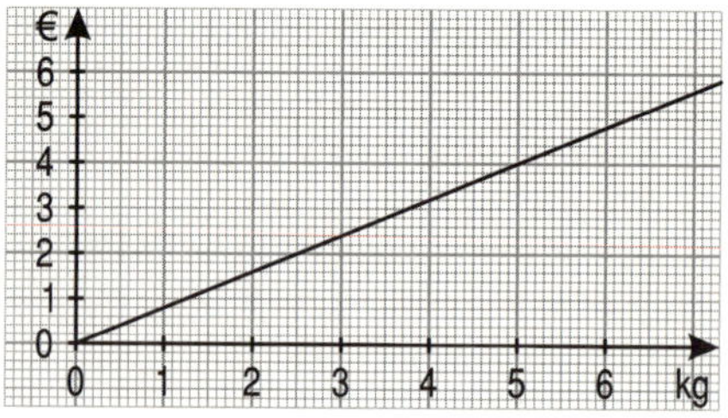

3. a) International werden Flughöhen in Fuß (foot) gemessen, 5 000 foot sind etwa 1500 m. Zeichne den Graphen der Zuordnung foot → m.

   b) Bestimme durch Ablesen: 8 500 foot = ▮ m, 2 400 foot = ▮ m, ▮ foot = 1000 m

4. Eine Autobahnbaustelle wird zur Nachbarfahrbahn mit Plastikblöcken abgesperrt.
Lies in der Grafik ab, wie viele Blöcke gebraucht werden, wenn jeder einzelne 12 m, 10 m, ..., 2 m lang ist.

5. Könnte man auch mit nur einem Block absperren?

   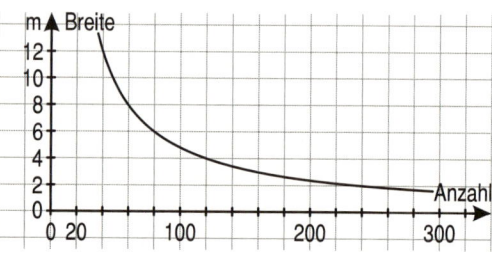

1 Brüche, Größen, Zuordnungen

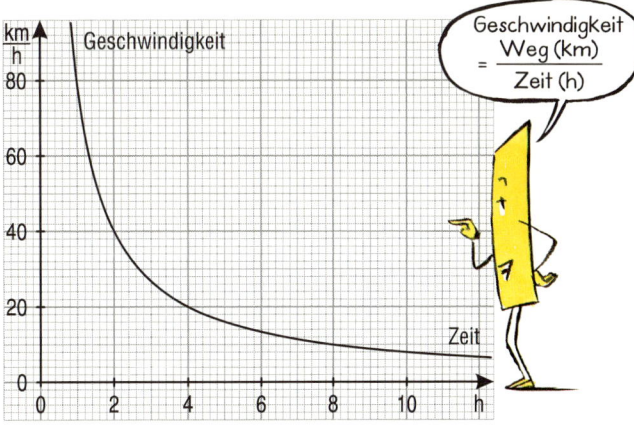

6. a)

h	1	2	3	4	5	6			
km/h							15	10	8

Lies die fehlenden Werte am Graphen ab und erstelle eine Wertetabelle.

b) Auf welche Streckenlänge bezieht sich diese Zuordnung: benötigte Zeit ⟶ Geschwindigkeit? Was für eine Zuordnung ist es? Begründe.

7. Bestimme alle Rechtecke mit einem Flächeninhalt von 48 cm². Länge und Breite sollen ganze Zahlen sein. Zeichne den Graphen für die Zuordnung: Länge ⟶ Breite.

8. Der Lohn für die Arbeitsstunde eines Industriearbeiters beträgt 20 €. Erstelle eine Wertetabelle mit den Werten 1, 2, 5, 10 und 15 Stunden.

a) Zeichne den Graphen der Zuordnung Zeit ⟶ Lohn. Wähle 1 cm für 1 Stunde und 1 cm für 20 €.

b) Lies den Lohn ab für 3, 6, 7, 9 und 12 Stunden. Was für eine Zuordnung ist es?

9. Kai fotografiert gern. Für 5 Fotoabzüge zahlt er 1,50 €.

a) Zeichne den Graphen der Zuordnung Anzahl ⟶ Preis.   b) Lies den Preis ab für 1, 7 und 18 Bilder.

10. Beim Wasserwerk in einer Großstadt kostet 1 m³ Wasser 2,50 €. Der Grundbetrag beträgt 60 € im Jahr.

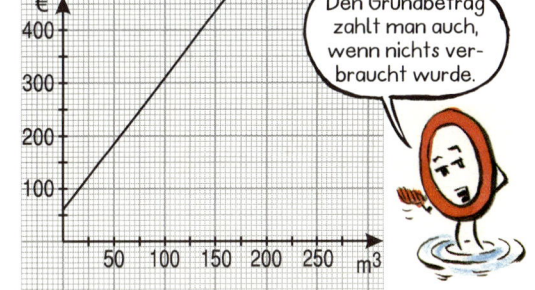

a) Lies am Graphen den Gesamtbetrag für 40 m³, 80 m³ und 160 m³ möglichst genau ab.

b) Lies ab, wie viel Wasser bei einem Jahresbetrag von 200 €, 230 € und 300 € verbraucht wurden.

c) Handelt es sich um eine proportionale Zuordnung? Begründe.

11. Angegeben sind Tarife für Gas, Strom und Taxifahrten. Erstelle eine Wertetabelle für

	Preis	Grundbetrag
Gas	0,20 € je m³	200 € im Jahr
Strom	0,10 € je kWh	15 € im Monat
Taxi	1,50 € je km	3,30 € pro Fahrt

a) eine jährliche Gaslieferung von 50 m³, 100 m³, . . ., 500 m³;

b) einen monatlichen Stromverbrauch von 25 kWh, 50 kWh, . . ., 200 kWh;

c) eine Taxifahrt von 10 km, 15 km, . . ., 50 km.

12. Welcher Graph stellt eine proportionale Zuordnung dar, welcher eine Zuordnung mit Grundbetrag, welcher eine antiproportionale?

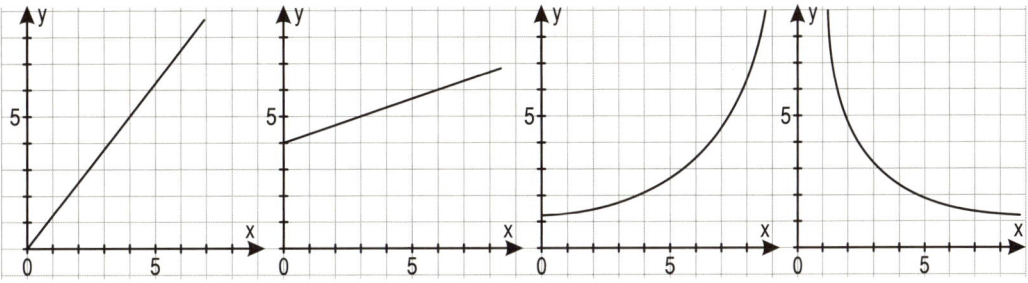

2 Konstruieren in der Ebene

2 Konstruieren in der Ebene

Dreieckstypen

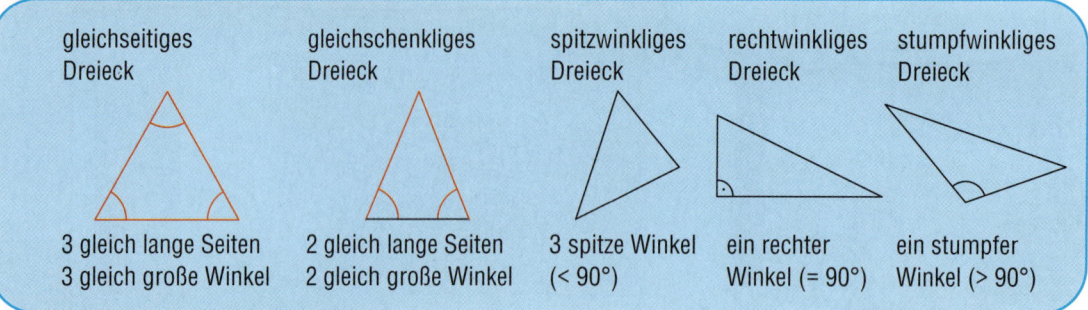

gleichseitiges Dreieck	gleichschenkliges Dreieck	spitzwinkliges Dreieck	rechtwinkliges Dreieck	stumpfwinkliges Dreieck
3 gleich lange Seiten, 3 gleich große Winkel	2 gleich lange Seiten, 2 gleich große Winkel	3 spitze Winkel (< 90°)	ein rechter Winkel (= 90°)	ein stumpfer Winkel (> 90°)

Aufgaben

1.
a) Übertrage die Dreiecke auf Karopapier und schneide sie aus. Stelle durch Falten fest, ob es Symmetrieachsen gibt und zeichne sie ein.

b) Welche Seiten, welche Winkel sind gleich? Klebe das Dreieck in dein Heft und kennzeichne gleiche Seiten und gleiche Winkel jeweils mit derselben Farbe.

c) Um welchen Dreieckstyp handelt es sich? Schreibe den Namen neben das Dreieck.

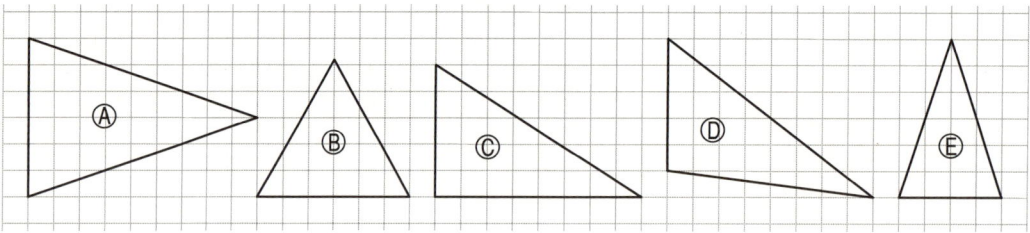

2. Prüfe mit dem Geodreieck. Welche Dreiecke sind

a) gleichseitig,   b) gleichschenklig,   c) spitzwinklig,   d) rechtwinklig,   e) stumpfwinklig?

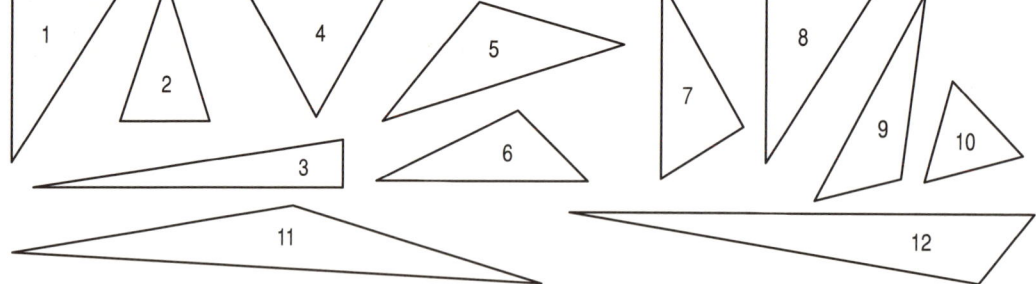

3.
a) Zeichne zu jedem der 5 Dreieckstypen ein Beispiel in dein Heft. Kennzeichne die typischen Seiten oder Winkel farbig.

b) Zeichne zwei *allgemeine* Dreiecke, die weder gleichschenklig, noch rechtwinklig sind.

4. Gibt es ein solches Dreieck? Zeichne es oder begründe, warum es nicht geht.

a) rechtwinklig und gleichseitig   b) rechtwinklig und gleichschenklig

c) spitzwinklig und gleichschenklig   d) stumpfwinklig und gleichschenklig

e) spitzwinklig und gleichseitig   f) stumpfwinklig und gleichseitig

Konstruktion von Dreiecken

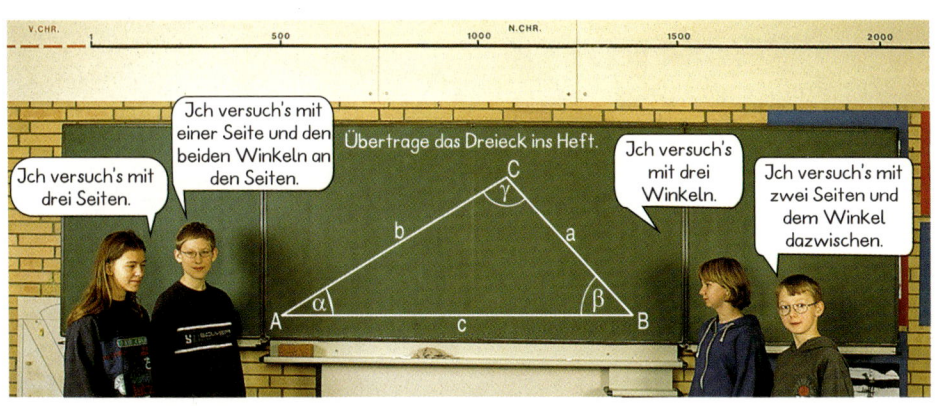

> Zur eindeutigen **Übertragung eines Dreiecks** braucht man **3 Stücke**, von denen höchstens zwei Winkel sein dürfen.

Aufgaben

1. Hier sind drei Möglichkeiten für die eindeutige Konstruktion eines Dreiecks angegeben. Nenne für jeden Fall drei Stücke, so dass du das Dreieck konstruieren kannst.

   a) Eine Seite und die zwei anliegenden Winkel.
   b) Zwei Seiten und der eingeschlossene Winkel.
   c) Die drei Seiten.

   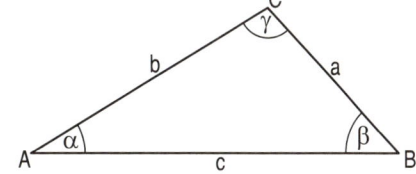

2. Es ist sinnvoll, in eine **Planfigur** die gegebenen Seiten und Winkel einzuzeichnen, bevor man mit der Konstruktion eines Dreiecks beginnt.

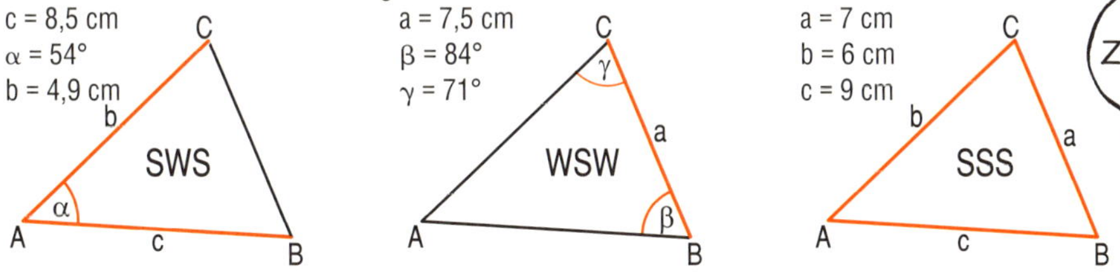

   c = 8,5 cm   a = 7,5 cm   a = 7 cm
   α = 54°   β = 84°   b = 6 cm
   b = 4,9 cm   γ = 71°   c = 9 cm

   SWS   WSW   SSS

   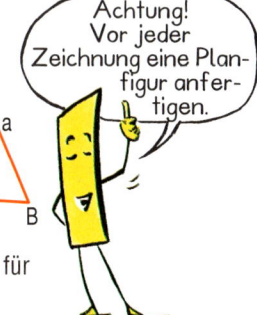

   a) Die gegebenen Stücke sind in der Planfigur jeweils gefärbt. Erkläre die Abkürzungen für die Grundaufgaben SWS, WSW und SSS.
   b) Skizziere die Dreiecke in dein Heft. Färbe die gegebenen Stücke.

3. Entscheide, welche Grundaufgabe vorliegt. Zeichne eine Planfigur.
   a) a = 4 cm; c = 9 cm; β = 79°   b) a = 7 cm; b = 9 cm; c = 5 cm   c) a = 5 cm; b = 6 cm; c = 8 cm
   d) a = 8 cm; β = 62°; γ = 91°   e) a = 7 cm; b = 8 cm; γ = 127°   f) b = 5 cm; α = 102°; γ = 37°

4. Diese Konstruktionen können nicht gelingen. Erkläre, warum.
   a) α = 52°; β = 97°; γ = 51°   b) a = 8 cm; b = 7 cm; γ = 180°
   c) b = 7 cm; α = 75°; γ = 106°   d) a = 3 cm; b = 4 cm; c = 10 cm

2 Konstruieren in der Ebene

5. Konstruiere aus den gegebenen Stücken das Dreieck wie im Beispiel.
  a) a = 3,5 cm; b = 6,7 cm; γ = 163°
  b) a = 3,9 cm; c = 5,3 cm; β = 71°
  c) b = 5,4 cm; c = 5,4 cm; α = 54°

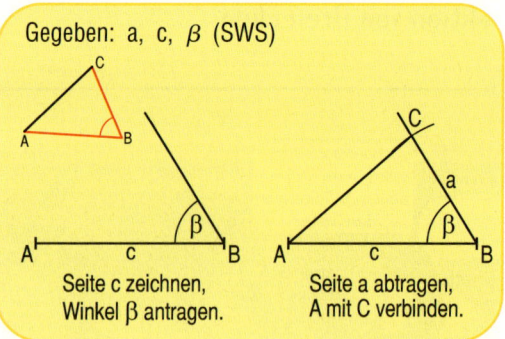
Gegeben: a, c, β (SWS)
Seite c zeichnen, Winkel β antragen. — Seite a abtragen, A mit C verbinden.

6. Konstruiere ein Dreieck aus b = 7,2 cm; c = 7,2 cm und α = 60°. Welcher Dreieckstyp ist es?

7. Konstruiere aus den gegebenen Stücken das Dreieck wie im Beispiel.
  a) b = 6,1 cm; α = 68°; γ = 27°
  b) a = 4,7 cm; β = 37°; γ = 54°
  c) c = 3,8 cm; α = 34°; β = 105°

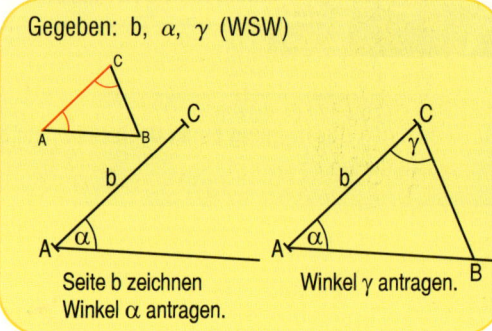
Gegeben: b, α, γ (WSW)
Seite b zeichnen, Winkel α antragen. — Winkel γ antragen.

Schon vergessen? Winkelsumme im Dreieck 180°.

8. Berechne zunächst den dritten Winkel, dann konstruiere.
  a) a = 6,4 cm; α = 41°; β = 92°
  b) b = 7,2 cm; β = 75°; γ = 66°

9. Konstruiere das Dreieck wie im Beispiel.
  a) a = 6,6 cm; b = 5,8 cm; c = 8,6 cm
  b) a = 5,8 cm; b = 4,1 cm; c = 8,1 cm
  c) a = 5,9 cm; b = 5,9 cm; c = 5,9 cm

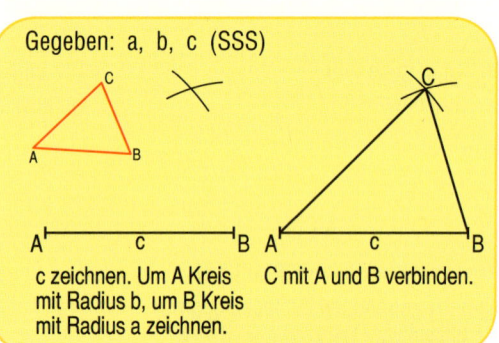
Gegeben: a, b, c (SSS)
c zeichnen. Um A Kreis mit Radius b, um B Kreis mit Radius a zeichnen. — C mit A und B verbinden.

Bei allen Aufgaben: Immer erst eine Planfigur anfertigen!

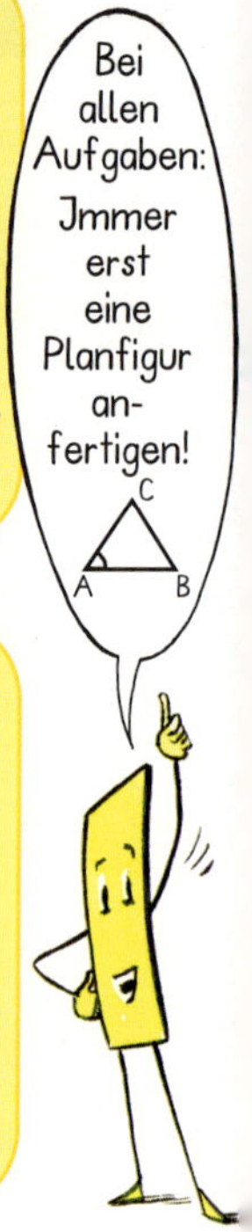

10. Die Wendebojen für den dreieckigen Segelkurs wurden so gesetzt, dass diese Entfernungen gelten: $\overline{AB}$ = 7,5 km; $\overline{BC}$ = 3,8 km; $\overline{AC}$ = 6,7 km. Zeichne das Dreieck. Bestimme die drei Winkel, unter denen man jeweils von einer Boje die anderen sieht.

11. Zwischen den beiden Orten am Seeufer soll eine geradlinige Fährverbindung eingerichtet werden. Wie lang wird diese Strecke?

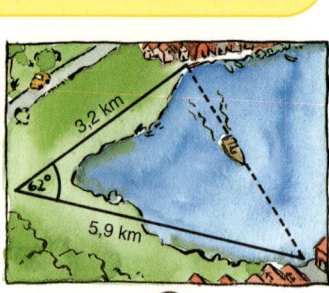

12. Das obere Ende einer Leiter berührt die Hauswand in einer Höhe von 5,60 m. Ihr unteres Ende hat 2,20 m Abstand vom Haus. Wie lang ist die Leiter?

13. Die Orte A und B sind 53 km voneinander entfernt. Wie weit ist der Heißluftballon von den beiden Orten jeweils entfernt, wenn er von A aus unter 28° und von B aus unter 57° gesehen wird? Zeichne. (10 km sind im Heft 1 cm.)

14. Ein Turm wirft einen Schatten von 89 m Länge. Wie hoch ist der Turm, wenn die Sonnenstrahlen unter einem Winkel von 17° auf die Erde treffen?

2 Konstruieren in der Ebene

15. Konstruiere aus den gegebenen Stücken ein Dreieck. Zeichne zunächst eine Planfigur.
a) a = 6,6 cm; b = 5,8 cm; c = 8,6 cm
b) a = 5,9 cm; b = 5,9 cm; c = 5,9 cm
c) a = 5,7 cm; c = 6,4 cm; β = 53°
d) a = 6,2 cm; b = 6,7 cm; γ = 108°
e) b = 3,3 cm; c = 7,7 cm; α = 146°
f) a = 7,9 cm; c = 5,8 cm; β = 77°

16. Konstruiere ein gleichschenkliges Dreieck. Die Schenkel sollen 6,9 cm und die Grundseite 4,2 cm lang sein.

17. Konstruiere aus den gegebenen Stücken ein Dreieck.
a) b = 7,8 cm; α = 52°; γ = 63°
b) c = 5,9 cm; α = 79°; β = 56°
c) a = 7,8 cm; c = 6,0 cm; β = 41°
d) a = 6,3 cm; b = 5,9 cm; c = 5,9 cm
e) a = 8,4 cm; c = 3,9 cm; β = 71°
f) a = 5,1 cm; b = 6,4 cm; γ = 48°

18. Konstruiere aus den gegebenen Stücken ein Dreieck. Entscheide anhand der Planfigur, bei welchen Aufgaben dies nicht gelingen kann.
a) a = 9,9 cm; b = 2,7 cm; γ = 180°
b) a = 6,8 cm; b = 10,4 cm; c = 6,6 cm
c) a = 8,2 cm; β = 43°; γ = 66°
d) a = 4,7 cm; b = 7,6 cm; γ = 38°
e) a = 10,3 cm; b = 6,1 cm; c = 4,1 cm
f) b = 4,4 cm; c = 6,5 cm; α = 62°

19. Das Schiff wird gleichzeitig von den Inseln Spiekeroog und Wangerooge angepeilt. Wie weit ist es von Spiekeroog, wie weit von Wangerooge entfernt?

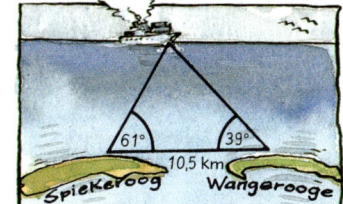

20. Zwei geradlinige Stollen im Bergwerk schließen einen Winkel von 49° ein. Sie sind 540 m und 610 m lang. Wie lang wird der Stollen, der die Endpunkte beider Stollen verbindet?

21. Die Entfernung zwischen den Punkten A und B kann wegen eines Sumpfes nicht direkt gemessen werden. Bekannt sind die Entfernungen zwischen A und C sowie B und C und der Winkel γ, unter dem man von C aus die Punkte A und B sieht. Bestimme die Länge der Strecke $\overline{AB}$.

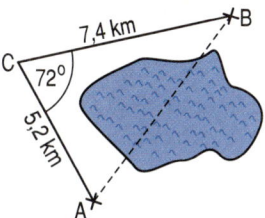

22. Konstruiere ein gleichseitiges Dreieck mit der Seitenlänge 6,3 cm.

23. Marco behauptet: „Ich habe ein Dreieck aus b = 6,7 cm; c = 8,1 cm und β = 79° konstruiert." Volker: „Solch ein Dreieck gibt es nicht!" Probiere aus. Wer hat Recht?

24. a) Konstruiere ein Dreieck mit a = b = 7,2 cm und γ = 60°. Welches besondere Dreieck ist es?
b) Bei einem Dreieck soll c = 5 cm und α = 60° sein. Wähle a so lang, dass es genau ein Dreieck mit diesen Maßen gibt.
c) In einem Dreieck ist c = 5 cm und α = 60°. Wie lang sollte a sein, damit es genau zwei Dreiecke mit diesen Maßen gibt? Wie viele Möglichkeiten gibt es für a?

25. a) Ein Dreieck hat die Seitenlängen a = 3 cm, b = 4 cm und c = 5 cm. Wie heißt der größte Winkel? Wie groß ist er?
b) Ein gleichschenkliges Dreieck hat einen Umfang von 15 cm. Die beiden Schenkel sollen jeweils doppelt so lang sein wie die Grundseite. Rechne und zeichne.
c) Bei einem Dreieck ist β doppelt so groß wie α und γ dreimal so groß wie β. Wie groß sind die Winkel? Zeichne ein solches Dreieck.

Mittelsenkrechte im Dreieck

Die drei **Mittelsenkrechten** eines Dreiecks schneiden sich in einem Punkt M. M ist von allen drei Eckpunkten gleich weit entfernt und daher Mittelpunkt des **Umkreises**.

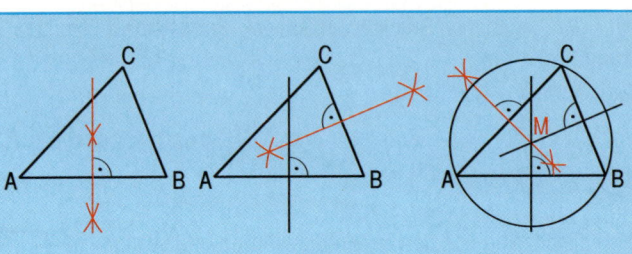

Aufgaben

1. Konstruiere das Dreieck, dann die Mittelsenkrechten und den Umkreis des Dreiecks.
   a) a = 7,8 cm; b = 9,4 cm; c = 7,2 cm
   b) a = 8,9 cm; b = 8,9 cm; γ = 61°
   c) a = 6,7 cm; b = 8,1 cm; γ = 90°
   d) c = 11,8 cm; α = 33°; β = 41°

2. Auf einer Schatzkarte steht:
   „Der Schatz liegt an der Stelle, die von den drei Palmen gleich weit entfernt ist."
   a) Übertrage die Schatzkarte ins Heft und bestimme die Stelle, wo der Schatz vergraben ist.
   b) Glaubst du der Schatzkarte?

3. Für die drei Orte Schrödorf, Wurlstadt und Wynburg soll eine gemeinsame Mülldeponie eingerichtet werden. Keiner will sie haben. Schließlich einigt man sich: Sie soll gleich weit von Schrödorf und Wynburg entfernt sein und möglichst nah bei Wurlstadt liegen. Übertrage ins Heft und bestimme den Standort.

   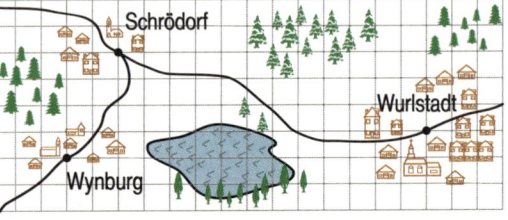

4. Skizziere im Heft. Wo liegt der Mittelpunkt des Umkreises in einem spitzwinkligen, einem rechtwinkligen und einem stumpfwinkligen Dreieck?

   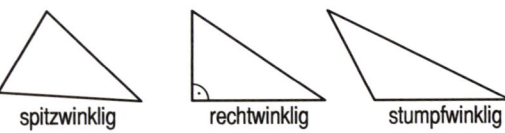

5. Zeichne einen Kreis, indem du einen kreisrunden Gegenstand (z. B. Glas) mit dem Bleistift umfährst. Bestimme dann den Mittelpunkt des Kreises.

Winkelhalbierende im Dreieck

> Welcher Baum hat von den drei Straßen denselben Abstand?

> Alle Punkte, die von b und c denselben Abstand haben, liegen auf der Winkelhalbierenden von α.
> Welcher Baum ist es denn nun?

Die drei **Winkelhalbierenden** eines Dreiecks schneiden sich in einem Punkt W. W hat von allen drei Seiten denselben Abstand und ist daher Mittelpunkt des **Inkreises**.

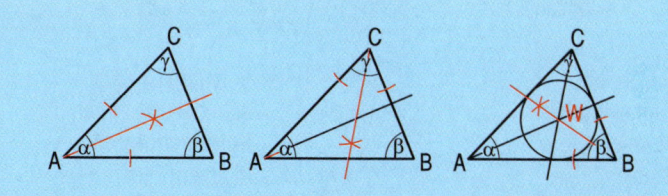

Aufgaben

1. Konstruiere das Dreieck, dann die Winkelhalbierenden und den Inkreis des Dreiecks.
   a) a = 6,7 cm; b = 6,2 cm; c = 7,1 cm
   b) b = 6,8 cm; c = 6,8 cm; α = 90°
   c) a = 10,3 cm; β = 42°; γ = 33°
   d) a = 6,7 cm; b = 7,9 cm; c = 5,7 cm

   > Planfigur!

2. Bei einem Geländespiel verstecken sich Kinder im Wald. Die Verfolger befinden sich auf den Waldwegen. Das sicherste Versteck hat von allen Wegen denselben Abstand.
   a) Konstruiere die Lage dieses Verstecks im Heft.
   b) Wo würdest du dich verstecken, wenn die drei Verfolger auf den Wegkreuzungen wären?

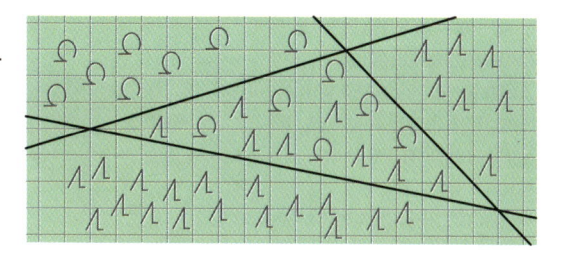

3. Für die drei Dörfer soll ein gemeinsamer Sportplatz gebaut werden. Er soll so liegen, dass er entweder von den drei Dörfern gleich weit entfernt ist oder von den drei Verbindungsstraßen den gleichen Abstand hat.
   a) Konstruiere die beiden Punkte im Heft.
   b) Welche Stelle schlägst du für den Bau vor?

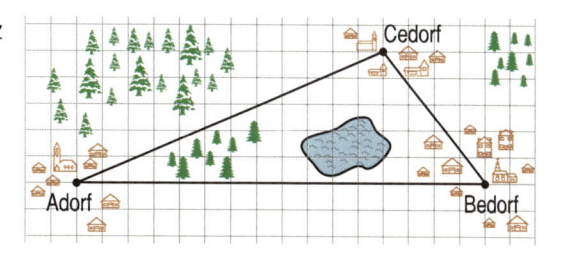

4. Annika: „Ich habe ein Dreieck gezeichnet, bei dem der Schnittpunkt der Winkelhalbierenden außerhalb des Dreiecks liegt." Marco: „Das ist unmöglich!" Was meinst du dazu?

5. Zeichne ein gleichseitiges Dreieck mit a = b = c = 9 cm. Konstruiere die Mittelpunkte von Inkreis und Umkreis. Was fällt dir auf?

Höhen und Seitenhalbierenden im Dreieck

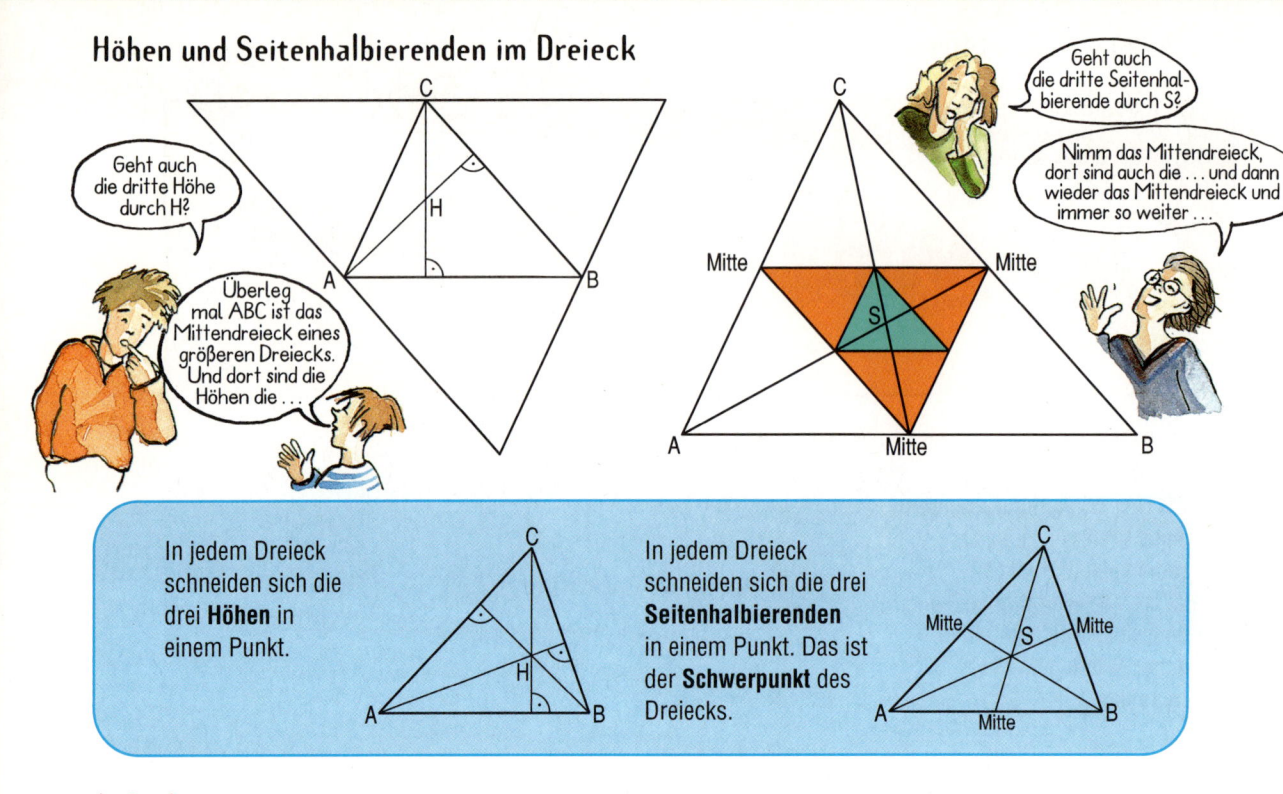

Geht auch die dritte Höhe durch H?

Überleg mal ABC ist das Mittendreieck eines größeren Dreiecks. Und dort sind die Höhen die...

Geht auch die dritte Seitenhalbierende durch S?

Nimm das Mittendreieck, dort sind auch die ... und dann wieder das Mittendreieck und immer so weiter ...

> In jedem Dreieck schneiden sich die drei **Höhen** in einem Punkt.
>
> In jedem Dreieck schneiden sich die drei **Seitenhalbierenden** in einem Punkt. Das ist der **Schwerpunkt** des Dreiecks.

Aufgaben

1. Zeichne das Dreieck ABC und konstruiere den Höhenschnittpunkt. Achte auf seine Lage.
   a) A(2|5) B(12|1) C(6|12)
   b) A(3|3) B(10|3) C(3|8)
   c) A(2|2) B(7|2) C(12|11)

2. Zeichne das Dreieck ABC mit c = 15 cm, α = 70°, β = 60° auf Karton und schneide es aus. Zeichne seine Seitenhalbierenden. Bestätige ihre Bedeutung als Schwerelinien:
   • durch Balancieren
   • durch Aufhängen mit einem Lot

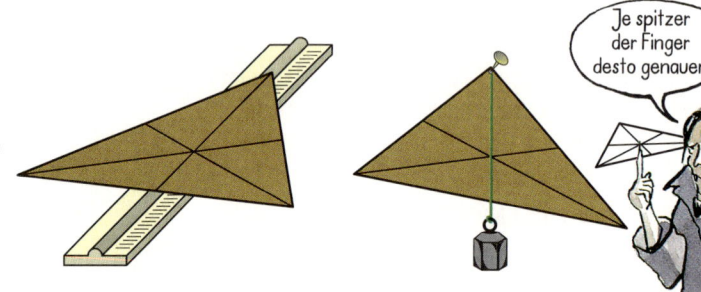

   Je spitzer der Finger desto genauer.

3. Zeichne ein Dreieck ABC mit c = 15 cm, α = 75°, β = 60°. Konstruiere den Umkreismittelpunkt M, den Schwerpunkt S und den Höhenschnittpunkt H. Liegen in deiner Zeichnung alle drei Punkte auf einer Geraden?[1]

4. Warum kann in einem Dreieck keine Seitenhalbierende kürzer sein als die zugehörige Höhe?

5. Zeichne die dreieckige Vorderseite der Säule und ihren Schwerpunkt. Auf welchen Seitenflächen kann die Säule stehen?

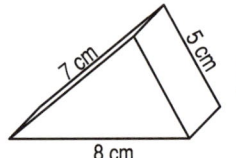

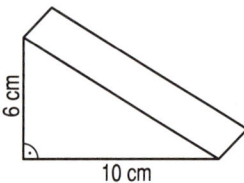

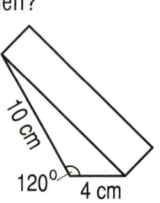

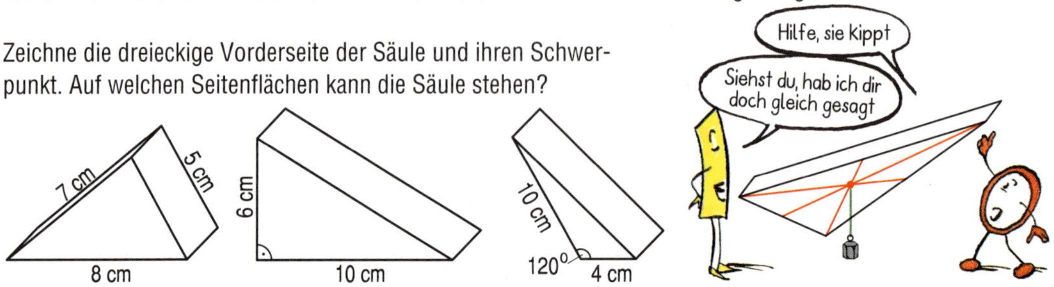

   Hilfe, sie kippt
   Siehst du, hab ich dir doch gleich gesagt

---
[1] Der Schweizer Mathematiker L. Euler (1707 – 1783) entdeckte, dass M, S und H immer auf einer Geraden (Eulergeraden) liegen.

Satz des Thales[1]

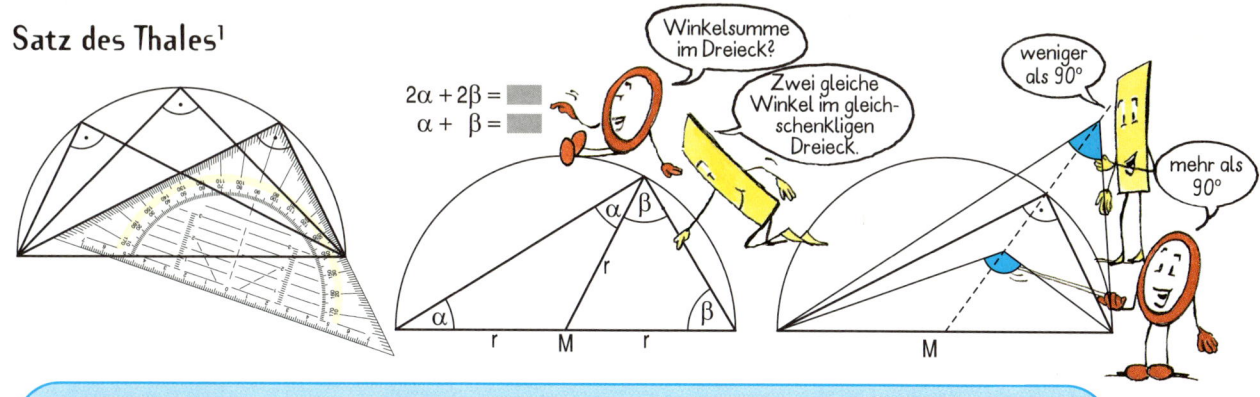

$2\alpha + 2\beta =$ ▇
$\alpha + \beta =$ ▇

Winkelsumme im Dreieck?

Zwei gleiche Winkel im gleichschenkligen Dreieck.

weniger als 90°

mehr als 90°

Satz des Thales
Liegt C auf einem Kreis mit dem Durchmesser $\overline{AB}$, dann ist das Dreieck ABC bei C rechtwinklig.
Und umgekehrt:
Wenn ein Dreieck ABC bei C rechtwinklig ist, dann liegt C auf dem Kreis mit $\overline{AB}$ als Durchmesser (Thaleskreis).

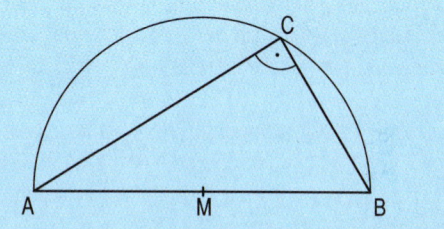

Aufgaben

1. Konstruiere das rechtwinklige Dreieck ABC. Verwende den Thaleskreis.

   a) $\gamma = 90°$, $c = 8$ cm, $a = 5$ cm.
   b) $\beta = 90°$, $b = 12{,}5$ cm, $c = 10$ cm.
   c) $\alpha = 90°$, $a = 10$ cm, $c = 4$ cm.

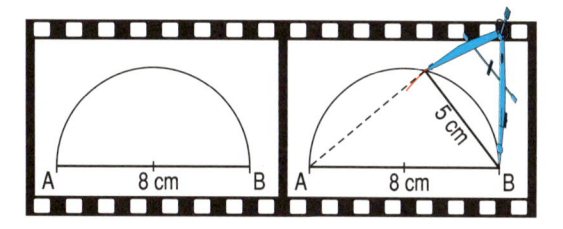

2. Konstruiere mithilfe des Thaleskreises das rechtwinklige Dreieck ABC mit

   a) $\gamma = 90°$
      $c = 5$ cm, $a = 3$ cm
   b) $\gamma = 90°$
      $c = 12$ cm, $b = 7$ cm
   c) $\alpha = 90°$
      $a = 7$ cm, $c = 5$ cm
   d) $\beta = 90°$
      $b = 11$ cm, $a = 8$ cm

3. Konstruiere mit dem Thaleskreis ein Rechteck mit der Diagonalen $e = 9$ cm und einer Seite $a = 6$ cm.

4. Konstruiere mit dem Thaleskreis eine Raute mit der Seitenlänge $a = 7$ cm und einer Diagonalen $e = 10$ cm.

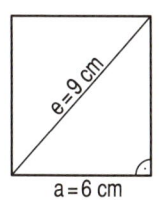

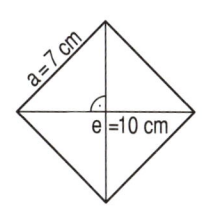

5. Bestimme die gesuchten Größen (Längen in cm).

   a) $\beta = ?$, $\delta = ?$, $\varepsilon = ?$ (25°, 37°, 10)
   b) $x = ?$, $\beta = ?$ (51°, 3, 3)
   c) $\gamma = ?$, $\beta = ?$ (35°, 4, 4)
   d) $\alpha = ?$, $\gamma = ?$, $\beta = ?$, $\delta = ?$ (15°)

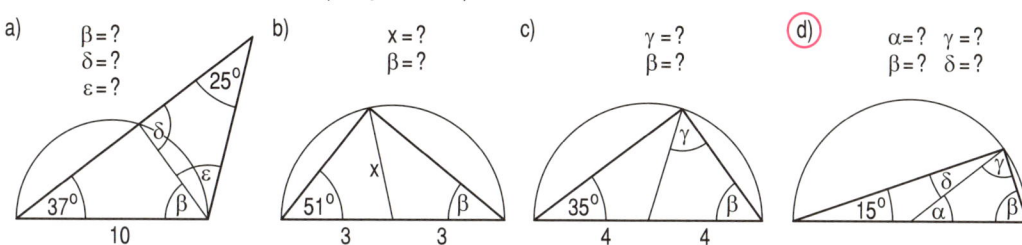

---
[1] Thales von Milet, griechischer Philosoph und Mathematiker um 600 v. Chr.

Viereckstypen

1. Allgemeines Trapez — Quadrat — Parallelogramm — Allgemeines Viereck
   Rechteck — Raute — Drachen — Gleichschenkliges Trapez

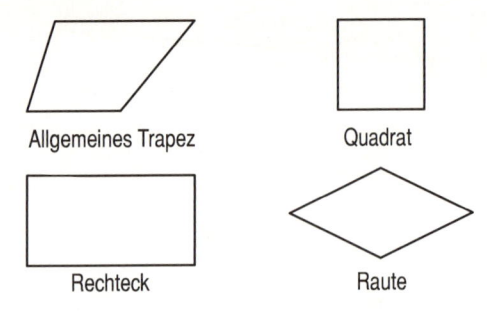

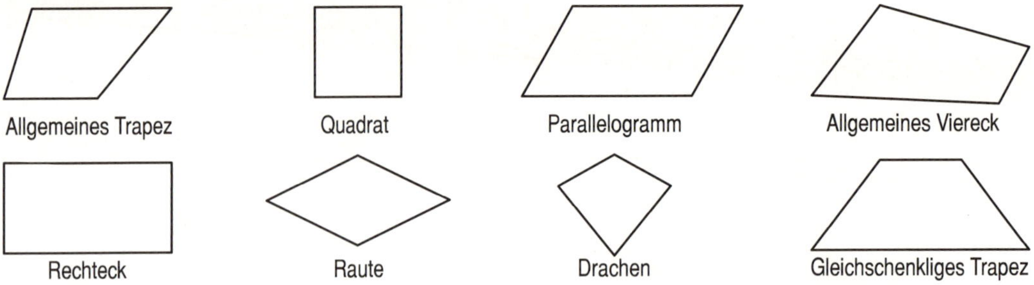

   Bestimme bei jedem Viereck die Anzahl der Symmetrieachsen. Stelle fest, ob zusätzlich noch ein Symmetriepunkt vorhanden ist.

2. a) Erkläre die Anordnung der Vierecke im „Haus der Vierecke" in den obersten drei Etagen. Die Lösung von Aufgabe 2 kann dir dabei helfen.
   b) Warum müssen das allgemeine Trapez und das allgemeine Viereck in verschiedene Etagen?

3. Welches Viereck ist das? Es können mehrere Antworten richtig sein.
   a) Ein Rechteck mit gleich langen Seiten.
   b) Ein Parallelogramm, dessen Diagonalen senkrecht aufeinander stehen.
   c) Eine Raute mit vier rechten Winkeln.
   d) Ein Trapez mit vier rechten Winkeln.

4. Übertrage die Tabelle ins Heft.

Eigenschaften	□	□	◇	◇	▱	▱	▱	▱
alle Seiten gleich lang								
gegenüberliegende Seiten gleich lang								
gegenüberliegende Seiten zueinander parallel								
benachbarte Seiten zueinander senkrecht								
gegenüberliegende Winkel gleich groß								
benachbarte Winkel zusammen 180°								
Diagonalen gleich lang								
Diagonalen halbieren sich								
Diagonalen senkrecht zueinander								

   Kreuze die zutreffenden Eigenschaften an.

5. Wie groß ist die Winkelsumme im Viereck?
   Die Winkelsumme im Dreieck kennst du schon!

   Bestimme den fehlenden Winkel des Vierecks.
   a) $\alpha = 76°$; $\beta = 90°$; $\gamma = 83°$
   b) $\alpha = 114°$; $\gamma = 103°$; $\delta = 92°$
   c) $\beta = 17°$; $\gamma = 153°$; $\delta = 61°$

Konstruktion von Vierecken

1. Zeichne das Rechteck in den dargestellten Konstruktionsschritten in dein Heft.

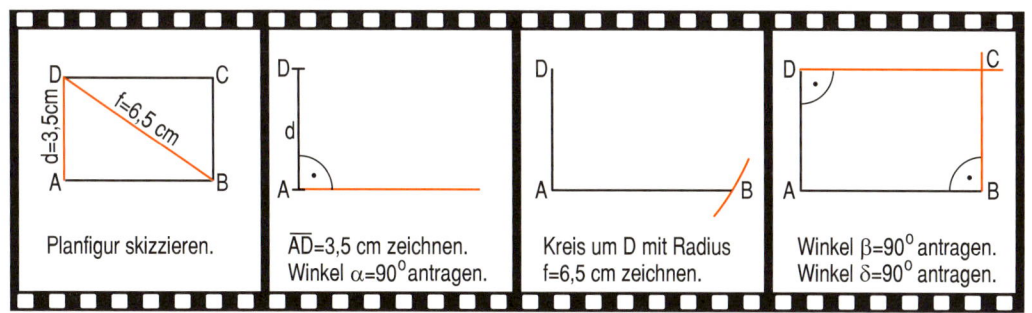

| Planfigur skizzieren. | $\overline{AD}$=3,5 cm zeichnen. Winkel α=90° antragen. | Kreis um D mit Radius f=6,5 cm zeichnen. | Winkel β=90° antragen. Winkel δ=90° antragen. |

2. Zeichne das Rechteck nach der vorgegebenen Planfigur. Denke an die Eigenschaften.
  a) a=6 cm; b=4 cm
  b) c=5 cm; d=3 cm
  c) a=4 cm; e=4,5 cm
  d) b=5 cm; f=5,3 cm

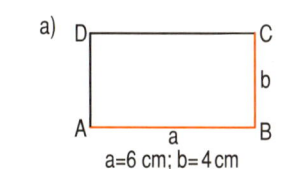

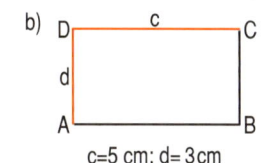

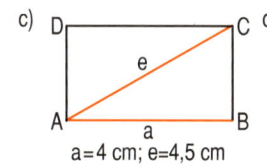

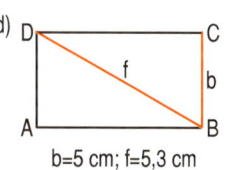

3. Zeichne die Raute in den dargestellten Konstruktionsschritten in dein Heft.

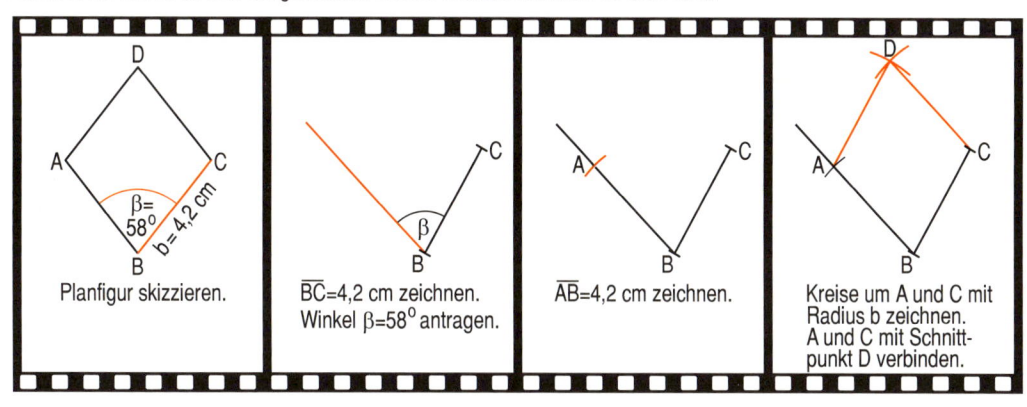

| Planfigur skizzieren. | $\overline{BC}$=4,2 cm zeichnen. Winkel β=58° antragen. | $\overline{AB}$=4,2 cm zeichnen. | Kreise um A und C mit Radius b zeichnen. A und C mit Schnittpunkt D verbinden. |

4. Zeichne die Raute nach der vorgegebenen Planfigur. Denke an die Eigenschaften.
  a) c=4,1 cm; γ=49°
  b) d=3,2 cm; e=5,5 cm
  c) a=6,4 cm; β=127°
  d) f=4,9 cm; β=60°

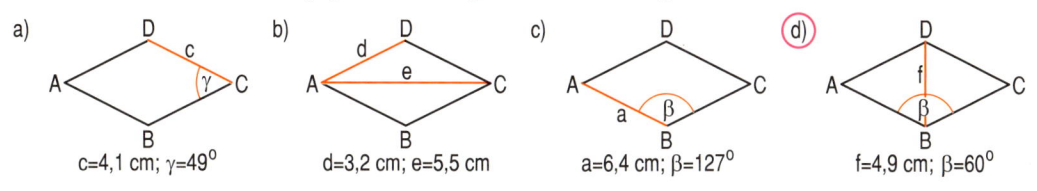

5. Konstruiere das Viereck. Zeichne zunächst eine Planfigur und trage die gegebenen Stücke ein. Kennzeichne auch die Stücke, die durch die Eigenschaften des Vierecks außerdem bekannt sind.
  a) Quadrat: d = 3,7 cm
  b) Quadrat: e = 5,2 cm
  c) Rechteck: b = 6,2 cm; c = 4,1 cm
  d) Rechteck: b = 4,7 cm; e = 5,3 cm
  e) Raute: d = 4,6 cm; α = 126°
  f) Raute: e = 8,2 cm; f = 5,6 cm

6. Zeichne eine Raute mit vier gleich großen Winkeln. Welche Vierecksform erhältst du?

2 Konstruieren in der Ebene

7. Zeichne das Parallelogramm in den dargestellten Konstruktionsschritten in dein Heft.

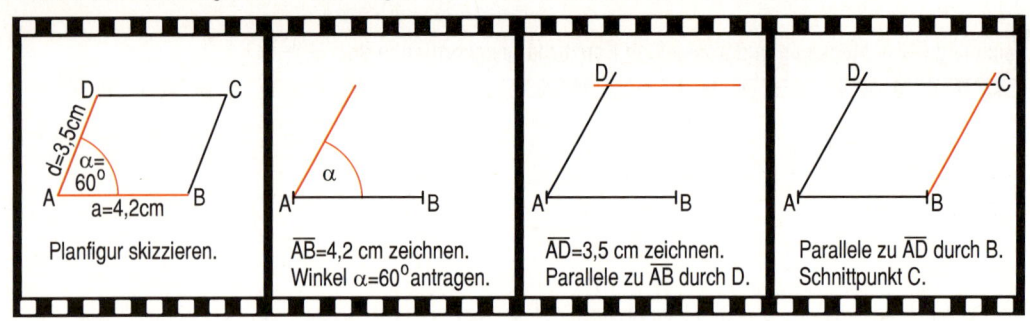

Planfigur skizzieren.	$\overline{AB}$=4,2 cm zeichnen. Winkel α=60° antragen.	$\overline{AD}$=3,5 cm zeichnen. Parallele zu $\overline{AB}$ durch D.	Parallele zu $\overline{AD}$ durch B. Schnittpunkt C.

8. Zeichne das Parallelogramm nach der vorgegebenen Planfigur.

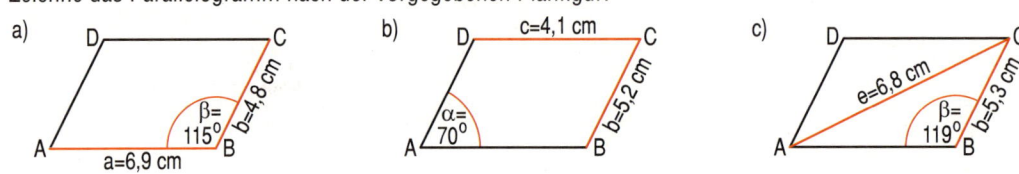

a) β=115°, a=6,9 cm, b=4,8 cm
b) c=4,1 cm, α=70°, b=5,2 cm
c) e=6,8 cm, β=119°, b=5,3 cm

9. Zeichne den Drachen in den dargestellten Konstruktionsschritten in dein Heft.

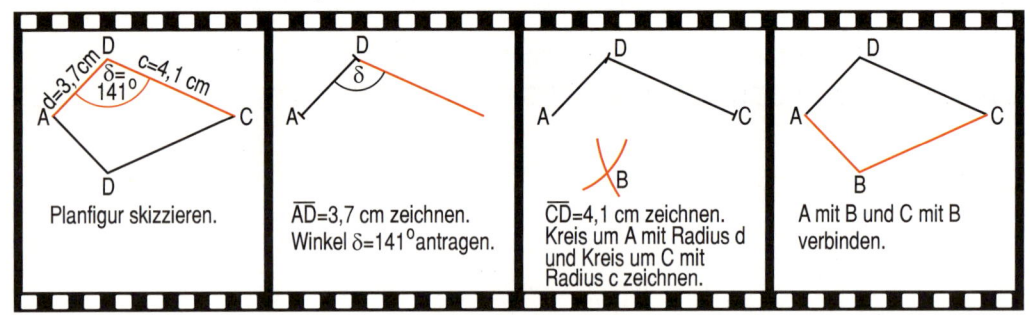

Planfigur skizzieren.	$\overline{AD}$=3,7 cm zeichnen. Winkel δ=141° antragen.	$\overline{CD}$=4,1 cm zeichnen. Kreis um A mit Radius d und Kreis um C mit Radius c zeichnen.	A mit B und C mit B verbinden.

10. Zeichne den Drachen nach der vorgegebenen Planfigur.

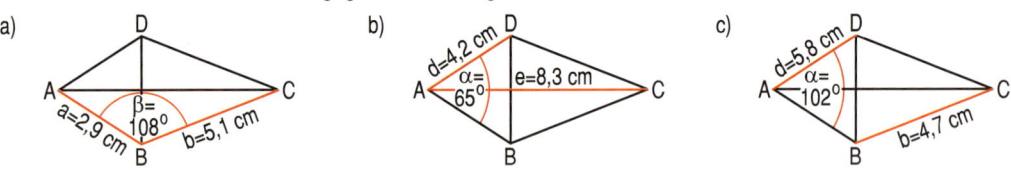

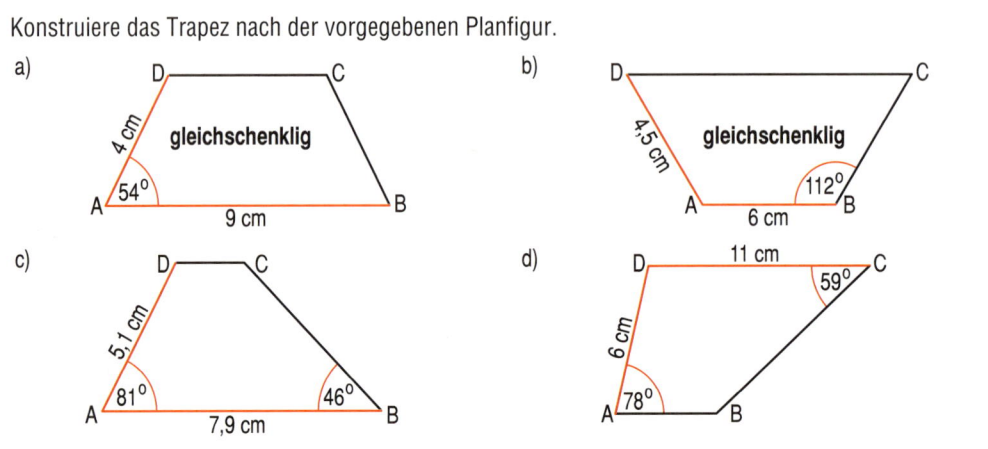

a) a=2,9 cm, β=108°, b=5,1 cm
b) d=4,2 cm, α=65°, e=8,3 cm
c) d=5,8 cm, α=102°, b=4,7 cm

11. Konstruiere das Trapez nach der vorgegebenen Planfigur.

a) gleichschenklig; 4 cm, 54°, 9 cm
b) gleichschenklig; 4,5 cm, 112°, 6 cm
c) 5,1 cm, 81°, 46°, 7,9 cm
d) 11 cm, 59°, 6 cm, 78°

Maßstabsgerechtes Zeichnen

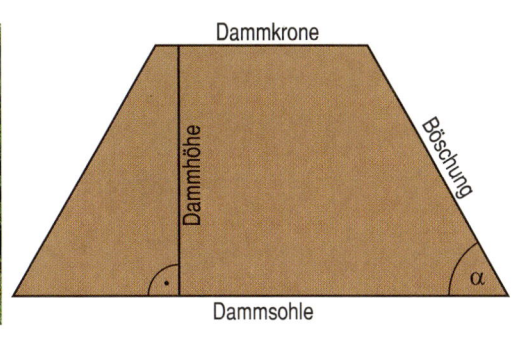

1. Zeichne den Querschnitt des Bahndammes, der die Form eines gleichschenkligen Trapezes hat. Folgende Maße sind bekannt: Dammsohle 13 m, Böschung 4,90 m, Böschungswinkel α = 44°. Bestimme die Länge der Dammkrone und die Dammhöhe. Zeichne im Maßstab 1 : 100 (1 cm für 1 m in Wirklichkeit).

2. Bestimme durch eine Zeichnung die Länge der roten Diagonale des Drachens (Maßstab 1 : 10).

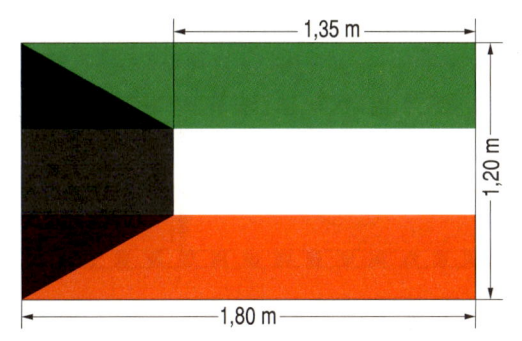

3. Welche Vierecksformen bilden die Fahne von Kuwait? Zeichne im Maßstab 1 : 10.

4. Vor der Flutung und nach dem Dammbruch am 18. 7. 1976 konnte man sehen, dass der Querschnitt des Elbe-Seiten-Kanals (Foto) die Form eines gleichschenkligen Trapezes hat. Die Wasserbreite ist oben 53 m, die Sohlenbreite 29 m, die Wassertiefe 4,50 m.
Zeichne im Maßstab 1 : 500 (2 mm für 1 m) und bestimme die Länge der Böschung unter Wasser.

5. Bestimme durch Zeichnung die Länge der Strecke $\overline{AB}$, die wegen des unzugänglichen Geländes nicht gemessen werden konnte. Wähle einen geeigneten Maßstab.

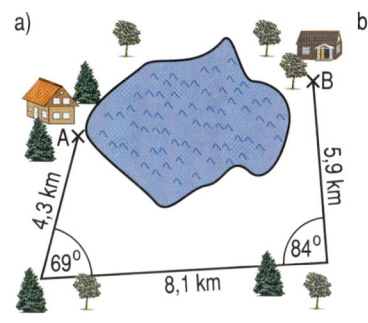

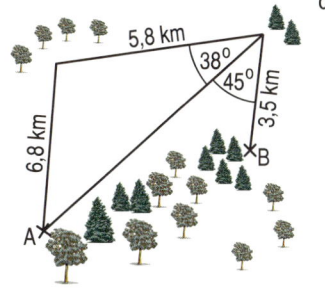

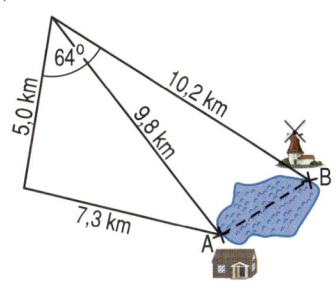

2 Konstruieren in der Ebene

Kreis und Gerade

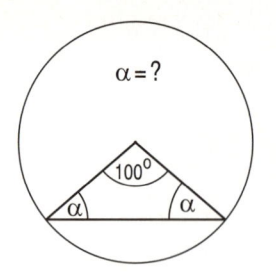

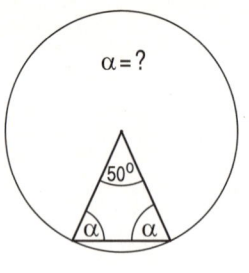

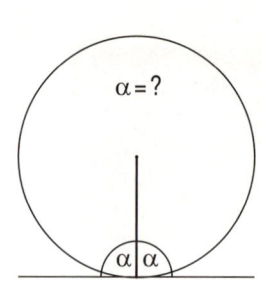

$\alpha = ?$ $\alpha = ?$ $\alpha = ?$

> Eine **Tangente** an einem Kreis ist eine Gerade, die den Kreis in einem einzigen Punkt trifft (berührt).
> In diesem Berührungspunkt sind Radius und Tangente senkrecht zueinander.
>
> Passante – Tangente – Sehne – Sekante

zu konstruieren: die Tangente durch P
Strecke $\overline{MP}$ zeichnen.

Thaleskreis zu $\overline{MP}$ zeichnen.
Schnittpunkte B_1, B_2 zeichnen.

Tangenten PB_1 und PB_2 zeichnen.

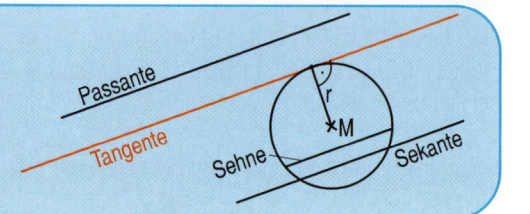

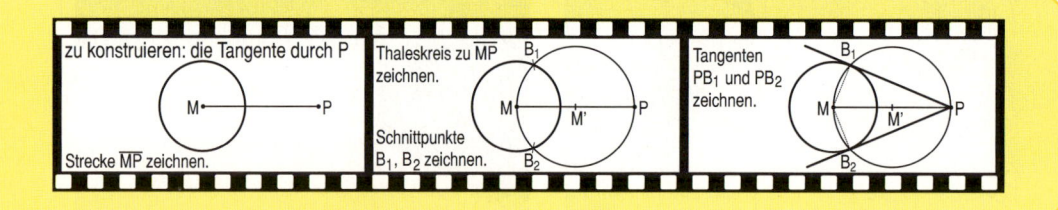

Aufgaben

1. Zeichne einen Kreis und in den gekennzeichneten Punkten die Tangenten. Welche Figur bilden die Schnittpunkte der Tangenten?

   zu 1. a) 3 cm, 120°, 120°, 120°   b) 3 cm, 45°

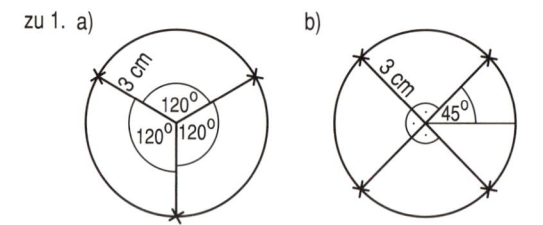

2. Zeichne einen Kreis mit 3,5 cm Radius und lege auf ihm Punkte fest, sodass die Tangenten in ihnen ein regelmäßiges Fünfeck bilden.

3. Zeichne den Kreis mit Mittelpunkt M und Radius r. Konstruiere die Tangenten durch P.
   a) r = 3 cm M(5|5) P(12|12)
   b) r = 2 cm M(12|5) P(5|1)

4. In welchem Winkel schneiden sich zwei Kreistangenten mit zueinander senkrechten Berührradien?

5. a) Konstruiere in deinem Heft die Tangenten durch A und B. Welche Figur entsteht? 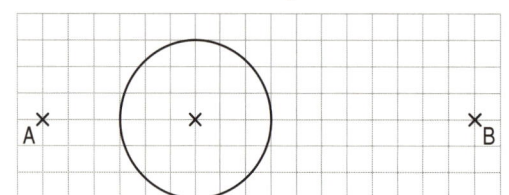
   b) Konstruiere im Heft die Grenzlinien des Schattens, den die Säule im Scheinwerferlicht wirft.

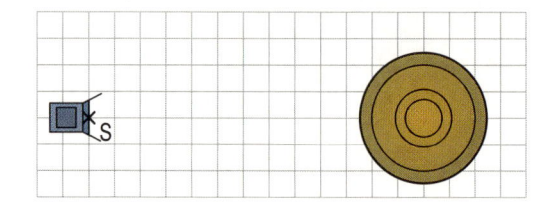

2 Konstruieren in der Ebene

6. a) Bei diesem Gerät zur Bestimmung des Kreismittelpunktes ist α = β und x = y. Warum sind die beiden Dreiecke ① und ② kongruent?

b) Wie bestimmt man mit diesem Gerät den Mittelpunkt einer Kreisscheibe?

c) Bastele ein eigenes Gerät, indem du auf Karton oder Plastik zeichnest und ausschneidest. Wähle z. B.: α = β = 45° und 0,5 cm Streifenbreite, 15 cm Gesamtlänge.

7. a) Übertrage den Kreis und die Punkte ins Heft. Zeichne eine Sehne durch A und D.

b) Zeichne eine Sekante durch B und eine Tangente, die parallel zu dieser Sekante ist.

c) Zeichne eine Passante durch C und eine Tangente, die senkrecht zu dieser Passante ist.

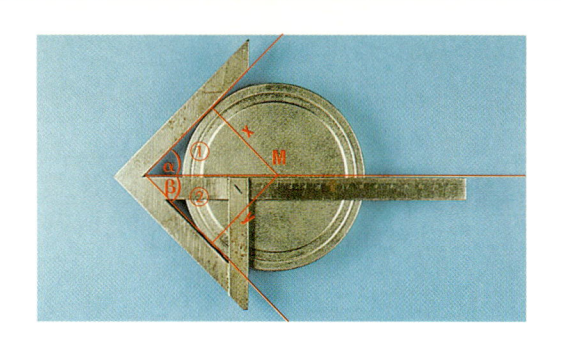

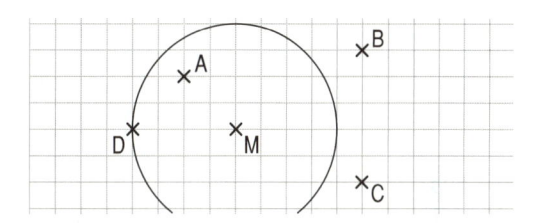

8.

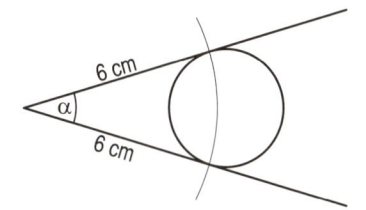

a) Zeichne den Winkel α = 55° und konstruiere den Kreis, der die Schenkel in 6 cm Entfernung vom Scheitel berührt.

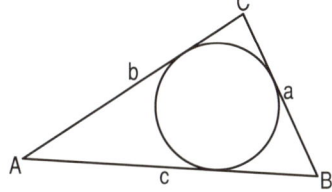

b) Zeichne das Dreieck ABC mit a = 6 cm, b = 8 cm, c = 10 cm und konstruiere den Kreis, der alle Seiten berührt.

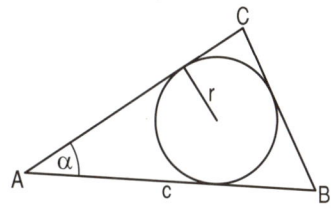

c) Konstruiere das Dreieck ABC mit c = 14 cm, α = 35° und dem Inkreisradius r = 2,5 cm. Beginne mit c und α.

9. Bestimme die mit griechischen Buchstaben gekennzeichneten Winkel.

a) b) c) d)

Gleich lang

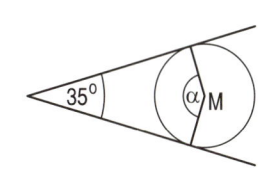

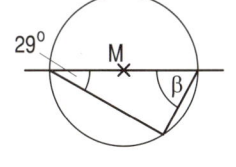

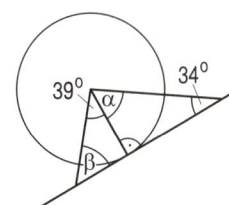

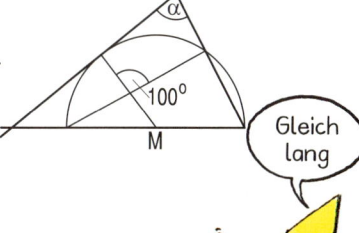

10. *Tangentenvierecke* sind Vierecke, die einen Inkreis besitzen, der alle vier Seiten berührt.

a) Zeichne einen Kreis mit 2 cm Radius, lege auf ihm vier Berührpunkte fest und zeichne in ihnen die Tangenten.

b) Die Schnittpunkte der Tangenten bilden ein Viereck ABCD. Benenne gleich lange Strecken mit gleichen Buchstaben und begründe: Addiert man die Längen gegenüberliegender Viereckseiten, erhält man in beiden Fällen dieselbe Summe.

c) Prüfe, welche Vierecke nicht immer einen Inkreis haben: Quadrat – Rechteck – Raute – Parallelogramm – Drachen – Trapez

2 Konstruieren in der Ebene

1. Um welchen Dreieckstyp handelt es sich?

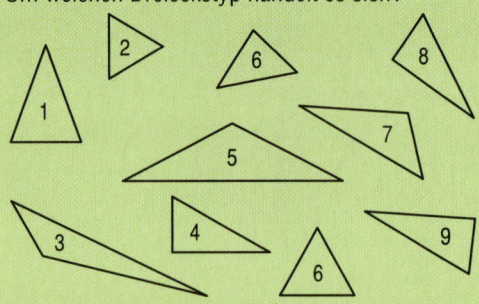

2. Konstruiere das Dreieck ABC (Planskizze).
   a) a = 5,7 cm   b = 8,3 cm   c = 4,5 cm
   b) a = 8,4 cm   b = 12,6 cm   c = 7,2 cm
   c) c = 7,5 cm   α = 42°   b = 6,3 cm
   d) b = 6,8 cm   α = 28°   γ = 104°

3. Zeichne das Dreieck A(4|3) B(10|6) C(5|10) und konstruiere seinen Umkreis.

4. Zeichne das Dreieck A(1|4) B(12|2) C(5|10) und konstruiere seinen Inkreis.

5. Zeichne das Dreieck A(2|2) B(14|3) C(12|12) und konstruiere seinen Höhenschnittpunkt.

6. Zeichne das Dreieck A(1|5) B(13|8) C(7|13) und konstruiere seinen Schwerpunkt.

7. a) Bei welchen Dreiecken sind die vier Schnittpunkte M, W, H und S alle gleich?
   b) Welche der vier Schnittpunkte M, W, H und S liegen immer im Inneren des Dreiecks, welche können auch außerhalb liegen?

8. Konstruiere mit möglichst wenig Aufwand fünf verschiedene Dreiecke, alle mit der Seite c = 7 cm und dem Winkel γ = 90°.

9. Das Dreieck ABC ist rechtwinklig mit γ = 90° und c = 9 cm. Wie groß ist die Entfernung zwischen C und dem Mittelpunkt der Seite c?

10. Zeichne den Kreis mit M(10|8) und r = 4 cm. Konstruiere die Tangente durch P(2|5) an den Kreis.

11. Zeichne einen Kreis mit dem Radius r = 2,5 cm. Lege auf ihm drei Punkte fest, sodass die Schnittpunkte der Tangenten ein gleichseitiges Dreieck bilden. Konstruiere.

Gleichseitiges Dreieck
gleiche Seiten, gleiche Winkel

Gleichschenkliges Dreieck
2 gleiche Seiten, 2 gleiche Winkel

Spitzwinkliges Dreieck
3 spitze Winkel (< 90°)

Rechtwinkliges Dreieck
Ein rechter Winkel (= 90°)

Stumpfwinkliges Dreieck
Ein stumpfer Winkel (> 90°)

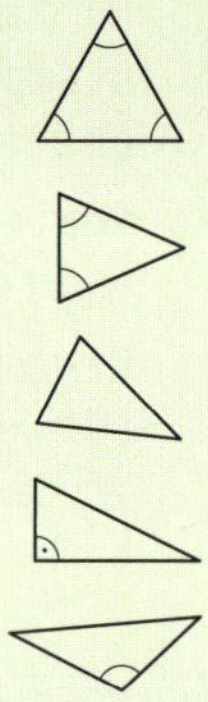

Dreiecke kann man konstruieren, wenn gegeben sind
- alle drei Seiten (SSS)
- 2 Seiten und der eingeschlossene Winkel (SWS)
- 1 Seite und die 2 anliegenden Winkel (WSW)

In jedem Dreieck schneiden sich
- die **Mittelsenkrechten** im Mittelpunkt des **Umkreises**. 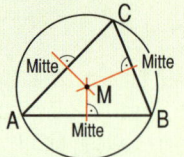
- die **Winkelhalbierenden** im Mittelpunkt des **Inkreises**.

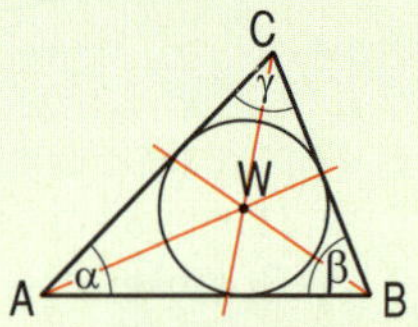

- die **Höhen** in einem Punkt. 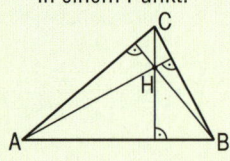
- die **Seitenhalbierenden** im **Schwerpunkt**.

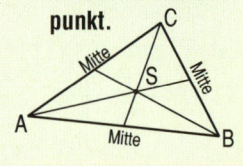

Satz des Thales
Liegt C auf einem Kreis mit dem Durchmesser $\overline{AB}$, dann ist das Dreieck ABC bei C rechtwinklig.

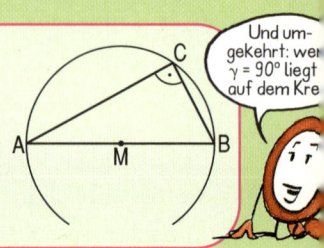

Und umgekehrt: wenn γ = 90° liegt auf dem Kreis

Eine **Tangente** berührt den Kreis in einem einzigen Punkt. Dort ist sie senkrecht zum Radius.

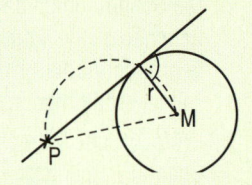

Testen, Üben, Vergleichen
2 Konstruieren in der Ebene

1. Konstruiere das Dreieck ABC.
   a) c = 10,9 cm; α = 43°; β = 34°
   b) b = 6,5 cm; c = 8,7 cm; α = 71°
   c) a = 8,5 cm; c = 10,6 cm; β = 47°
   d) b = 6,1 cm; α = 88°; γ = 59°

2. Konstruiere ein gleichseitiges Dreieck mit der Seitenlänge a = 4,5 cm.

3. Christian sieht bei seiner Wanderung zwei Kirchtürme unter einem Winkel von 33°. Aus der Karte liest er die Entfernung zu beiden Türmen ab. Wie weit liegen die Kirchtürme auseinander? Zeichne (1 km = 1 cm). Lies das Ergebnis aus deiner Zeichnung ab.

4. Für welche Vierecke gelten folgende Eigenschaften?
   a) Gegenüberliegende Seiten sind zueinander parallel.
   b) Benachbarte Seiten sind zueinander senkrecht.
   c) Die Diagonalen halbieren sich.
   d) Die Diagonalen sind zueinander senkrecht.

5. Zeichne das Viereck nach der Planfigur.

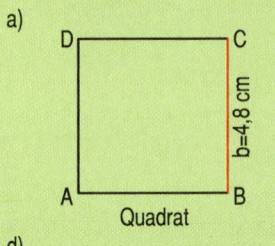

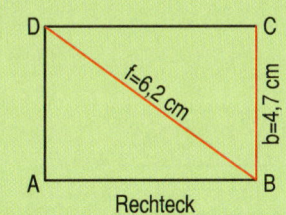

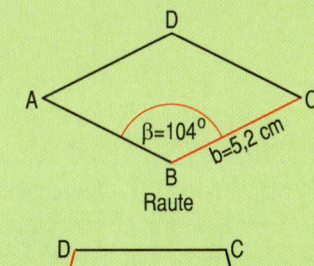

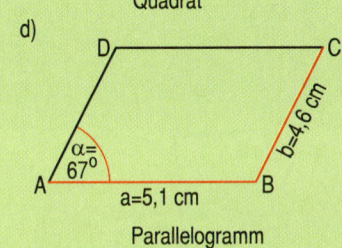

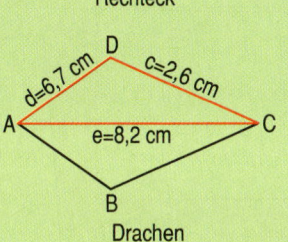

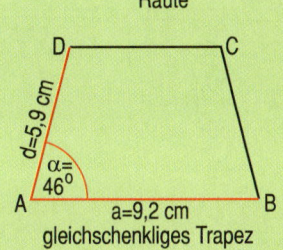

   a) Quadrat: b = 4,8 cm
   b) Rechteck: f = 6,2 cm; b = 4,7 cm
   c) Raute: β = 104°; b = 5,2 cm
   d) Parallelogramm: α = 67°; a = 5,1 cm; b = 4,6 cm
   e) Drachen: d = 6,7 cm; c = 2,6 cm; e = 8,2 cm
   f) gleichschenkliges Trapez: d = 5,9 cm; α = 46°; a = 9,2 cm

6. Ergänze die nebenstehende Figur zu dem angegebenen Viereck. Welche Eigenschaften benutzt du dabei?
   a) Parallelogramm   b) Drachen   c) Gleichschenkliges Trapez (2 Lös.)

   „Ich soll im Viereck stehen."

7. a) Warum kannst du die nebenstehende Zeichnung nicht zu einer Raute ergänzen?
   b) Ergänze zu einem allgemeinen Trapez. Wie viele Möglichkeiten gibt es hier?

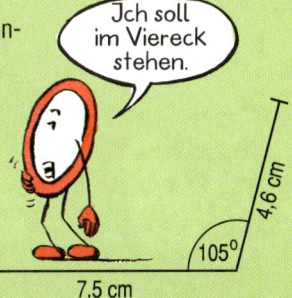

   (4,6 cm; 105°; 7,5 cm)

8. Zeichne durch Umfahren eines runden Gegenstands (z. B. Tasse, Teller, Dose) einen Kreis und konstruiere dann seinen Mittelpunkt.

9. Eine dreieckige Holzplatte soll in einem Punkt unterstützt werden, sodass sie im Gleichgewicht ist. Ihre Seiten sind 70 cm, 80 cm, 120 cm lang. Konstruiere diesen Punkt.

10. a) Zeichne einen Kreis mit 3 cm Radius und zwei *nicht* zueinander senkrechte Durchmesser. Ihre Endpunkte bilden ein Viereck. Was für ein Viereck ist es?
    b) Konstruiere in den Eckpunkten die Tangenten. Was für ein Viereck bilden ihre Schnittpunkte?

3 Prozent- und Zinsrechnung

Sportgemeinschaft TSC Unsere Ballspielgruppen	
Abteilung	Mitgliederzahl
Basketball	60
Fußball	80
Handball	40
Tischtennis	20
insgesamt	

Mitgliederzahl	Prozentanteil	Kreissektor
20	10%	36°
40		
60		
80		

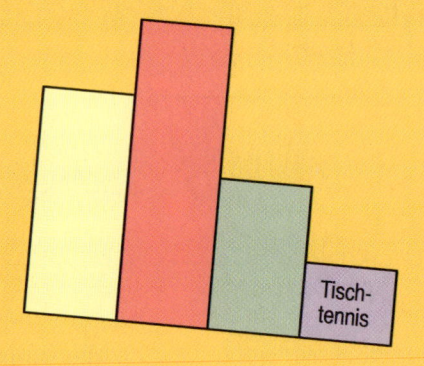

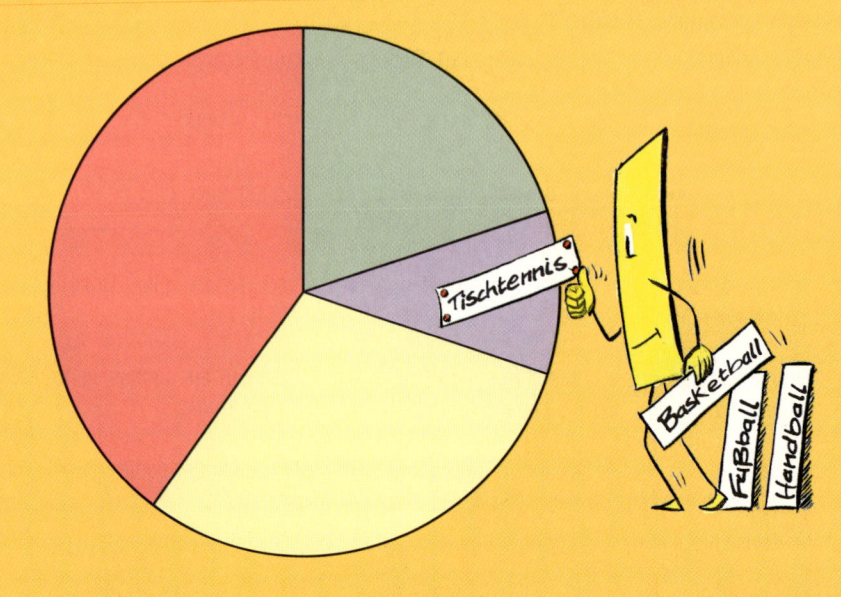

3 Prozent- und Zinsrechnung

**Der Schuldenberg wächst!!
80 Milliarden DM Zinsen!**

Bonn: Erstmals im Jahr 1996 hatten Bund, Länder und Gemeinden in der Bundesrepublik Deutschland rund 1 000 000 000 000 DM Schulden. Die Zinsen dafür

Millionen, Milliarden, Billionen?

Es gibt rund 80 Mio. Deutsche, dann hat jeder ...

C5 = =B5*0,05

	A	B	C	D	E
1		Kapital:	1000 €		
2		Zinssatz:	5,00%		
3					
4		Kapital	Zinsen	Endkapital	
5	im 1. Jahr	1000,00	50,00	1050,00	
6	im 2. Jahr	1050,00	52,50	1102,50	
7	im 3. Jahr	1102,50	55,13	1157,63	
8	im 4. Jahr	1157,63	57,88	1215,51	
9	im 5. Jahr	1215,51	60,78	1276,28	
10	im 6. Jahr	1276,28	63,81	1340,10	
11	im 7. Jahr	1340,10	67,00	1407,10	
12	im 8. Jahr	1407,10	70,36	1477,46	
13	im 9. Jahr	1477,46	73,87	1551,33	
14	im 10. Jahr	1551,33	77,57	1628,89	

Schade, ich hätte gerne die Tabelle für 3 000 € gesehen!

3 Prozent- und Zinsrechnung

Prozentsätze sind Brüche mit dem Nenner 100.

Grundbegriffe der Prozentrechnung

Von 500 befragten Personen gaben 2% an, dass die Freibäder auch im Winter geöffnet sein sollten. Das waren 10 Personen.

500 Pers. $\xrightarrow{\cdot \frac{2}{100}}$ 10 Pers.

500 Pers. $\xrightarrow{\cdot\ 0{,}02}$ 10 Pers.

$500 \cdot 0{,}02 = 10$

2% von 500 Personen sind 10 Personen.

100%	500 Pers.
1%	5 Pers.
2%	**10 Pers.**

Grundwert (G): 500 Personen

Prozentsatz (p%): $2\% = \frac{2}{100} = 0{,}02$

Prozentwert (W): 10 Personen

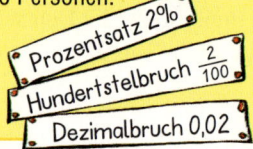

Prozentsatz 2%
Hundertstelbruch $\frac{2}{100}$
Dezimalbruch 0,02

Aufgaben

1. Notiere in deinem Heft den Grundwert (G), den Prozentwert (W) und den Prozentsatz (p%).
a) 12 € von 100 € sind 12%.
b) 50% sind 400 m von 800 m.
c) Von 400 kg sind 25% genau 100 kg.
d) 3 € von 30 € sind 10%.
e) 12 Personen von 60 Personen sind 20%.
f) 1% von 750 km sind 7,5 km.

2. Notiere den Grundwert, den Prozentwert und den Prozentsatz.
a) 24 kg, 20%, 120 kg
b) 3 000 €, 75%, 4 000 €
c) 100 m, 50%, 200 m

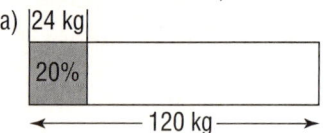

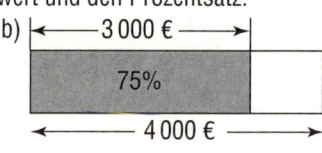

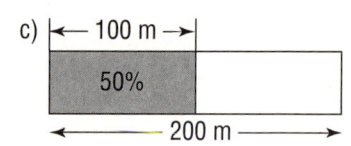

3. Übertrage die Tabelle in dein Heft und vervollständige sie.

	a)	b)	c)	d)	e)	f)	g)	h)	i)	j)	k)	l)
Prozentsatz	4%		25%				40%		1%			
Hundertstelbruch		$\frac{9}{100}$			$\frac{38}{100}$			$\frac{10}{100}$			$\frac{16}{100}$	
Dezimalbruch				0,05		0,15				0,2		0,9

4.
a) 300 € $\xrightarrow{\cdot \frac{4}{100}}$ ▨
b) 800 kg $\xrightarrow{\cdot \frac{9}{100}}$ ▨
c) 250 m $\xrightarrow{\cdot \frac{8}{100}}$ ▨
d) 420 kg $\xrightarrow{\cdot \frac{20}{100}}$ ▨
e) 400 t $\xrightarrow{\cdot\ 0{,}8}$ ▨
f) 72 kg $\xrightarrow{\cdot\ 0{,}6}$ ▨
g) 37 l $\xrightarrow{\cdot\ 0{,}5}$ ▨
h) 750 € $\xrightarrow{\cdot\ 0{,}03}$ ▨

5. Der Prozentwert (W) ist gesucht. Vervollständige in deinem Heft die Tabelle.

a)
100%	45 €
1%	
6%	

b)
100%	35 €
1%	
7%	

c)
100%	170 m
1%	
4%	

d)
100%	140 m
1%	
9%	

6.
a) Wie viel € sind 8% von 600 €?
b) Wie viel kg sind 40% von 300 kg?
c) Wie viel € sind 50% von 80 €?
d) Wie viel m sind 10% von 200 m?
e) Wie viel € sind 70% von 400 €?
f) Wie viel l sind 3% von 150 l?

7. An der Conrad-Schule sind 850 Schülerinnen und Schüler. 4% haben noch kein Freischwimmer-Abzeichen. Wie viele Personen sind das?

3 Prozent- und Zinsrechnung

8. Gib die Größe in der kleineren Einheit ohne Komma an.
   a) 1% von 1 m sind ▭ cm
   b) 1% von 1 dm sind ▭ mm
   c) 10% von 1 l sind ▭ ml
   d) 10% von 1 m sind ▭ dm
   e) 10% von 1 dm sind ▭ cm
   f) 10% von 1 € sind ▭ Cent
   g) 1% von 1 kg sind ▭ g
   h) 1% von 1 € sind ▭ Cent
   i) 10% von 1 km sind ▭ m
   j) 1% von 1 l sind ▭ ml
   k) 1% von 1 m² sind ▭ dm²
   l) 10% von 1 kg sind ▭ g

9. Bestimme immer ein Prozent. Verschiebe das Komma um zwei Stellen.
   a) 1% von 80 €
   b) 1% von 50 kg
   c) 1% von 210 m
   d) 1% von 30 €
   e) 1% von 90 kg
   f) 1% von 530 m
   g) 1% von 26 m
   h) 1% von 64 €
   i) 1% von 2 €
   j) 1% von 54 cm
   k) 1% von 72 kg
   l) 1% von 6 m

Wo ist das Komma?
Denke dir ein Komma nach dem Einer! So: 67 m = 67,0 m

10. Bestimme den Grundwert. Tipp: 20% · 5 = 100%
   a) 20%, 1,8 m
   b) 20%, 6,5 l
   c) 25%, 34 €
   d) 80%, 400 €

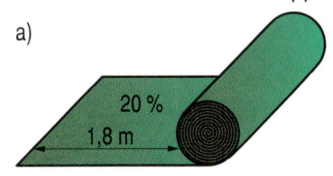

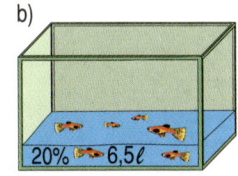

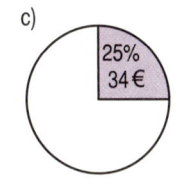

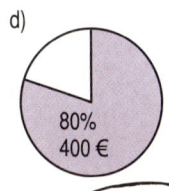

11. Berechne den Grundwert (G).
   a) 8% sind 40 €
   b) 4% sind 63 €
   c) 10% sind 28 kg
   d) 15% sind 75 kg
   e) 11% sind 77 m
   f) 12% sind 60 m
   g) 4% sind 122 l
   h) 10% sind 85 l

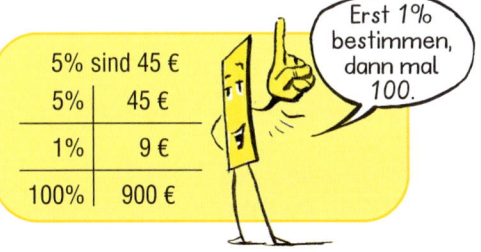

Erst 1% bestimmen, dann mal 100.

5% sind 45 €	
5%	45 €
1%	9 €
100%	900 €

12. Bestimme den Prozentsatz (p%). Schreibe dazu den Bruch mit dem Nenner 100.
   a) 16 € von 200 €
   b) 20 kg von 400 kg
   c) 65 m von 100 m
   d) 45 € von 500 €
   e) 7 kg von 25 kg
   f) 42 m von 700 m
   g) 8 € von 50 €
   h) 3 kg von 10 kg
   i) 67 m von 100 m
   j) 16 € von 800 €
   k) 3 kg von 20 kg
   l) 4 m von 10 m

12 kg von 200 kg
$\frac{12}{200} = \frac{6}{100}$
p% = 6%

13. Bestimme erst 1%, dann den Prozentsatz (p%).

   a) 100% | 500 kg
      1% | ▭
      ▭ | 30 kg

   b) 100% | 700 m
      1% | ▭
      ▭ | 56 m

   c) 100% | 600 €
      1% | ▭
      ▭ | 120 €

   d) 100% | 450 €
      1% | ▭
      ▭ | 9 €

14.
   a) 60 € von 150 €
   b) 18 kg von 120 kg
   c) 49 € von 140 €
   d) 77 kg von 220 kg
   e) 30 € von 750 €
   f) 54 kg von 180 kg
   g) 56 € von 160 €
   h) 35 kg von 250 kg
   i) 63 € von 450 €
   j) 42 kg von 150 kg

60 € von 150 € sind ▭ €

100%	150 €
1%	1,5 €
▭ %	60 €

Rechnung
60 : 1,5 =
600 : 15 = ▭

15. Wie viel Prozent sind das?
   a) Von dem Buch mit 160 Seiten hat Petra bereits 56 Seiten gelesen.
   b) Von den 120 gelagerten Äpfeln waren 18 nicht mehr essbar.

3 Prozent- und Zinsrechnung

Prozentsätze über 100%

Erst hatte ich nur diese 50 CDs, jetzt habe ich die 2½-fache Anzahl.

Dann ist deine Sammlung auf 250% angewachsen!

250% von 50 CDs =

$50 \xrightarrow{\cdot \frac{250}{100}} 125$

$50 \xrightarrow{\cdot 2,5} 125$

$50 \cdot 2,5 = 125$

100%	50
1%	0,5
250%	**125**

250% von 50 CDs sind 125 CDs

Bei Prozentsätzen über 100% ist der Prozentwert (W) größer als der Grundwert (G).

200% von G bedeutet das Doppelte von G $\qquad 200\% = \frac{200}{100} = 2$

250% von G bedeutet das Zweieinhalbfache von G $\qquad 250\% = \frac{250}{100} = 2,5$

Aufgaben

1. Schreibe den Prozentsatz als Dezimalbruch oder als natürliche Zahl.
   a) 600%   b) 350%   c) 800%   d) 260%   e) 825%   f) 110%   g) 1 000%

2. Welcher Prozentsatz beschreibt genauso viel?
   a) das Doppelte   b) das Dreifache   c) das 4,5-fache   d) das 2,6-fache   e) das 1,4-fache

3. Berechne den Prozentwert (W).
   a) 400% von 600 €   b) 700% von 45 l   c) 1 000% von 6,50 €   d) 120% von 300 kg
   e) 160% von 5 kg   f) 250% von 20 kg   g) 550% von 1 200 Stück   h) 700% von 50 m

4. Die Firma Frei produziert 200 optische Gläser am Tag. Durch den Einsatz einer neuen Schleifmaschine kann die Produktion auf 160% gesteigert werden. Wie viele optische Gläser sind das?

5. Im Jahr 1995 lebten auf unserer Erde rund 5,7 Mrd. Menschen. Damals rechnete man mit einem Anstieg auf 108% für das Jahr 2000. Mit wie vielen Menschen rechnete man für das Jahr 2000?

6. Auf wie viel Prozent ist die Größe angestiegen?
   a) von 80 km auf 800 km   b) von 60 € auf 120 €   c) von 80 kg auf 240 kg   d) von 5 m auf 30 m
   e) von 2,20 € auf 6,60 €   f) von 10 m auf 25 m   g) von 2,5 g auf 7,5 g   h) von 1,5 km auf 3 km

7. Bei Emmerich transportiert der Rhein im Mittel 2 270 m³ Wasser in einer Sekunde. Beim Hochwasser im Jahr 1995 stieg die Menge auf das 5-fache.
   a) Auf wie viel Prozent stieg die Wassermenge?
   b) Um wie viel Prozent stieg die Menge?
   c) Wie viele Kubikmeter Wasser transportierte der Rhein pro Sekunde bei dem Hochwasser?

8. Der mittlere Pegelstand des Rheins beträgt 288 cm. Bei dem Hochwasser 1995 war der Pegelstand auf ca. 342% angestiegen. Wie hoch stand das Wasser?

3 Prozent- und Zinsrechnung

Prozentformel

10% von 20 kg Tomaten sind faul!

12% von 18 kg Äpfel sind faul!

$$\text{Grundwert} \xrightarrow{\cdot \frac{p}{100}} \text{Prozentwert}$$

Tomaten: $20 \text{ kg} \xrightarrow{\cdot 0{,}1} W$
$20 \cdot 0{,}1 = P$

Äpfel: $18 \text{ kg} \xrightarrow{\cdot 0{,}12} W$
$18 \cdot 0{,}12 = P$

In der Prozentrechnung gilt die **Prozentformel**:

Prozentwert = Grundwert · Prozentsatz $W = G \cdot \frac{p}{100}$ mit $\frac{p}{100} = p\%$

Von 26 kg Pfirsiche sind 8% verdorben.
Wie viel Kilogramm sind das?
gegeben: G = 26 kg, p% = 8% = 0,08
gesucht: W

$W = G \cdot \frac{p}{100}$
einsetzen
$W = 26 \cdot 0{,}08$
$= 2{,}08$

Antwort:
Etwa 2,1 kg der Pfirsiche sind verdorben.

Aufgaben

1. Wandle den Prozentsatz in einen Dezimalbruch um.
   a) 12%   b) 2,5%   c) 7%   d) 89%   e) 25%   f) 8%
   g) 1,6%   h) 10,6%   i) 0,9%   j) $3\frac{1}{2}$%   k) 130%   l) 200%

$3\% = \frac{3}{100} = 0{,}03$

2. Berechne den Prozentwert (W). Runde das Ergebnis auf 2 Stellen nach dem Komma.
   a) 16% von 58,12 €   b) 26% von 720 m   c) 5% von 78 m²   d) 250% von 125 kg
   e) 8,5% von 18,75 €   f) 145% von 12,6 m   g) 23% von 150 m²   h) 81% von 22 kg

3. a) G = 76,20 €   b) G = 25,7 kg   c) G = 420 km   d) G = 5,60 €   e) G = 45,5 kg
       p% = 16%   p% = 5,5%   p% = 8%   p% = 300%   p% = 150%

4. Frau Berger bekommt 1 625 € Gehalt ausbezahlt. Davon muss sie 35% für die Wohnungsmiete bezahlen.
   a) Wie viel € beträgt die Wohnungsmiete?
   b) Wie viel € verbleiben ihr nach Abzug der Miete für andere Ausgaben?

5. a) Die Sender der ARD strahlten 1996 genau 2 089 Werbeblöcke aus.
       Der Anteil der Blöcke über 6 Minuten Länge betrug 1,2%. Wie viele Werbeblöcke waren das?
   b) Ein privater Fernsehsender strahlte 1996 insgesamt 24 599 Werbeblöcke aus. Der Anteil der Werbeblöcke über 6 Minuten Länge betrug 4,6%. Wie viele Werbeblöcke waren das?

6. a) Läuft Ines zur Schule, benötigt sie 25 Minuten für den Schulweg. Mit dem Fahrrad benötigt sie nur 30% der Zeit. In welcher Zeit erreicht sie mit dem Fahrrad die Schule?
   b) Dikran joggt täglich 8 Minuten. In der nächsten Woche will er die Laufzeit auf 250% erhöhen. Wie viel Minuten will Dikran dann joggen?
   c) Marlen hat bei der Klassensprecherwahl 40% von 30 abgegebenen Stimmen erhalten. Wie viele Stimmen hat sie bekommen?

3 Prozent- und Zinsrechnung

Berechnung von Grundwert und Prozentsatz mit der Formel

Die Verpackung einer Ware wiegt 15,3 kg. Das sind 4,5% vom Gesamtgewicht. Wie groß ist das Gesamtgewicht?
W = 15,3 kg, p% = 4,5%
Gesucht: G

$W = G \cdot \frac{p}{100}$

15,3 = G · 0,045
15,3 : 0,045 = G
G = 340 kg

Von einem 84 m langen Gehweg wurden bereits 12,6 m neu gepflastert. Wie viel Prozent sind das?
G = 84 m, W = 12,6 m
Gesucht: p%

$W = G \cdot \frac{p}{100}$

$12,6 = 84 \cdot \frac{p}{100}$
$12,6 : 84 = \frac{p}{100}$
$\frac{p}{100} = 0,15$ p% = 15%

Aufgaben

1. Berechne den Grundwert (G). Runde auf die übliche Stellenzahl, wenn nötig.
  a) 4% sind 12,35 €   b) 12% sind 51,18 €   c) 7,5% sind 4,84 €   d) 2,8% sind 16,25 €
  e) 21% sind 48,5 kg   f) 150% sind 75 kg   g) 27% sind 135 kg   h) 240% sind 75,8 kg
  i) 320% sind 177 m   j) 18,6% sind 2,78 m   k) 24,5% sind 12,75 m l) 13,5% sind 12,64 m

2. Gegeben ist der Preis einer Ware ohne Mehrwertsteuer (MwSt.). Wie hoch ist die MwSt. und der Ladenpreis einschließlich MwSt. von 16%.

Preis	25,38 €
+ 16% MwSt.	4,06 €
Ladenpreis:	29,44 €

  a) 11,92 €   b) 18,94 €   c) 125,20 €   d) 1,38 €   e) 8,36 €
  f) 79,52 €   g) 204,48 € h) 45,97 €   i) 0,12 €   j) 2,28 €

3. Der Taschenrechner zeigt den Prozentsatz an. Schreibe mit dem %-Zeichen. Runde auf Zehntel.
  a) 0.916138125   b) 0.066666667   c) 2.4   d) 0.0054   e) 0.69047619

4. Berechne den Prozentsatz (p%). Runde das Ergebnis.
  a) 64 € von 125 €   b) 9 € von 20 €   c) 14,25 € von 36 €   d) 62,70 € von 85 €
  e) 85 kg von 270 kg   f) 24 kg von 50 kg   g) 1,75 kg von 4,9 kg   h) 3,25 kg von 2,5 kg
  i) 280 € von 160 €   j) 78 € von 1 600 €   k) 13,50 € von 315 €   l) 12,56 € von 64,30 €

5. Wie viel Prozent vom alten Preis beträgt der Preisnachlass? Berechne auch den neuen Preis.
  a) 300 € / 25 € weniger
  b) 445 € / 60 € weniger
  c) 128,90 € / 15 € weniger

6. Klaus verdient im ersten Gesellenjahr 940 €. Davon werden ihm 242,10 € für Steuern und Sozialversicherungen abgezogen. Wie hoch sind die Abzüge in Prozent?

7. Bei den Tarifverhandlungen wurde eine Lohnerhöhung um 1,8% beschlossen. Laura bekommt jetzt 15,30 € mehr Lohn ausgezahlt.
  a) Wie viel € hat sie vor der Lohnerhöhung verdient?   b) Wie viel € verdient sie jetzt?

3 Prozent- und Zinsrechnung

Vermischte Aufgaben

1.

	a)	b)	c)	d)	e)	f)
Grundwert G	75 kg		134 m	2 g	60 kg	3 124 €
Prozentsatz p%	9%	30%		0,8%		16%
Prozentwert W		63,66 €	18,76 m		84 kg	

2. Was ist gesucht? Berechne und runde sinnvoll.
  a) 18% von 84 l b) 8,4% sind 86 g c) 16,75 m von 134 m d) 45% von 74 €
  e) $5\frac{1}{2}$% sind 7,35 kg f) 453 m sind 200% g) 1,5% von 1 Mio. € h) 2,60 € von 1,30 €

3.
  a) Frau Braun verdient 1 747,84 € im Monat. Davon werden 13,6% für die Krankenkasse abgeführt.
  b) Sören erhielt bei der Schulsprecherwahl 463 Stimmen von 642 gültigen Stimmen.
  c) Im vorigen Jahr benötigte Familie Landt 3 460 l Heizöl. Im folgenden Jahr waren es 115% davon.
  d) Von den 124 Beschäftigten der Firma Lux waren im April 12 Beschäftigte erkrankt.

4. Der Tabelle kannst du entnehmen, wie sich seit 1950 die Arbeitszeit von Arbeitnehmerinnen und Arbeitnehmern verändert hat.
  a) Gib die Veränderungen jeweils in Prozent an.
  b) Wie viel Prozent eines Jahres entfielen 1950 bzw. 1997 durchschnittlich auf die Arbeitszeit?

Durchschnittliche Arbeitszeit in Stunden		
	1950	1997
pro Tag	8	7,5
pro Woche	48	37,5
im Jahr	2 330	1 573

5. 1950 betrug der durchschnittliche Monatslohn 390 DM (ca. 195 €). Bis zum Jahre 1997 ist der Monatslohn auf 875% angewachsen. Berechne den Durchschnittslohn von 1997 (in DM).

6.
  a) Berechne die neuen Renten für:
  Herrn Bertram aus Dresden, dessen Rente vorher 1 785,84 DM (ca. 892,92 €) betrug, und Frau Schreiber aus Köln, deren Rente vorher 2 034,32 DM (ca. 1 017,16 €) betrug.
  b) Um wie viel Prozent war 1998 die Durchschnittsrente in Ostdeutschland niedriger als in Westdeutschland?

dpa Bonn – Zum 1. Juli 1998 steigen die Renten in Westdeutschland um 0,44%, die in Ostdeutschland um 0,89%. Die Durchschnittsrente beträgt im Westen somit 1 980 DM, im Osten 1 694 DM. Der Anteil der Ostrenten beträ-

7. Viele Tiere in Deutschland sind gefährdet oder vom Aussterben bedroht.
  a) Von den 305 Vogelarten gilt die Bedrohung für 32,8% der Arten. Wie viele Vogelarten sind bedroht?
  b) Von den 70 Fischarten sind 49 Arten bedroht. Wie viel Prozent sind das?
  c) 44 Säugetierarten, das sind 46,8% der hier lebenden, sind bedroht. Wie viele Arten gibt es bei uns?

8.
  a) Wie viel Kilometer hat Svenja in Wirklichkeit in einem Jahr zurückgelegt?
  b) Zum Einstellen ihres Fahrradcomputers hat Svenja 2 011 mm für den Reifenumfang eingegeben. Ist der Umfang zu groß oder zu klein?
  c) Welchen Umfang muss Svenja eingeben?

Das bist du in einem Jahr gefahren?
Ja, aber der Zähler zeigt 10% zu wenig an.
1265H53km

9. Der Fahrradcomputer von Lars zeigt einen Kilometerstand von 5 378 km, er zeigt aber 10% zu viel an.

3 Prozent- und Zinsrechnung

Vermehrter Grundwert

Preiserhöhung

Die bisherige Ladenmiete von 400 € wird zum neuen Jahr um 25 % erhöht. Wie hoch ist die neue Miete?

400 € zuzüglich 25 %

Grundwert:	400 €
+ Prozentwert:	+ ▇ €
vermehrter Grundwert:	▇ €

Grundwert 100 % | Erhöhung 25 %
vermehrter Grundwert

400 € · 1,25 = ▇ €

Prozentfaktor: 1,25

Den vermehrten Grundwert kann man auf zwei Weisen berechnen:
1. Man bestimmt den Prozentwert und addiert ihn zum Grundwert.
2. Man bestimmt den Prozentfaktor (100 % + p %) und multipliziert damit den Grundwert.

Eine Pizza kostet 6 €. Ihr Preis wird um 10 % erhöht. Wie viel € kostet die Pizza jetzt?

1. 10 % von 6 € = 0,60 €

Grundwert:	6,00 €
+ Prozentwert:	+ 0,60 €
vermehrter Grundwert:	**6,60 €**

2. Prozentfaktor: 100 % + 10 % = 110 % = 1,1
neuer Preis: 6 € · 1,1 = 6,60 €

Antwort: Die Pizza kostet jetzt 6,60 €.

Aufgaben

1. Um wie viel € erhöht sich der alte Preis? Berechne den neuen Preis.
   a) Alter Preis: 370 €
      Preiserhöhung: 6 %
   b) Alter Preis: 1 290 €
      Preiserhöhung: 14 %
   c) Alter Preis: 56 €
      Preiserhöhung: 8 %
   d) Alter Preis: 6,50 €
      Preiserhöhung: 2,5 %
   e) Alter Preis: 72,60 €
      Preiserhöhung: 4 %
   f) Alter Preis: 1,50 €
      Preiserhöhung: 2,8 %

2. Um den angegebenen Prozentwert wird der Grundwert vermehrt. Gib den Prozentfaktor an.
   a) 25 %   b) 6 %   c) 15 %   d) 50 %   e) 12,5 %   f) 110 %   g) 137 %

3. Berechne den neuen Preis mit dem Prozentfaktor.
   a) Alter Preis: 420 €
      Preiserhöhung: 4 %
   b) Alter Preis: 5 299 €
      Preiserhöhung: 16 %
   c) Alter Preis: 46 €
      Preiserhöhung: 30 %
   d) Alter Preis: 9,25 €
      Preiserhöhung: 11 %
   e) Alter Preis: 17,89 €
      Preiserhöhung: 8,5 %
   f) Alter Preis: 0,79 €
      Preiserhöhung: 125 %

4. Alle Gehälter werden um 3 % erhöht. Gegeben ist das alte Gehalt.
   a) 1 100 €   b) 1 980 €   c) 900 €   d) 1 725,36 €   e) 2 253,75 €   f) 2 380,90 €

5. Auf den Warenpreis werden noch 16 % Mehrwertsteuer aufgeschlagen. Gib den Endpreis an.
   a) 126,20 €   b) 14,10 €   c) 256,44 €   d) 1 028,78 €   e) 3 256,90 €   f) 37,40 €

3 Prozent- und Zinsrechnung

Verminderter Grundwert

Preissenkung

Der alte Preis eines Mantels von 400 € wird im Schlussverkauf um 20% gesenkt. Was kostet der Mantel nun?

400 € abzüglich 20%

Grundwert:	400 €
− Prozentwert:	− ▆ €
verminderter Grundwert:	▆ €

Grundwert 100%

verminderter Grundwert — Minderung 20%

400 € · 0,8 = ▆ €

Prozentfaktor: 0,8

Den verminderten Grundwert kann man auf zwei Weisen berechnen:

1. Man bestimmt den Prozentwert und subtrahiert ihn vom Grundwert.
2. Man bestimmt den Prozentfaktor (100% − p%) und multipliziert damit den Grundwert.

Ein Computer kostet 1 000 €. Der Preis wird um 25% gesenkt. Wie viel € kostet der Computer jetzt?

1. 25% von 1 000 € = 250 €

Grundwert:	1 000 €
− Prozentwert:	− 250 €
verminderter Grundwert:	**750 €**

2. Prozentfaktor: 100% − 25% = 75% = 0,75

neuer Preis: 1 000 € · 0,75 = 750 €

Antwort: Der Computer kostet jetzt 750 €.

Aufgaben

1. Um wie viel € vermindert sich der alte Preis? Berechne dann den neuen Preis.

a) Alter Preis: 235 €
Preissenkung: 4%

b) Alter Preis: 4 800 €
Preissenkung: 9%

c) Alter Preis: 426 €
Preissenkung: 12%

d) Alter Preis: 12,80 €
Preissenkung: 4,2%

e) Alter Preis: 122,45 €
Preissenkung: 6%

f) Alter Preis: 1,50 €
Preissenkung: 30%

2. Um den angegebenen Prozentwert wird der Grundwert vermindert. Gib den Prozentfaktor an.

a) 2%   b) 30%   c) 50%   d) 14%   e) 6,5%   f) 5,5%   g) 20,3%

3. Berechne mit dem Prozentfaktor den neuen Preis.

a) Alter Preis: 124 €
Preissenkung: 20%

b) Alter Preis: 15 600 €
Preissenkung: 16%

c) Alter Preis: 74 €
Preissenkung: 2,5%

d) Alter Preis: 1,25 €
Preissenkung: 10%

e) Alter Preis: 275 €
Preissenkung: 5,5%

f) Alter Preis: 1,99 €
Preissenkung: 4,2%

4. Auf einer Sonderverkaufsfläche werden Waren als 2. Wahl verbilligt angeboten. Berechne den neuen Preis.

	a)	b)	c)	d)	e)	f)
alter Preis	49,95 €	175 €	12,90 €	255,99 €	19,75 €	2,95 €
Minderung	20%	35%	5%	25%	14%	8%

Vermischte Aufgaben

1. Berechne die Preiserhöhung und den neuen Preis.

	a)	b)	c)	d)	e)	f)	g)
alter Preis	200 €	64 €	216 €	57 €	78 €	640 €	45 €
Erhöhung	5 %	12 %	4 %	16 %	43 %	18 %	45 %

2. Zum angegebenen Verkaufspreis einer Ware werden 16 % Mehrwertsteuer hinzugerechnet. Berechne den Endpreis. Runde auf 2 Stellen nach dem Komma.

a) 5,25 €   b) 255,04 €   c) 4 560,10 €   d) 26,74 €   e) 480,06 €

f) 14,74 €   g) 86,30 €   h) 270,45 €   i) 1,12 €   j) 4 246,50 €

3. Übertrage die Tabelle in dein Heft und fülle sie vollständig aus.

	a)	b)	c)	d)	e)	f)	g)
Grundwert in €	65,20	126,00	420,50	8,54	874,00	31,20	105,60
Minderung in %	3 %	15 %	20 %	5 %	6 %	10 %	35 %
Minderung in €							
Verminderter G. in €							

4. Berechne die Preisminderung und den neuen Preis.

	a)	b)	c)	d)	e)	f)
alter Preis	49,95 €	175 €	112,90 €	155,99 €	29,75 €	12,95 €
Minderung	40 %	25 %	5 %	20 %	14 %	6 %

5. Ein Paar Schuhe kostet 50 €. Der Preis wird um 10 % erhöht. Zum Schlussverkauf wird der neue Preis um 10 % gesenkt.

a) Wie viel € kosten die Schuhe nach der Preiserhöhung?

b) Wie teuer sind die Schuhe im Schlussverkauf?

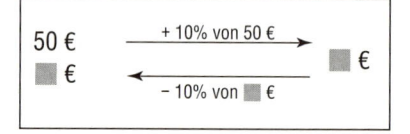

6. Ein Schrank kostet 450 €. Der Preis wird um 12 % erhöht. Im Ausverkauf wird der neue Preis um 12 % gesenkt. Was kostet der Schrank jetzt?

7. Berechne den Preis vor der Erhöhung. Angegeben ist der neue Preis.

	a)	b)	c)	d)
neuer Preis	90,20 €	17,55 €	131,67 €	6,24 €
Erhöhung	10 %	8 %	4,5 %	140 %

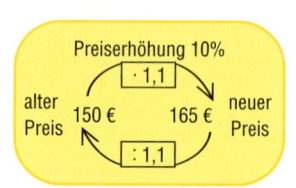

8. Wie teuer war die Ware vorher?

a) Mantel: neuer Preis 200 €; Rabatt 20 %

b) Waschmaschine: neuer Preis 382 €; Preissenkung 15 %

c) Computer: neuer Preis 450 €; Preissenkung 45 %

d) Ski: neuer Preis 240 €; Rabatt 25 %

9. Der Lohn von Alex ist um 100 % gestiegen, der von Birgit um 50 % gefallen. Jetzt verdienen sie gleich viel. Hat Birgit vorher doppelt (dreimal …) so viel verdient wie Alex?

3 Prozent- und Zinsrechnung

Promille

Speech bubble: Die Versicherungsprämie beträgt 3 Promille, also $\frac{3}{1000}$ von 820 000 €. Das sind ...

Note: Feuerversicherung
Versicherungswert 820 000 €
Versicherungsprämie: 3‰ von 820 000 €

Kleine Anteile werden in **Promille** angegeben.
$1‰ = 0{,}1\% = \frac{1}{1000} = 0{,}001$

p‰ von G: $G \xrightarrow{\frac{p}{1000}} W$

Beispiel:
Berechne 2,5‰ von 460 000 €
2,5‰ = 0,0025
W = 460 000 · 0,0025 = 1 150
2,5‰ von 460 000 € sind 1 150 €.

Aufgaben

1.

	a)	b)	c)	d)	e)	f)	g)	h)
Promille (p‰)	6‰				5,5‰		12‰	
Dezimalbruch		0,005		0,0024				0,0035
Prozent (p%)			0,4%			0,08%		

2. Wie viel € sind das?
 a) 2‰ von 15 000 € b) 4‰ von 24 800 € c) 3,5‰ von 28 000 € d) 8‰ von 920 000 €
 e) 0,8‰ von 60 700 € f) 9‰ von 250 000 € g) 1,3‰ von 90 700 € h) 1,25‰ von 20 100 €

3. Für den Abschluss eines Bausparvertrages über 70 000 € erhält Frau Menzel eine Provision von 2,5‰.

4.

	a)	b)	c)	d)	e)	f)
Grundwert	30 000 €	180 600 €			180 000 €	2 Mio. €
Promillesatz	4‰		2,5‰	6,5‰		1,5‰
Promillewert		468 €	200 €	2 733,25 €	135 €	

5. Wer bei einem Blutalkoholgehalt ab 0,5‰ Auto fährt und in eine Kontrolle gerät, wird bestraft.
 a) Bei einer Kontrolle wurde einem Autofahrer 50 ml Blut abgenommen. Darin waren 0,021 ml reiner Alkohol enthalten. Wird er bestraft?
 b) Der Mensch hat ca. 5 – 6 l Blut im Körper. Wie viel ml Alkohol sind es mindestens (höchstens) bei einem Alkoholgehalt von 0,5‰?

3 Prozent- und Zinsrechnung

Rabatt – Skonto

Rabatt ist ein Preisnachlass z. B. beim Kauf großer Mengen, bei Barzahlung, beim Schlussverkauf, beim Ausverkauf usw.

Skonto ist ein Preisnachlass bei Bezahlung innerhalb einer Zahlungsfrist. Er darf höchstens 3% betragen.

Wenn nur der Endbetrag interessiert, geht es mit dem Wachstumsfaktor schneller.

Die Schule kauft Fußbälle für einen Gesamtpreis von 240 €. Der Händler gibt einen Schulrabatt von 12%. Die Schule zahlt innerhalb von 14 Tagen und zieht 2% Skonto ab. Wie hoch ist der Betrag, der an den Händler überwiesen wird?

alter Preis:	240,00 €
12% Rabatt	− 28,80 €
neuer Preis:	211,20 €
2% Skonto	− 4,22 €
Überweisungsbetrag:	206,98 €

alter Preis $\xrightarrow{\cdot\,0{,}88}$ neuer Preis $\xrightarrow{\cdot\,0{,}98}$ Überweisungsbetrag
  Wachstumsfaktor   Wachstumsfaktor

Aufgaben

1. Wie viel € werden bei der Bestellung eingespart?

a)
Artikel: Basketball
Menge: 11 Stück
Einzelpreis: 21,75 €
Rabatt: 4%

b)
Artikel: Sprachbuch 09
Menge: 95 Stück
Einzelpreis: 15,20 €
Rabatt: 3%

c)
Artikel: Mikroskop
Menge: 6 Stück
Einzelpreis: 106,15 €
Rabatt: 12%

d)
Artikel: Amperemeter
Menge: 14 Stück
Einzelpreis: 90,35 €
Rabatt: 8%

2. Welcher Betrag muss bezahlt werden?

a) Firma Linax erhält auf den Rechnungsbetrag von 2 356,70 € einen Rabatt von 5%.

b) Ulrike erhält die Malerrechnung über 1 420 €. Hinzu kommen noch 16% Mehrwertsteuer.

c) Firma Arlt bestellt Werkzeuge zum Preis von 648,30 €. Sie zieht 2% Skonto ab.

d) Auf den Preis von 1 345,20 € werden 5% Rabatt gewährt. Bei Barzahlung werden 2% Skonto abgezogen.

3. Zu einem Preis von 200 € müssen noch 16% MwSt. hinzugerechnet werden. Es werden 5% Rabatt gewährt.
Peter möchte 16% MwSt. hinzurechnen und dann den Rabatt abziehen. Monika sagt, dass die Reihenfolge gleichgültig wäre. Überprüfe die Behauptung.

Preis:	200 €	Preis:	200 €
16% MwSt.	■	5% Rabatt	■
Zwischensumme:	■	Zwischensumme:	■
5% Rabatt	■	16% MwSt.	■
Endpreis	■	Endpreis	■

200 € $\xrightarrow{\cdot\,■}$ ■ $\xrightarrow{\cdot\,■}$ Endpreis

4. Wie lautet der Endpreis zuzüglich 16% MwSt.?

Preis:	a) 626,70 €	b) 1 245 €	c) 978,60 €
Rabatt:	3%	7%	2%

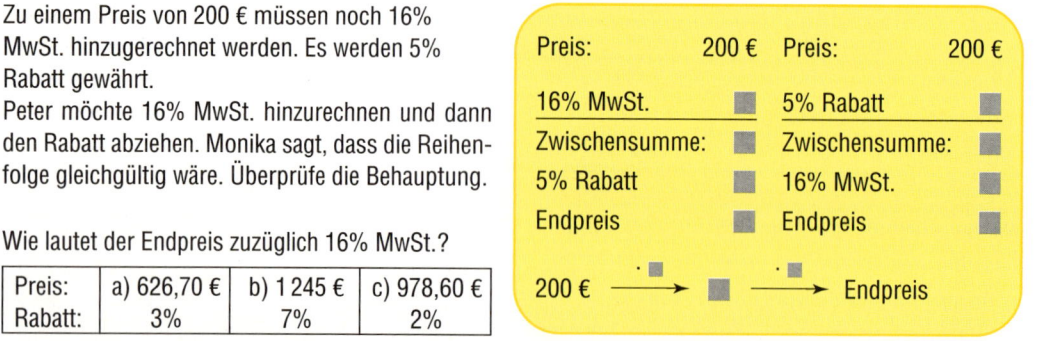

5. Die Firma Esor hat bei Frau Wilbers von 8.00 bis 15.30 Uhr Gartenarbeiten durchgeführt. Sie berechnet für jede angefangene Stunde 19,75 €. Für die An- und Abfahrt wird pauschal eine Stunde in Rechnung gestellt. Als gute Kundin erhält Frau Wilbers 3% Rabatt und bei Barzahlung 2% Skonto.
Berechne den zu zahlenden Betrag a) ohne Skonto; b) mit Skonto.

3 Prozent- und Zinsrechnung

Streifen-, Säulen- und Kreisdiagramm

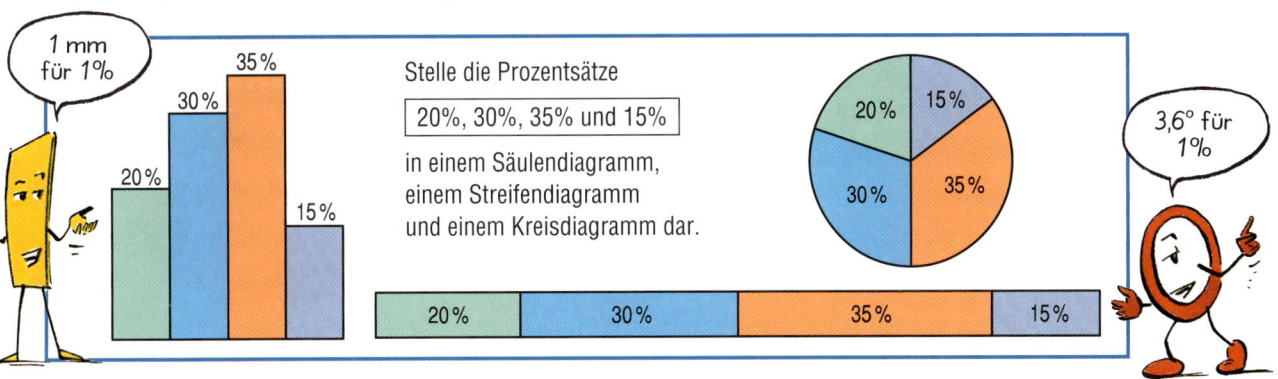

1 mm für 1%

Stelle die Prozentsätze

20%, 30%, 35% und 15%

in einem Säulendiagramm, einem Streifendiagramm und einem Kreisdiagramm dar.

3,6° für 1%

Aufgaben

1. In dem unten stehenden Streifendiagramm sind ganzzahlige Prozentsätze dargestellt (1 mm für 1%). Miss die Längen der einzelnen Abschnitte und zeichne dann ein entsprechendes Säulendiagramm.

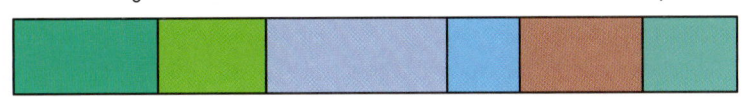

2. Zeichne einen Kreis mit dem Radius r = 4 cm. Berechne die zugehörigen Winkel und zeichne dann.

a) Sektor A: 26%
   Sektor B: 54%
   Sektor C: 20%
   _____
   100%

b) Sektor 1: 45%
   Sektor 2: 38%
   Sektor 3: 17%
   _____
   100%

c) Sektor U: 34%
   Sektor V: 29%
   Sektor W: 37%
   _____
   100%

Sektor A: 42%	
1%	3,6°
42%	3,6° · 42 ≈ 151°

3. Stelle das Ergebnis der Umfrage in einem Streifendiagramm, einem Säulendiagramm und einem Kreisdiagramm dar.

a)
Welche Sportarten sollten häufiger im Fernsehen übertragen werden?	
Basketball:	34%
Schwimmen:	12%
Polo:	14%
Geräteturnen:	28%
Billard:	8%
Sonstiges:	4%

b)
Wie sollte die Vereinsfahne unseres Anglervereins TC-Beiß gestaltet sein?	
Grün mit Fisch:	28%
Blau mit Angel:	16%
Weiß mit springender Forelle:	36%
Lachsfarben mit Regenwurm:	20%

c)
Welchen Rahmen soll das kommende Familientreffen unserer Chorgruppe haben?	
Grillen:	43%
Singwettbewerb:	8%
Radtour:	16%
Wettspiele:	18%
Theaterbesuch:	6%
Kinobesuch:	9%

4. Stelle die Bestandteile der abgebildeten Schnittkäsesorte in einem Kreisdiagramm dar. Berechne vorher die zu den Prozentsätzen gehörenden Winkel.

Wasser:	45%
Fett:	30%
Eiweiß:	10%
Kohlenhydrate:	10%
Salze u. Mineralien:	5%

5. a) Haferflocken enthalten 10% Wasser, 7% Fett, 14% Eiweiß, 66% Kohlenhydrate und 5% Salze. Stelle den Sachverhalt in einem Streifendiagramm dar.

b) Erdnüsse enthalten 2% Wasser, 49% Fett, 26% Eiweiß, 21% Kohlenhydrate und 2% Salze. Stelle den Sachverhalt in einem Säulendiagramm dar.

3 Prozent- und Zinsrechnung

6. Miss in dem abgebildeten Kreisdiagramm die Winkel und bestimme dann die Prozentsätze. Runde die Prozentsätze auf eine Stelle nach dem Komma.

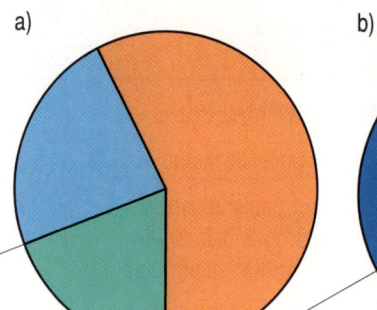

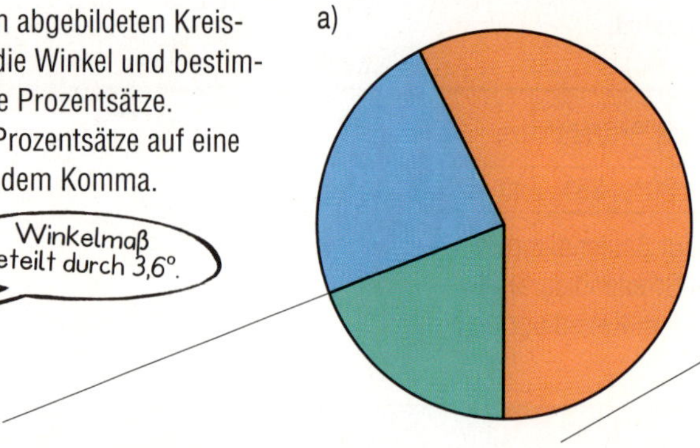

Winkelmaß geteilt durch 3,6°.

a)   b)

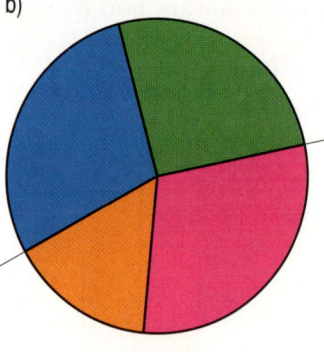

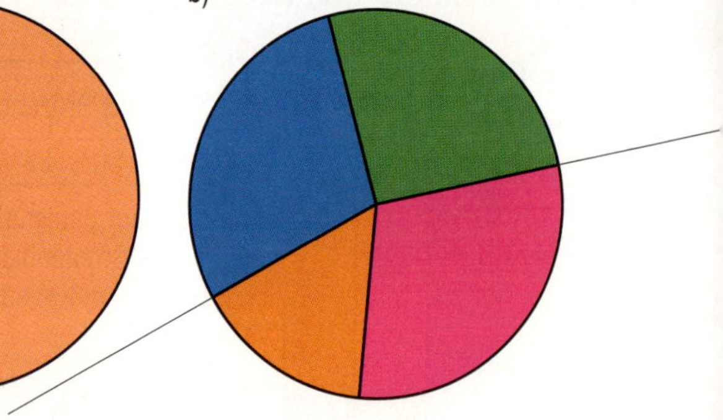

7. In dem Streifendiagramm ist die prozentuale Stimmverteilung (ganzzahlig gerundet) der Bürgerschaft von Bremen (1999) dargestellt.

| SPD | CDU | Grüne | sonstige |

a) Miss mit dem Geodreieck die Längen und notiere die Prozentsätze in einer Tabelle.
b) Übertrage die Angaben in ein Säulendiagramm.
c) Zeichne ein Kreisdiagramm. Berechne zuvor die zugehörigen Winkel.

8. Die Schülerbücherei der Schiller-Schule wurde neu geordnet und sortiert.

a) Wie viele Bücher sind insgesamt in der Schülerbücherei?
b) Berechne den prozentualen Anteil der einzelnen Gebiete.
c) Stelle den Sachverhalt in einem Kreisdiagramm dar. Färbe und beschrifte es. (r = 4 cm)

Das sind die Gebiete	So viele Bücher!
Sachbücher	132
Jugendromane	56
Kriminalromane	32
Klassische Werke	30

9. An einer Hauptschule ergibt sich unter den Schülerinnen und Schülern folgende Altersverteilung:
284 Schülerinnen und Schüler sind Kinder (unter 14 Jahren).
102 Schülerinnen und Schüler sind Jugendliche unter 16 Jahren.
 80 Schülerinnen und Schüler sind Jugendliche über 16 Jahren.
 34 Schülerinnen und Schüler sind Erwachsene (über 18 Jahre).
Stelle den Sachverhalt dar in einem

a) Säulendiagramm;   b) Streifendiagramm;   c) Kreisdiagramm.

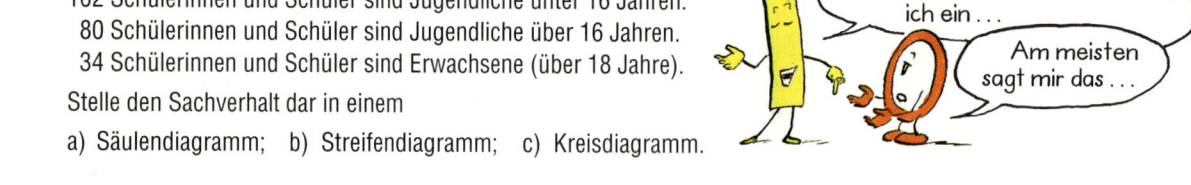

Am schnellsten zeichne ich ein ...
Am meisten sagt mir das ...

10. So ist in der Klasse 8b (30 Schülerinnen und Schüler) die Wahl zum Klassensprecher ausgegangen (1 mm für 1%).

a) Wie viel Prozent der Stimmen haben die vier Kandidatinnen und Kandidaten jeweils bekommen?
b) Berechne die Stimmen, die die vier Kandidatinnen und Kandidaten jeweils bekommen haben.
c) Zeichne ein Kreisdiagramm zur Stimmverteilung. Färbe und beschrifte das Diagramm.

Sabine   Daniel   Sven   Lisa

11. Von 114 abgehenden Schülerinnen und Schülern einer Hauptschule haben 52 einen Ausbildungsplatz im Handwerk, 21 im Gesundheitswesen, 16 im kaufmännischen Bereich. Die restlichen Schülerinnen und Schüler haben noch keinen Ausbildungsplatz. Stelle den Sachverhalt in einem Diagramm deiner Wahl dar.

3 Prozent- und Zinsrechnung

Kapital, Zinssatz und Zinsen

Wer einzahlt, erhält Zinsen!
Wir geben 2% Zinsen.
Ich zahle 200 € ein.
Wir bieten Kredite an bis 10 000 € zu 7%, höhere Kredite kosten 6%.
Ich brauche 15 000 €.
Wer Geld leiht, zahlt Zinsen!

Gespartes oder geliehenes Geld heißt **Kapital**. Für das Kapital zahlt oder bekommt die Bank **Zinsen**. Der **Zinssatz** gibt an, wie viel Prozent des Kapitals man in einem Jahr an Zinsen (Jahreszinsen) erhält oder zahlt.

Zinsrechnung ist angewandte Prozentrechnung
Kapital entspricht **Grundwert**
Zinssatz entspricht **Prozentsatz**
Zinsen entspricht **Prozentwert**

Ein Kapital von 500 € ergibt bei einem Zinssatz von 4% Zinsen von 20 €.

Kapital	Zinssatz	Jahreszinsen
500 €	$\cdot \frac{4}{100}$	20 €

100%	500 €
1%	5 €
4%	20 €

Kapital K, Zinssatz p%, Zinsen Z

Aufgaben

1. Eine Sparkasse verzinst Guthaben mit einem Zinssatz von 2%.
   a) Wie viel € Zinsen ergibt ein Kapital von 700 € in einem Jahr?
   b) Die Sparkasse hat insgesamt 30 000 000 € Spareinlagen. Berechne die Jahreszinsen.

2. Für Kredite erhält eine Bank 7% Zinsen.
   a) Berechne die Jahreszinsen für einen Kredit von 2 000 €.
   b) Die Bank hat insgesamt 25 000 000 € verliehen. Berechne die Jahreszinsen.

3. Bei einer Spar- und Kreditkasse gibt es 3% Zinsen für Spareinlagen. Für Kredite berechnet sie 11%. Alle Spareinlagen betragen 70 000 000 €, alle Kredite 60 000 000 €.
   a) Wie viel Zinsen zahlt die Spar- und Kreditkasse für alle Spareinlagen in einem Jahr?
   b) Wie viel Zinsen erhält die Spar- und Kreditkasse für alle Kredite in einem Jahr?
   c) Wie viel € beträgt der Unterschied zwischen Kreditzinsen und Sparzinsen?

4. Was ist hier gesucht? Rechne aus, die Lösung findest du im Kasten.
   a) 50 € sind 10% des Kapitals
   b) 5% von 2 000 €
   c) 300 € Zinsen für 3 000 € Kapital
   d) von 400 € 7% Zinsen
   e) für 1 Mio. € 10 000 € Zinsen
   f) 4% von 7 000 €
   g) von 1 Mio. € 3% Zinsen
   h) 2 Cent Zinsen für 1 €

3 Prozent- und Zinsrechnung

Jahreszinsen

3,5% = 3,5/100 = 0,035

Julia hat ein ganzes Jahr lang 250 € auf ihrem Sparkonto. Die Bank zahlt ihr 3,5% Zinsen. Wie viel € Zinsen sind das?

250 € —· 3,5/100→ ■ €
Rechenweg: 250 ⊠ 0,035 ⊟
Jahreszinsen: 8,75 €

100%	250 €
1%	2,50 €
3,5%	**8,75 €**

Zinsen = Kapital · Zinssatz

Aufgaben

1. Kai hat 470 € auf seinem Sparkonto. Die Bank zahlt ihm 2,5% Zinsen. Wie viel € Zinsen erhält Kai für 1 Jahr?

2. Berechne die Jahreszinsen.

	a)	b)	c)	d)	e)
Kapital	580 €	1 250 €	2 380 €	35 000 €	48 500 €
Zinssatz	4%	3,7%	4,2%	11,5%	13,75%

3. Frau Baum fehlen zum Kauf eines Autos noch 6 400 €. Sie leiht sich das Geld bei einer Bank zu einem Zinssatz von 9% für ein Jahr.
  a) Berechne die Jahreszinsen.   b) Wie viel € zahlt Frau Baum nach einem Jahr zurück?

4. Berechne die Zinsen für ein Jahr und den gesamten Betrag nach einem Jahr.

a)
Guthaben	Zinssatz
2 800 €	2%
5 600 €	4%

b)
Kredit	Zinssatz
45 000 €	12%
90 000 €	14%

c)
Kapital	Zinssatz
3 750 €	4,55%
37 500 €	13,65%

5. Eine Sparkasse zahlt 3% für Guthaben, sie nimmt 11% für Kredite. Frau Ernst spart 5 000 €, Herr Baum leiht sich 5 000 € für ein Jahr.
  a) Wie viel Jahreszinsen bekommt Frau Ernst?   b) Wie viel Zinsen zahlt Herr Baum?
  c) Wie viel € hat die Sparkasse hierbei in einem Jahr verdient?

6. Berechne die Kredit- und die Guthabenzinsen für ein Jahr und den Unterschied zwischen den Zinsen.

	a)	b)	c)	d)
Guthaben / Kredit	10 000 €	18 500 €	24 600 €	31 900 €
Zinssatz für Guthaben	5%	4,5%	3,75%	3,25%
Zinssatz für Kredit	15%	13,5%	12,25%	11,9%

7. Die zugehörigen Jahreszinsen findest du im Lösungstopf. Kopfrechner entscheiden das ohne Taschenrechner!

Ein Überschlag reicht.

a) 1,5% von 10 000 €
b) von 300 € 5%
c) 2,5% Zinsen von 60 €
d) von 12 500 € 12% Zinsen
e) von 480 € nur 0,5%
f) 6% Zinsen von 400 €
g) 12,5% für einen Kredit von 1 920 €

Lösungstopf: 150 €, 1 500 €, 15 €, 1,50 €, 240 €, 24 €, 2,40 €

Sabrinas und Sebastians Träume und Albträume

3 Prozent- und Zinsrechnung

Sabrinas und Sebastians Träume und Albträume

Sparen: Hier kannst du dein Taschengeld sparen. Für 10 € gibt es pro Woche 5 Cent Zinsen.

Ich verwalte 3000 € Spargelder.

Leihen: Hier kannst du Geld leihen, wenn du knapp bei Kasse bist. Für 10 € musst du pro Woche 15 Cent Zinsen zahlen.

Ich verwalte 1900 € Leihgelder.

1. Welchen Betrag muss Sabrina an Zinsen auszahlen, wenn sie die Spargelder einen Monat lang in der angegebenen Höhe verwaltet?

2. Welchen Betrag nimmt Sebastian an Zinsen ein, wenn die von ihm verwalteten Leihgelder einen Monat lang verliehen sind?

3. Wie viel Geld verdienen Sabrina und Sebastian mit ihrer kleinen „Bank" in einem Jahr, wenn das Geschäft so läuft wie oben dargestellt.

Alle wollen sparen, aber kaum jemand will einen Kredit! Die Kasse läuft über!

Was machen wir bloß?

Alle wollen Kredite, aber kaum jemand will sparen. Die Kasse ist leer!

Was machen wir bloß?

4. Was kann man Sabrina und Sebastian in den geträumten Extremfällen raten?

3 Prozent- und Zinsrechnung

Zinssatz und Kapital

Mona: Vor einem Jahr hast du mir 500 € geliehen.
Andrea: Wie abgemacht, kriege ich dann 30 € Zinsen.

Martin: 26 € Zinsen habe ich bekommen. Der Zinssatz war 4%.
Jan: Dann hattest du mehr als 600 €.

Zinssatz = Zinsen : Kapital

(1) Kapital 500 €, Zinsen 30 €
gesucht: Zinssatz ■ %

$$500 \text{ €} \xrightarrow[: \frac{30}{500}]{\cdot p\%} 30 \text{ €}$$

Rechnung: $p\% = \frac{30}{500} = \frac{6}{100} = 0{,}06$
Zinssatz: 6%

Kapital = Zinsen : Zinssatz

(2) Zinssatz 4%, Zinsen 26 €
gesucht: Kapital ■ €

$$\blacksquare \text{ €} \xrightleftharpoons[: \frac{4}{100}]{\cdot \frac{4}{100}} 26 \text{ €}$$

Rechnung: $26 : 0{,}04 = 650$
Kapital: 650 €

Aufgaben

1. Herr Dietrich erhält für 1 600 € nach einem Jahr 80 € Zinsen. Berechne den Zinssatz.

2. Vergleiche die Angebote. Bei welchem ist der Zinssatz am größten?

Sparen Sie bei uns! Für 5 000 € erhalten Sie im Jahr 275 € Zinsen	**Kapital gut angelegt!** 195 € im Jahr für nur 3 000 €	**Neues Angebot:** 5% Zinsen für Anlagen ab 2 000 €

3. Berechne den Zinssatz.

	a)	b)	c)	d)
Kapital	1 500 €	45 600 €	78 500 €	120 000 €
Jahreszinsen	95,40 €	1 596 €	5 102,50 €	15 000 €

4. Frau Bosse erhält einen Zinssatz von 4%, das sind 52 € Jahreszinsen. Wie hoch ist das Kapital?

5. Auf Jans Sparbuch werden am Jahresende 81 € Zinsen gutgeschrieben. Die Sparkasse zahlte 3% Zinsen. Berechne Jans Startkapital.

6. Für Kredite verlangt eine Bank 14% Zinsen. Wie viel Geld wurde geliehen? Jahreszinsen:
   a) 2 100 €   b) 1 050 €   c) 2 450 €   d) 28 000 €

7. Ein Jahr lang hat Herr Kehlert Geld geliehen. Er muss nun zusätzlich 12,5% Zinsen, das sind 2 500 €, zurückzahlen. Wie viel hat Herr Kehlert geliehen, was zahlt er zurück?

8.

	a)	b)	c)	d)	e)
Kapital	1 200 €	3 500 €		1 Mio. €	
Zinssatz	7,5%		6%		9,5%
Jahreszinsen		245 €	273,60 €	50 000 €	100 000 €

3 Prozent- und Zinsrechnung

Vermischte Aufgaben

1. Berechne die Jahreszinsen. Runde auf Cent.

	a)	b)	c)	d)	e)
Kapital	125 €	280,50 €	519,90 €	2 500 €	6 750 €
Zinssatz	3%	4,5%	11,5%	$3\frac{1}{2}$%	$10\frac{1}{2}$%

2. Das kannst du im Kopf rechnen. Übertrage ins Heft und setze ein: <, = oder >.

	a)	b)	c)	d)
Kapital	400 €	536 €	640 €	7 000 €
Zinsen	39 €	5,36 €	32 €	385 €
Zinssatz	■ 10%	■ 1%	■ 5%	■ 5%

$1\% = \frac{1}{100} = 0,01$
$10\% = \frac{1}{10} = 0,1$
$50\% = \frac{1}{2} = 0,5$

3. Das kannst du im Kopf rechnen. Übertrage ins Heft und setze ein: <, = oder >.

	a)	b)	c)	d)
Zinsen	1 763,45 €	30 000 €	175 €	200 €
Zinssatz	5%	3%	15%	4%
Kapital	■ 3 600 €	■ 100 000 €	■ 1 000 €	■ 2 000 €

4. Den fehlenden Wert für Kapital, Zinssatz oder Zinsen findest du im Lösungstopf. Kopfrechner entscheiden das ohne Taschenrechner.

a) Für 750 € gibt es 45 € Zinsen.
b) Für ein Kapital müssen 15% Zinsen oder 3 000 € gezahlt werden.
c) 4% von 50 000 € sind als Zinsen zu zahlen.
d) Zusammen mit 10% Zinsen für ein Jahr beträgt das Kapital 990 €.
e) Für ein Kapital gibt es 10%, das sind 91 €, Jahreszinsen.
f) Als Jahreszinsen zahlt eine Bank 17,80 € für 356 € Spareinlage.

5. Berechne zuerst die Jahreszinsen, dann den gesamten Rückzahlungsbetrag, der nach einem Jahr fällig ist.

a) Kapital 1 500 €
Zinssatz 6,5%

b) Kapital 250 €
Zinssatz 12%

c) Kapital 3 600 €
Zinssatz $9\frac{1}{2}$%

6. Welches Angebot ist günstiger? Die Rückzahlung ist nach einem Jahr.

a)
Sofortkredit 20 000 €
Zinssatz 11%; Bearbeitung 100 €

Barkredit 20 000 €
Zinssatz 13%; keine Gebühren

b)
Sofort 10 000 € bar!
nur 14,9%; keine weiteren Kosten!

Wir geben Ihnen 10 000 €. Sie zahlen einmal 250 € für die Bearbeitung und dann nur 12,9%.

7. Die Firma Infesto hatte ein Jahr lang einen Kredit. Jetzt muss sie einschließlich Zinsen von 4 800 € insgesamt 44 800 € zurückzahlen.

a) Wie hoch ist der Kreditbetrag?
b) Wie hoch ist der Zinssatz?

8. Julia träumt von einer riesigen Erbschaft und stellt sich vor: Jedes Jahr geht sie am Jahresanfang zu ihrer Bank und holt sich 5% des geerbten Geldes als Zinsen ab. Davon kann sie täglich 1 000 € ausgeben. Hat Julia mehr als 1 Mio. € geerbt? Wie groß ist der erträumte Betrag?

3 Prozent- und Zinsrechnung

Monatszinsen und Tageszinsen

Herzlichen Dank, dass Sie mir 6 000 € leihen.

Aber mit 5% Zinsen pro Jahr, nicht vergessen.

7 Monate später

Hier sind Ihre 6 000 € zurück, außerdem 175 € Zinsen.

Wieso 175 €? 5% von 6 000 € sind 300 €!

Das ist nicht fair!

Für den Bruchteil eines Jahres gibt es auch nur den Bruchteil der Jahreszinsen.
Für 7 Monate gibt es $\frac{7}{12}$ der Jahreszinsen.
Für die Zinsrechnung gilt: 1 Monat = 30 Tage, 1 Jahr = 12 Monate

---

Herr W. hat sich 12 000 € zu 8% geliehen. Er zahlt das Kapital nach 5 Monaten zurück. Zinsen?

$$12\,000\,€ \xrightarrow{\cdot \frac{8}{100}} 960\,€ \xrightarrow{\cdot \frac{5}{12}} 400\,€$$

Kapital   Jahres-zinsen   Zinsen für 5 Mon.

Herr W. zahlt für 5 Monate 400 € Zinsen.

Aufgaben

1. Berechne zuerst die Jahreszinsen, dann die Zinsen für die angegebene Zeit. Runde das Ergebnis auf Cent.

a) 560 € zu 5% für 3 Monate
b) 1 350 € zu 7% für 7 Monate
c) 4 750 € zu 12% für 11 Monate

2. Berechne die Zinsen für die angegebene Zeit. Runde das Ergebnis auf Cent.

	a)	b)	c)	d)
Kapital	370 €	4 560 €	178,50 €	736,80 €
Zinssatz	3%	4,5%	5,25%	$4\frac{1}{2}$%
Zeit	4 Monate	7 Monate	9 Monate	10 Monate

Kapital × Zinssatz × Monate ÷ 12 =

3. Herr Zunze leiht sich zu 13,5% 15 000 €. Berechne die Zinsen.

a) für $\frac{1}{2}$ Jahr
b) für $\frac{1}{4}$ Jahr
c) vom 1. Jan. bis 30. Sept.

4. Mehmet leiht Hanna 75 €. Der Zinssatz ist mit 6% vereinbart. Wie viel muss Hanna zurückzahlen?

a) nach 1 Jahr
b) nach 7 Monaten
c) nach $\frac{1}{3}$ Jahr
d) nach 60 Tagen

5. Berechne zuerst die Jahreszinsen, dann das geliehene Kapital.

a) Zinsen für 6 Monate: 70 €; Zinssatz 7%
b) Zinsen für 5 Monate: 65 €; Zinssatz 5%

6. Was ist gegeben, was gesucht? Berechne die fehlenden Werte. Runde.

a) $1\,230\,€ \xrightarrow{\cdot \frac{4}{100}} \blacksquare\,€ \xrightarrow{\cdot \frac{5}{12}} \blacksquare\,€$

b) $\blacksquare\,€ \xrightarrow{\cdot \frac{6}{100}} \blacksquare\,€ \xrightarrow{\cdot \frac{1}{2}} 60\,€$

c) $3\,300\,€ \xrightarrow{\cdot \frac{\blacksquare}{100}} \blacksquare\,€ \xrightarrow{\cdot \frac{1}{2}} 33\,€$

d) $4\,500\,€ \xrightarrow{\cdot \frac{5}{100}} \blacksquare\,€ \xrightarrow{\cdot \frac{\blacksquare}{12}} 18,75\,€$

3 Prozent- und Zinsrechnung

Vermischte Aufgaben

1. Übertrage die Tabelle in dein Heft. Ergänze die fehlenden Werte.

Anzahl der Zinsmonate	6 Monate			1 Monat	
Anzahl der Zinstage		120 Tage			300 Tage
Anteil eines Zinsjahres			$\frac{1}{2}$ Jahr		

2. Berechne die Zinsen im Kopf.
  a) Zinsen für 2 000 € zu 10% für $\frac{1}{2}$ Jahr.
  b) Zinsen für 8 000 € zu 5% für $\frac{1}{4}$ Jahr.
  c) Zinsen für 36 000 € pro Monat bei einem Zinssatz von 10%.
  d) Zinsen für 12 000 € zum Zinssatz von 5% für 10 Monate.

5% ist die Hälfte von 10%. 1 Monat ist $\frac{1}{12}$ Jahr.

3. Ein Kapital von 1 350 € wird mit 7,5% verzinst. Wie viel Zinsen ergeben sich nach 1 Jahr und nach 3 Monaten? Welche Tastenfolge berechnet das richtig?
  a) 1350 ⨯ 0,075 ⨯ 3 ÷ 12 =
  b) 1350 ⨯ 0,075 ÷ 12 ⨯ 3 =
  c) 1350 ⨯ 0,075 ⨯ 12 ÷ 3 =
  d) 1350 ⨯ 3 ÷ 12 ⨯ 0,075 =

4. Ein Kapital von 782 € wird mit 3,5% verzinst. Berechne die Jahreszinsen und die Zinsen für die angegebene Zeit.
  a) 7 Monate   b) 120 Tage   c) $\frac{1}{3}$ Jahr   d) 1. 1. bis 30. 6.   e) 1. 5. bis 31. 12.

5. Bernd braucht 100 €. In einem Monat kann er sie zurückgeben. Ein Bekannter will ihm das Geld solange für 5 € Zinsen leihen. Ist das ein faires Angebot oder Wucher, wenn 15% allgemein üblich sind?

> **Wucherzinsen**
> Zinssätze, doppelt so hoch wie allgemein üblich, gelten als **Wucher.**
> (Bundesgerichtshof, Urteil von 1988)

6. Wucherzinsen? Entscheide; allgemein üblich sind 15%.
  a) Für 10 € geliehenes Geld zahlt Ali nach 1 Monat 50 Cent Zinsen.
  b) Für 30 € soll Karol nach 2 Monaten 2 € Zinsen zahlen.
  c) Nach 6 Monaten muss Kai 60 € zurückgeben. Geliehen hatte er nur 50 €.

7. Herr Lanze braucht 20 000 € für 1 Jahr. Eine Bank kann ihm das Geld zu 13% leihen.
  a) Wie viel zahlt Herr Lanze bei der Bank zurück?
  b) Welchen Betrag würde er insgesamt dem Anbieter des Barkredits zurückzahlen?
  c) Ist der Anbieter des Barkredits ein Wucherer?

> **Barkredit**
> sofort 20 000 €
> Zinsen nur 300 € pro Monat
> Gebühren einmalig 4% (vom Kredit)
> Rückzahlung nach 1 Jahr

8. Welcher Betrag muss insgesamt zurückgezahlt werden?
  a) Kredit 26 000 €, Zinssatz 13% für $\frac{1}{2}$ Jahr
  b) Kredit 18 500 €, Zinssatz 12% für 4 Monate
  c) Kredit 21 000 €, Zinssatz 13,5% für $\frac{3}{4}$ Jahr
  d) Kredit 15 000 €, Zinssatz $12\frac{1}{2}$% für 9 Monate

*Kredit 24 500,- €
Zinsen + 3 307,50 €
Rückzahlung 27...*

9. Die Bundesrepublik Deutschland musste 1998 täglich mehr als 100 000 000 DM (ca. 50 000 000 €) Schuldzinsen zahlen. Der Zinssatz betrug durchschnittlich 5%.

3 Prozent- und Zinsrechnung

10. Eine Firma muss für eine neue Maschine 12 000 € innerhalb der nächsten 30 Tage zahlen. Wenn sie sofort zahlt, verringert sich der Betrag um 2% Skonto. Den verringerten Betrag müsste sich die Firma aber bei einer Bank für einen Monat zu 12% leihen.

a) Wie viel € Skonto kann die Firma bei sofortiger Zahlung abziehen?
b) Wie hoch ist der Betrag, den sich die Firma leihen müsste?
c) Wie viel Zinsen müsste die Firma der Bank zahlen?
d) Welche Zahlungsweise ist für die Firma günstiger?

11. Wie hoch ist der gesamte Rückzahlungsbetrag? Welcher Kredit ist günstiger?

Wir leihen Ihnen 3 000 € zu 12% für $\frac{1}{2}$ Jahr Gebühren einmalig 150 €	Sonderangebot: 3 000 € für nur 10% für 6 Monate Einmal-Gebühr 200 €	Jetzt besonders günstig! Kredit 3 000 € Gebühren 150 € Zinsen nur 1 € pro Tag

12. Welches Angebot ist günstiger? Beachte die Laufzeit.

a) 14 000 € Kredit für 1 Jahr
   1. Angebot: Zinssatz 17%, keine Gebühren
   2. Angebot: Zinssatz 13%, 280 € Gebühren

b) 25 000 € Kredit für 10 Monate
   1. Angebot: 14% und 250 € Gebühren
   2. Angebot: 11% und 350 € Gebühren

13. Wer leiht sich hier 8 000 € günstiger, Herr Franke oder Frau Meiser?
Herr Franke: 3 000 € zu 6% von seinem Verwandten und 5 000 € bei der Bank zu 12%.
Frau Meiser: 8 000 € bei einer Sparkasse zu 9%.

14. Zwei Kredite werden für die Laufzeit von einem Jahr vergeben. 15 000 € zu 8% und 5 000 € zu 12%.

a) Wie viel Zinsen zahlt man insgesamt?
b) Wie hoch ist der gesamte Rückzahlungsbetrag?
c) Wie viel Prozent vom gesamten Kreditbetrag zahlt man an Zinsen?

15. Vergleiche die Kredite. Berechne dazu den Prozentsatz der Gebühren und Zinsen zusammengenommen am Kreditbetrag. Die Rückzahlung erfolgt immer nach einem Jahr.

Kredit A	Kredit B	Kredit C
8 000 € zu 13% einmalige Gebühr nur 400 €	10 000 € zu 14% 5 000 € zu 16% keine Gebühren	20 000 € zu 13% 10 000 € zu 15% 450 € Gebühren

16. Herr Adriani hat 1 000 € zum 31. Dez. auf seinem Konto. Die Bank zahlt 4% Zinsen. Er kauft am 1. März ein Fahrrad für 500 €. Wenn er es sofort bezahlt, erhält er 2% Skonto. Er überlegt, ob er sofort oder erst am 1. April zahlt.
Wie viel € Zinsen erhält Herr Adriani in den beiden Fällen von seinem Bankguthaben, wenn er das Geld davon nimmt und sonst keine Buchungen hat? Sieh dir an, wie Herr Adriani rechnet. Rechne zu Ende und entscheide, was am günstigsten für ihn ist.

Wenn ich sofort zahle:
4% Zinsen für 1 000 € für 2 Monate: 6,67 €
4% Zinsen für 510 € für 10 Monate:

Was macht Petra mit dem Geldgeschenk?

3 Prozent- und Zinsrechnung

Ich schenke dir 500 € zum 14. Geburtstag.

Muss ich das alles sparen?

Nein, aber vielleicht willst du mit 18 den Führerschein machen.

Der kostet aber viel mehr.

Wenn ich 400 € spare, kann ich mir noch Kleidung kaufen.

Schal 19,–
Bluse 47,–
Hose 59,–
Schuhe 89,–

Mütze 9,–
T-Shirt 19,90
Hose 49,–
Schuhe 69,–

Schal 17,90
Bluse 38,–
Jacke 35,–
Hose 39,–
Schuhe 79,–

1. Wie viel Geld will Petra für Kleider ausgeben? Was kann sie dafür kaufen?

	A	B	C	D
1		Kapital:	500 €	
2		Zinssatz:	5,00%	
3		Kapital	Zinsen	Endkapital
4	im 1. Jahr	500,00	25,00	525,00
5	im 2. Jahr	525,00	26,25	551,25
6	im 3. Jahr	551,25	27,56	578,81
7	im 4. Jahr	578,81	28,94	607,75
8	im 5. Jahr	607,75	30,39	638,14
9	im 6. Jahr	638,14	31,91	670,05
10	im 7. Jahr	670,05	33,50	703,55
11	im 8. Jahr	703,55	35,18	738,73
12	im 9. Jahr	738,73	36,94	775,66
	im 10. Jahr	775,66	38,78	814,45

C5 = =B5*0,05

So geht's schneller:
500 ⊠ 1,05
⊠ 1,05
⊠ 1,05
⊠ ...

2. Das Sparangebot der Bank findet Petra gut. Sie wundert sich, dass nach 10 Jahren 500 € um mehr als 50% angewachsen sind.

a) Wie erklärst du das?

b) Um wie viel Prozent sind die 500 € angewachsen nach 2 bzw. 5 Jahren, um wie viel nach 10 Jahren?

c) Warum gibt es im 2. Jahr genau 1,25 € mehr Zinsen als im 1. Jahr?

d) Auf welchen Betrag würden 400 € von Petra bei der Bank nach 10 Jahren anwachsen? Wie viel € würden dann für den Führerschein, der 1 000 € kostet, fehlen?

3. Auch Petras Eltern schenken ihr Geld zum 14. Geburtstag.

Petra kann nun 625 € bei einer anderen Bank für mehrere Jahre anlegen. Die Bank zahlt einen Zinssatz von 7%. Nach wie viel Jahren kann Petra dann 1 000 € für einen Führerschein bezahlen?

Plus 7% oder mal 1,07 ...

... bis 1000.

625 € 668,75 € 1,07

4. Wie viel Jahre dauert es, bis aus 1 000 € bei 10% Zuwachs 2 000 € werden?

Testen, Üben, Vergleichen
3 Prozent- und Zinsrechnung

1. Berechne die fehlende Größe.

	a)	b)	c)
Grundwert G	94 kg		206 m
Prozentsatz p%	11%	16%	
Prozentwert W		77,81 €	18,25 m

   > In der **Prozentrechnung** gilt die Formel:
   > $$W = G \cdot \frac{p}{100}$$
   > *Beispiel:*
   > Wie viel Prozent sind 670 € von 3 250 €?
   > gesucht: $\frac{p}{100} = p\%$
   > $670 = 3250 \cdot \frac{p}{100}$
   > $670 : 3250 = 0{,}2061\ldots$
   > $p\% \approx 20{,}6\%$

2. Die Arbeitszeit beträgt 8,5 Stunden täglich. Wie viel Prozent sind das von einem Tag?

3. Berechne den neuen Preis.
   a) alter Preis: 264 €   b) alter Preis: 140 €
      Preissenkung: 6%   Preiserhöhung: 11%

   > Vermehrter bzw. verminderter Grundwert mit dem Wachstumsfaktor.
   > 1. Wachstumsfaktor bestimmen $1 + \frac{p}{100}$ bzw. $1 - \frac{p}{100}$
   > 2. Grundwert mit Wachstumsfaktor multiplizieren.
   > *Beispiel:*
   > Ein Preis von 80 € wird um 15% gesenkt.
   > Wachstumsfaktor: $1 - \frac{15}{100} = 0{,}85$ $80 € \cdot 0{,}85 = 68 €$

4. Alle Preise werden um 8% erhöht. Neuer Preis?
   a) 12,90 €   b) 124,30 €   c) 8,50 €   d) 275 €

5. Für den Abschluss einer Lebensversicherung erhält Herr Engann 2,5‰ der Versicherungssumme. Welche Provision erhält er für einen Vertrag über 45 000 €?

   > Kleine Anteile werden in **Promille** angegeben.
   > $1‰ = 0{,}1\%$
   > $= \frac{1}{1000}$
   > $= 0{,}001$
   > $p‰$ von G:
   > $G \xrightarrow{\cdot \frac{p}{1000}} W$

6. Ein Vertreter erhält 72 € als Provision, das sind 3‰ der Versicherungssumme. Wie hoch war diese?

7. Wie viel € beträgt der Rabatt, wie hoch ist der zu zahlende Betrag?
   a) 436,50 €   b) 84,50 €   c) 790,– €
      3% Rabatt   2% Rabatt   8% Rabatt

   > **Rabatt:** Preisnachlass auf Waren
   > **Skonto:** Preisnachlass bei Barzahlung (max. 3%)
   > *Beispiel:*
   > Auf den Preis von 865 € werden 5% Rabatt und 2% Skonto gewährt.
   >
   > | Warenpreis: | 864,00 € |
   > |---|---|
   > | 5% Rabatt | − 43,20 € |
   > | Summe: | 820,80 € |
   > | 2% Skonto | − 16,42 € |
   > | Endpreis: | 804,38 € |
   >
   > 864,00 € · 0,95 = 820,80 € · 0,98 = 804,38 €

8. Wie ist der Endpreis bei gegebenem Warenpreis?
   a) 736,80 €; 16% MwSt. und 4% Rabatt
   b) 248,60 €; 16% MwSt. und 3% Skonto

9. Der Warenpreis beträgt 1468 €. Wie ist der Endpreis bei 7% MwSt., 6% Rabatt und 2% Skonto?

10. Berechne die fehlende Größe.

	a)	b)	c)	d)	e)	f)
Grundwert	528,60 €	420 kg		54,40 €	125 m	4,5 kg
Prozentsatz	16%		45%	250%		5%
Prozentwert		15 kg	65 km		250 m	

11. Von den rund 833 Mrd. DM Steuereinnahmen des Bundes im Jahr 1998 entfielen 2‰ auf die Biersteuer und 26‰ auf die Tabaksteuer. Berechne die entsprechenden Geldbeträge. Wie viel € sind es (1 DM sind etwa 0,51 €)?

12. Auf den Warenpreis von 856 € werden 5% Rabatt und bei Barzahlung 2% Skonto gewährt. Wie hoch ist der Endpreis der Ware einschließlich 16% MwSt.?

Testen, Üben, Vergleichen
3 Prozent- und Zinsrechnung

1. Bestimme das Kapital (K), die Jahreszinsen (Z) und den Zinssatz (p%).
   a) Für 200 € erhält Katja bei 5% Verzinsung im Jahr 10 € Zinsen.
   b) In einem Jahr wächst ein Betrag von 1 000 € um 7,5% oder 75 €.

2. Berechne die Jahreszinsen.
   a) Kapital 800 €, Zinssatz 6%
   b) Kapital 1 250 €, Zinssatz 8,5%

3. Eine Bank verlangt 11% Zinsen für Kredite. Frau Moser leiht sich 2 500 € für ein ganzes Jahr. Berechne die Jahreszinsen.

4. Berechne den Zinssatz.
   a) Kapital 2 000 €, Zinsen 140 €
   b) Kapital 8 500 €, Zinsen 892,50 €

5. Für 300 € erhält Markus nach einem Jahr 19,50 € Zinsen. Wie hoch ist der Zinssatz?

6. Berechne das Kapital.
   a) Zinssatz 8%, Jahreszinsen 60 €
   b) Jahreszinsen 532 €, Zinssatz 9,5%

7. Der Zinssatz ist 2,5%. Mit welchem Kapital erzielt man in einem Jahr 100 € Zinsen?

8. Berechne den fehlenden Wert.

	a)	b)	c)
Kapital	280 €		1 612 €
Zinssatz	2,7%	$5\frac{1}{2}$%	
Jahreszinsen		55 €	153,14 €

9. Berechne den Bruchteil eines Jahres.
   a) 8 Monate   b) 6 Monate   c) 9 Monate

10. Berechne die Zinsen für 8 Monate.
    a) Kapital 3 400 €, Zinssatz 9,5%
    b) Kapital 15 800 €, Zinssatz $11\frac{1}{2}$%

11. Berechne die Zinsen für die angegebene Zeit.
    a) Sebastian hatte 5 Monate 350 € auf seinem Konto. Der Zinssatz betrug 3,5%.
    b) Sabrina bekommt $8\frac{1}{2}$% Zinsen. Auf ihrem Konto stehen 470 € vom 1. Februar bis zum 31. Dezember.

Zinsrechnung ist angewandte Prozentrechnung. Gespartes oder geliehenes Geld heißt **Kapital K**. Für das Kapital gibt es **Zinsen Z**. Der **Zinssatz p%** gibt an, wie viel Prozent des Kapitals an Zinsen pro Jahr gezahlt werden.

Kapital 700 €, Zinssatz 3%
gesucht: Jahreszinsen ■ €

700 € $\xrightarrow{\cdot \frac{3}{100}}$ ■ €

Rechnung: 700 · 0,03 = 21
Jahreszinsen: 21 €

Kapital 850 €, Zinsen 59,50 €
gesucht: Zinssatz ■ %

850 € $\xrightarrow[\cdot \frac{59,5}{850}]{\cdot \frac{■}{100}}$ 59,50 €

Rechnung: 59,5 : 850 = 0,07 = 7%
Zinssatz: 7%

Zinssatz 6%, Zinsen 27 €
gesucht: Kapital ■ €

■ € $\xleftarrow[: \frac{6}{100}]{\cdot \frac{6}{100}}$ 27 €

Rechnung: 27 : 0,06 = 450
Kapital: 450 €

Für den Bruchteil eines Jahres gibt es auch nur den Bruchteil der Jahreszinsen.
1 Zinsmonat = 30 Zinstage
1 (Zins)Jahr = 12 (Zins)Monate

Kapital 3 650 €, Zinssatz 3,5%
gesucht: Zinsen ■ € für 7 Monate

Rechnung: 7 Monate = $\frac{7}{12}$ Jahr

3 650 € $\xrightarrow{\cdot \frac{3,5}{100}}$ 127,75 € $\xrightarrow{\cdot \frac{7}{12}}$ 74,52 €
Kapital   Jahreszinsen   Zinsen

Zinsen für 7 Monate: 74,52 €

4 Terme und Gleichungen

4 Terme und Gleichungen

4 Terme und Gleichungen

Pinnwand

Ich bin x Jahre alt.
Ich bin 7 Jahre jünger.

Wie alt ist die kleine Schwester?

Für die Buchstaben kannst du Zahlen einsetzen.

Aha, verschiedene Zahlen, aber immer derselbe Rechenweg.

In der Klasse 7a sind x Schülerinnen und y Schüler. Wie viele Kinder sind es insgesamt?

Eine Schulstunde dauert x Minuten. Wie lang ist ein Unterrichtstag mit 5 Schulstunden und insgesamt 40 Minuten Pausen dazwischen?

O je, schon wieder x kg zugenommen.

Wie viel kg wog der Elefant vorher?

Ein Briefumschlag wiegt x Gramm. 1 Bogen Briefpapier y Gramm. Wie schwer ist ein Umschlag mit 4 Bögen?

Im Sparschwein sind x €. Von Oma bekomme ich zum Geburtstag 50 €.

Wie viel € sind nach dem Geburtstag im Sparschwein?

Ein Brot wiegt x Gramm. Es werden 9 Scheiben zu je 9 Gramm abgeschnitten. Wie viel Gramm bleiben übrig?

Kolja hat x Computerspiele. Seine Freundin Jasmin hat 8 mehr. Wie viele Spiele hat Jasmin?

Hier habt ihr y €. Teilt gerecht!

Wie viel € bekommt jedes Kind?

Der Eintritt für Erwachsene kostet x €, für Kinder y €.

Wie viel € muss die Familie bezahlen?

Klaus wiegt x kg. Sein Vater wiegt doppelt so viel und 4 kg dazu. Wie viel kg wiegt der Vater?

Eine Tüte mit Keksen wiegt x Gramm. Die Tüte allein wiegt y Gramm. Wie viel Gramm Kekse sind in der Tüte?

4 Terme und Gleichungen

Terme mit Variablen

> **Terme** beschreiben Rechenwege. Sie können Buchstaben als Variablen enthalten.
> Wenn man für die Variablen Zahlen einsetzt, erhält man eine Zahl als Ergebnis.

> Berechne den Term 3 · x + 7 für x = 4.
> 3 · 4 + 7 = 12 + 7 = 19
>
> Berechne den Term 5 · (x − 2) für x = 8.
> 5 · (8 − 2) = 5 · 6 = 30

Aufgaben

1. Eine Ferienwohnung kostet pro Tag 40 € plus 30 € für die Reinigung am Ende des Aufenthalts. Lege eine Tabelle an und berechne den Preis für 7, 10, 14 und 21 Tage Aufenthalt.

Tage x	Preis (€) x · 40 + 30
7	7 · 40 + 30 = …

2. Im Getränkemarkt zahlt man Pfand: 0,15 € für jede Flasche und 1,50 € für den Kasten. Berechne das Pfand für einen Kasten mit 6, 10, 12, 24 oder 30 Flaschen.

Flaschen x	Pfand (€) x · 0,15 + 1,50

3. Berechne den Term für die natürlichen Zahlen von 1 bis 9.
   a) 5 + x
   b) 2 + 3 · y
   c) 5 · x − 2
   d) 2 · (z + 2)
   e) 3 · (y + 3)
   f) 3 · (2 · x − 1)

x	5 + x
1	5 + 1 = 6

4. Berechne den Umfang eines Rechteckes mit den Seitenlängen a, b mit dem Term 2 · a + 2 · b für a = 5 m und b = 3 m.

5. Wähle den passenden Term und berechne für die angegebenen Zahlen.

Aha, sechsmal so viel.

a) Kai bekommt im Monat x € Taschengeld. Wie viel bekommt er in 6 Monaten?
   6 · x   6 : x
   x = 15

b) Herr Funke kauft einen Fotoapparat zu 99 € und 3 Filme zu je x €. Wie viel € muss er bezahlen?
   99 + x + 3   99 + 3 · x
   x = 3

c) Ein Zirkus hat x Löwen und y Tiger. Wie viele Raubtiere sind es insgesamt?
   x + y   x − y
   x = 3 und y = 9

d) Anne hat x € gespart. Sie kauft sich für y € einen Discman. Wie viel € bleiben übrig?
   x − y   y − x
   x = 100 und y = 60

6.

a) Frau Tiemann kauft Apfelsinen zu x € und Bananen zu y €. Wie viel € muss sie bezahlen?
   x + y   x − y
   x = 3,80 und y = 2,40

b) Ein Rechteck ist x Meter lang und y Meter breit. Wie groß ist sein Umfang?
   2 · x + 2 · y   x · y
   x = 4 und y = 1

c) Bei einem Fußballturnier werden x Spiele, die jeweils y Minuten dauern, durchgeführt. Wie lang ist die gesamte Spielzeit?
   x · y   x + y
   x = 9 und y = 20

d) Thomas hat x € gespart. Er kauft sich zwei CDs zu je y €. Wie viel € hat er noch?
   x − 2 · y   2 · y − x
   x = 50 und y = 12

4 Terme und Gleichungen

7. Eine Schachtel wiegt leer 25 g. Sie wird mit 4-g-Pralinen gefüllt. Der Term 4 · x + 25 beschreibt das Gesamtgewicht einer Schachtel mit x Pralinen. Lege eine Tabelle an und berechne das Gewicht mit 12, 20, 32 und 45 Pralinen.

Anzahl x	Gesamtgewicht 4 · x + 25
12	4 · 12 + 25 = 73

8. Der Eintritt in den Zoo kostet für Kinder 4 €. Dazu kommen 20 € für eine Führung der Gruppe.
   a) Welcher Term beschreibt den Gesamtpreis für x Kinder?
   b) Lege eine Tabelle an und berechne den Gesamtpreis für 23, 25, 28 und 30 Kinder.

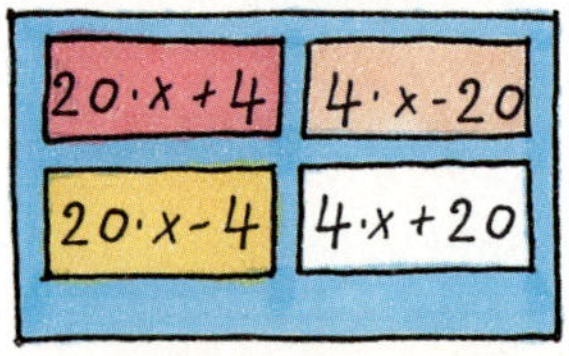

   20 · x + 4   4 · x − 20
   20 · x − 4   4 · x + 20

9. In einem Gefäß befinden sich 150 cm³ Wasser. Pro Minute tropfen 15 cm³ hinein.
   a) Welcher Term beschreibt die Wassermenge in dem Gefäß nach x Minuten?
   b) Lege eine Tabelle an. Berechne die Wassermenge nach 15, 20, 25 und 45 Minuten.

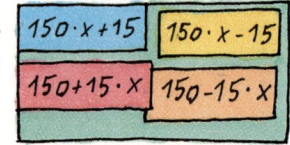

   150 · x + 15   150 · x − 15
   150 + 15 · x   150 − 15 · x

10. Ein Wohnmobil kostet für ein Wochenende 180 €. Darin enthalten sind 100 Freikilometer. Für jeden weiteren Kilometer sind 0,30 € zu zahlen. Berechne den Preis für 280 km, 350 km, 490 km und 620 km. Nenne die gefahrenen Kilometer x. Stelle einen Term auf, setze ein und rechne.

11. Bei einem Farbfilm kostet die Entwicklung 3,95 € und jedes Foto 0,29 €. Berechne mit Hilfe eines Terms den Preis für Filme mit 12, 24, 27 und 36 Fotos.

12. Gib einen Term an:
   a) vermindert man eine Zahl um 7
   b) das 10fache der gesuchten Zahl
   c) subtrahiert man eine Zahl von 100
   d) dividiert man eine Zahl durch 5
   e) vermehrt man eine Zahl um 19
   f) vermindert man 19 um eine Zahl
   g) addiert man zur gesuchten Zahl 5
   h) ein Drittel der gesuchten Zahl
   i) ich denke mir eine Zahl und multipliziere mit 7

Termlexikon

x	gesuchte Zahl / ich denke mir eine Zahl
x + 7	addiert man 7 zu einer Zahl / vermehrt man eine Zahl um 7
x − 3	subtrahiere 3 von einer Zahl / vermindert man eine Zahl um 3
9 − x	subtrahiert man eine Zahl von 9 / vermindert man 9 um eine Zahl
3 · x	das Dreifache einer Zahl / multipliziert man eine Zahl mit 3
x : 4	ein Viertel einer Zahl / dividiert man eine Zahl durch 4

13. Ordne den richtigen Term zu. In der Reihenfolge der Aufgaben erhältst du ein Lösungswort.

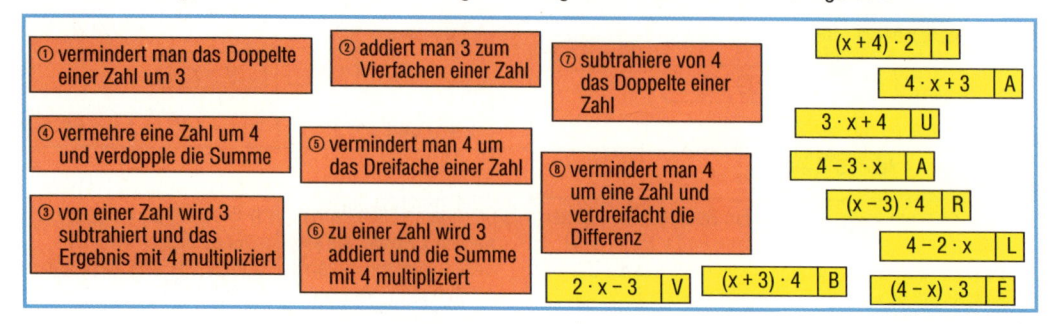

① vermindert man das Doppelte einer Zahl um 3
② addiert man 3 zum Vierfachen einer Zahl
⑦ subtrahiere von 4 das Doppelte einer Zahl
④ vermehre eine Zahl um 4 und verdopple die Summe
⑤ vermindert man 4 um das Dreifache einer Zahl
⑥ vermindert man 4 um eine Zahl und verdreifacht die Differenz
③ von einer Zahl wird 3 subtrahiert und das Ergebnis mit 4 multipliziert
⑥ zu einer Zahl wird 3 addiert und die Summe mit 4 multipliziert

(x + 4) · 2   I
4 · x + 3   A
3 · x + 4   U
4 − 3 · x   A
(x − 3) · 4   R
4 − 2 · x   L
2 · x − 3   V   (x + 3) · 4   B   (4 − x) · 3   E

14. Schreibe als Term, setze anschließend für die Variable die Zahl 8 ein und berechne.
   a) Von einer Zahl wird 9 subtrahiert und die Differenz verdreifacht.
   b) Zur Hälfte einer Zahl wird 12 addiert und die Summe mit 4 multipliziert.

4 Terme und Gleichungen

Aufstellen und Berechnen von Termen

Wie heißt der Term?

Vater ist x Jahre alt und Mutter y Jahre. Wie alt sind beide zusammen?

Eine Tafel Schokolade kostet x €. Wie teuer sind 4 Tafeln dieser Sorte?

Sabrinas Rennrad wiegt x kg. Tatjanas Mountainbike ist 4 kg schwerer. Wie viel wiegt es?

Eine Eintrittskarte ins Kino kostet x €. y Freunde gehen zusammen in dieses Kino. Wie viel bezahlen sie?

Mein Angebot.

x · y   x + y
4 · x   x + 4

Zur allgemeinen Beschreibung eines Rechenweges kann man einen Term aufstellen.
Man berechnet den aufgestellten Term, indem man für die Variablen Zahlen einsetzt.

Eine Packung Kaffee kostet x €, eine Dose Kaffeesahne y €. Herr Schulte kauft 4 Packungen Kaffee und 5 Dosen Kaffeesahne. Wie viel € muss er bezahlen?

Preis für 1 Packung Kaffee: x
Preis für 1 Dose Sahne: y
Preis für 4 Packungen Kaffee: 4 · x
Preis für 5 Dosen Sahne: 5 · y
Gesamtpreis: 4 · x + 5 · y

$4 \cdot x + 5 \cdot y$
eingesetzt: $4 \cdot 4 + 5 \cdot 0{,}50$
$= 16 + 2{,}50$
$= 18{,}50$
Gesamtpreis: 18,50 €

Aufgaben

1. Schreibe den Term auf.
   a) Sabine ist 13 Jahre alt, ihre Mutter x Jahre. Wie alt sind beide zusammen?
   b) Frau Schneider hat y € in ihrem Portmonee. Im Blumengeschäft kauft sie 8 Rosen zum Stückpreis von x €. Wie viel Geld bleibt ihr nach dem Bezahlen?
   c) Sven hat sich eine Zahl gedacht. Vom 5fachen dieser Zahl zieht er 12 ab.
   d) Anke hat sich die Zahl x gedacht und Katja die Zahl y. Anke verdoppelt ihre Zahl, Katja verdreifacht ihre Zahl, dann addieren sie ihre Ergebnisse.

2. a) Schreibe einen Term für die Länge des Streckenzuges von A bis B auf. 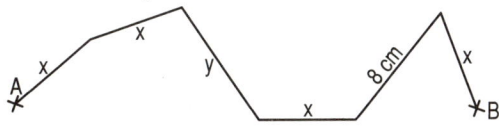
   b) Schreibe einen Term für den Umfang auf.

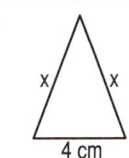

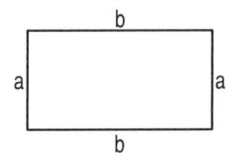

3. Schreibe den Term nach der nebenstehenden Vereinbarung kürzer. Berechne ihn dann für die angegebenen Einsetzungen.

   a) $3 \cdot x + 4 \cdot y$ Einsetzungen: $x = 2, y = 5$ | $x = -3, y = 8$ | $x = -7, y = 3$
   b) $5 \cdot (x - y)$ Einsetzungen: $x = 8, y = 6$ | $x = -2, y = 4$ | $x = -5, y = 1$
   c) $2 \cdot (x + 3) - 4 \cdot y$ Einsetzungen: $x = -5, y = 2$ | $x = 8, y = 3$ | $x = -2, y = 6$
   d) $(x - 8) \cdot (y + 4)$ Einsetzungen: $x = 11, y = 3$ | $x = 10, y = -2$ | $x = 13, y = -7$

In Termen lässt man das Multiplikationszeichen weg, wenn dadurch kein Irrtum entsteht.

Term	Kurzform
$4 \cdot x$	$4x$
$x \cdot y$	xy
$3 \cdot (x + 2)$	$3(x + 2)$

Gleichungen und Ungleichungen

In einer **Gleichung** steht zwischen zwei Termen das Zeichen = (gleich), in einer **Ungleichung** das Zeichen < (kleiner als) oder > (größer als). Wenn man für die Variablen Zahlen einsetzt, erhält man entweder eine wahre (w) oder eine falsche (f) Aussage.

Gleichung: $2 \cdot x + 3 = 37$

9 einsetzen	17 einsetzen
$2 \cdot 9 + 3 = 37$	$2 \cdot 17 + 3 = 37$
$18 + 3 = 37$	$34 + 3 = 37$
$21 = 37$ **falsch (f)**	$37 = 37$ **wahr (w)**

Ungleichung: $3 \cdot x + 8 > 23$

4 einsetzen	6 einsetzen
$3 \cdot 4 + 8 > 23$	$3 \cdot 6 + 8 > 23$
$12 + 8 > 23$	$18 + 8 > 23$
$20 > 23$ **falsch (f)**	$26 > 23$ **wahr (w)**

Aufgaben

1. Setze die angegebenen Zahlen ein und notiere jedes Mal, ob eine wahre oder falsche Aussage entsteht.
   a) ⑥ ⑦ ⑧ ⑨
      $3 \cdot (x - 5) = 19$
   b) ③ ② ① ⓪
      $4 \cdot x + 3 = 11$
   c) ① ② ③ ④
      $2 \cdot x + 7 > 9$
   d) ⑨ ⑧ ⑦ ⑥
      $2 \cdot (x - 6) < 5$

2. Setze für die Variable die natürlichen Zahlen von 1 bis 6 ein und notiere für jede: wahr oder falsch.
   a) $3 \cdot y - 1 = 5$
   b) $2 \cdot (x + 5) = 16$
   c) $2 \cdot x + 3 > 8$
   d) $9 \cdot y - 4 < 30$
   e) $4 \cdot (y - 1) > 4$

3. Löse die Gleichung $3 \cdot (2 + x) = 18$ durch Probieren. Übertrage die Tabelle ins Heft und ergänze bis x = 6.

x	$3 \cdot (2 + x)$	= 18	w/f
1	$3 \cdot (2 + 1) = 9$	18	f
2	$3 \cdot (2 + 2) = 12$	18	f
3	$3 \cdot (2 + 3) =$		

   Die Zahl, die beim Einsetzen eine wahre Aussage ergibt, heißt Lösung.

   Aha, dann ist 2 keine Lösung.

   $3 \cdot (2 + \boxed{2}) = 18$

4. Löse mithilfe einer Tabelle. Die Lösung ist eine natürliche Zahl.
   a) $12 \cdot z + 4 = 76$
   b) $8 \cdot x + 15 = 47$
   c) $8 \cdot a - 7 = 49$
   d) $(y + 8) : 2 = 7$
   e) $2 \cdot (2 \cdot y + 3) = 18$
   f) $2 \cdot (z + 3) = 24$
   g) $5 \cdot (2 \cdot a + 3) = 85$
   h) $(3 \cdot b - 2) \cdot 3 = 39$

5. Drei Geschwister haben zusammen 54 € gespart. Lara hat dreimal so viel gespart wie Dana. Tobias hat 2 € weniger gespart als Lara. Wie viel € hat jedes Kind gespart?

Dana	Lara	Tobias	zusammen
x	+ 3·x	+3·x − 2	= 54 €
1 €	3 €	1 €	5 €
2 €	6 €	4 €	12 €

4 Terme und Gleichungen

Lösen von Gleichungen mit Umkehroperatoren

> Denk dir eine Zahl.
>
> Multipliziere mit 7.
>
> Addiere 18.
>
> Nenne mir dein Ergebnis!
>
> Du hast dir die Zahl 8 gedacht.
>
> Wie machst du das?

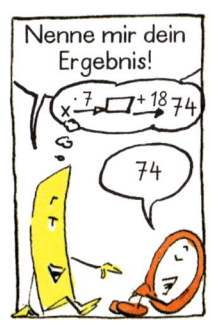

Viele Gleichungen kann man mit Operatoren darstellen und ihre Lösungen mit Umkehroperatoren berechnen.

Gleichung: $x \cdot 5 + 2 = 62$

Operatoren: $x \xrightarrow{\cdot 5} \square \xrightarrow{+2} 62$

Umkehroperatoren: $12 \xleftarrow{:5} 60 \xleftarrow{-2} 62$

Probe: $12 \cdot 5 + 2 = 60 + 2 = 62$

Aufgaben

1. Finde die Zahl x mithilfe von Umkehroperatoren.
   a) $x \xrightarrow{\cdot 2} \square \xrightarrow{+8} 22$
   b) $x \xrightarrow{:8} \square \xrightarrow{+9} 15$
   c) $x \xrightarrow{:5} \square \xrightarrow{+17} 26$
   d) $x \xrightarrow{\cdot 3} \square \xrightarrow{-7} 17$
   e) $x \xrightarrow{:6} \square \xrightarrow{+18} 27$
   f) $x \xrightarrow{\cdot 12} \square \xrightarrow{-35} 25$
   g) $x \xrightarrow{:4} \square \xrightarrow{+29} 37$
   h) $x \xrightarrow{\cdot 17} \square \xrightarrow{-28} 40$

2. Schreibe mit Operatoren und löse mit Umkehroperatoren.
   a) $x \cdot 7 = 63$
   b) $y + 19 = 24$
   c) $z - 48 = 60$
   d) $a : 5 = 9$
   e) $b - 17 = 38$
   f) $y \cdot 15 = 30$
   g) $\frac{a}{9} = 7$
   h) $b + 39 = 52$
   i) $\frac{x}{12} = 6$
   j) $z \cdot 5 = 100$

3. Schreibe mit Operatoren und löse mit Umkehroperatoren.
   a) $x \cdot 4 + 3 = 31$
   b) $y \cdot 5 - 7 = 73$
   c) $a \cdot 3 - 9 = 27$
   d) $m \cdot 9 + 19 = 100$
   e) $y \cdot 8 + 13 = 61$
   f) $z \cdot 2 - 4 = 6$
   g) $x \cdot 7 + 9 = 30$
   h) $x \cdot 8 + 26 = 50$
   i) $y \cdot 5 - 17 = 18$
   j) $z \cdot 5 - 17 = 8$
   k) $x : 4 - 7 = 5$
   l) $b : 13 + 9 = 14$
   m) $a : 5 + 16 = 26$
   n) $x : 2 - 28 = 22$
   o) $b : 6 - 27 = 3$

4. Schreibe als Gleichung und löse sie. Mache eine Probe.
   a) Vermehrt man das Dreifache einer Zahl um 7, so erhält man 31.
   b) Subtrahiert man 17 vom Doppelten einer Zahl, so erhält man 3.
   c) Die Summe aus dem Fünffachen einer Zahl und 45 ist 100.
   d) Vermindert man das Zehnfache einer Zahl um 48, so erhält man 82.

   > Vermindert man das Dreifache einer Zahl um 5, so erhält man 7.
   > $3x - 5 = 7$

5. Wie viel Taschengeld bekommen die Kinder? Setze für das monatliche Taschengeld die Variable x.

   > Wenn ich mein Taschengeld 6 Monate spare und mir einen Walkman für 69 € kaufe, habe ich noch 9 € übrig.
   >
   > Olga

   > Ich habe mein Taschengeld schon 4 Monate gespart. Jetzt fehlen mir noch 6 €, damit ich mir das Computerspiel zu 54 € kaufen kann.
   >
   > Jens

   > Wenn ich mein Taschengeld 5 Monate spare und die 30 €, die ich zum Geburtstag bekommen habe, dazutue, dann habe ich genau 100 €.
   >
   > Jasmin

4 Terme und Gleichungen

6. Schreibe die Gleichung mit Operatoren und löse sie.
   a) $(x + 2) \cdot 3 = 30$
   b) $(x - 5) \cdot 4 = -48$
   c) $(x + 7) : 5 = 4$

$(x + 7) \cdot 8 = 16$

$x \xrightarrow{+7} \square \xrightarrow{\cdot 8} 16$

7. Schreibe mit Operatoren und löse dann. Manchmal musst du erst vertauschen.

   a) $z \cdot 3 + 2 = 23$
   b) $(x + 2) \cdot 2 = 18$
   c) $4 \cdot x + 7 = 35$
   d) $(y - 7) : 5 + 3 = 8$
   e) $8 + y \cdot 2 = 26$
   f) $4 \cdot (x - 5) = 28$
   g) $u : 4 - 8 = -5$

$3 \cdot x = x \cdot 3$

8.
   a) $7 \cdot y + 18 = -3$
   b) $3 \cdot (a - 3) = 42$
   c) $y : 5 - 13 = -2$
   d) $8 + z \cdot 7 = 57$
   e) $(x - 4) \cdot 8 - 7 = 25$
   f) $(x + 6) : (-4) = -1$

9. Schreibe als Gleichung und löse.

- Ich denke mir eine Zahl, addiere 45 und teile die Summe durch 12. Ich erhalte 7.
- Ich denke mir eine Zahl, multipliziere mit 3 und subtrahiere 6. Das Ergebnis multipliziere ich mit 4 und erhalte 36.
- Ich denke mir eine Zahl und verdreifache sie. Dann subtrahiere ich 18 und multipliziere das Ergebnis mit 12. Ich erhalte 0.
- Ich denke mir eine Zahl und subtrahiere 8. Dann halbiere ich die Differenz und addiere 16. Ich erhalte 18.

10. Schreibe als Gleichung und löse mit Umkehroperatoren.
   a) Verdreifache die Summe aus einer Zahl und 17. Du erhältst 69.
   b) Von einer Zahl wird 8 subtrahiert und das Ergebnis mit 3 multipliziert. Man erhält 36.
   c) Zu einer Zahl wird 9 addiert und das Ergebnis mit 4 multipliziert. Man erhält 80.
   d) Vermindere eine Zahl um 45 und verdopple die Differenz. Du erhältst 30.

11. 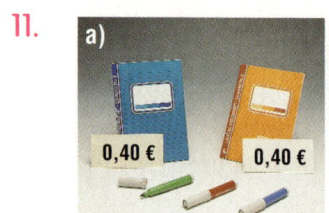
   a) 0,40 € 0,40 € Zusammen 2,60 €. Wie viel kostet ein Stift? 
   b) 0,90 € 0,90 € Zusammen 3,20 €. Wie teuer ist eine Dose Cola? 
   c) 0,90 € Zusammen 6,40 €. Wie teuer ist eine Rolle Kekse? 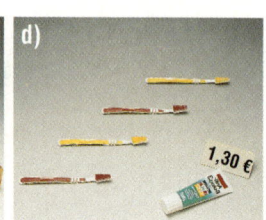
   d) 1,30 € Zusammen 6,10 €. Wie teuer ist eine Zahnbürste?

12. Löse mit Umkehroperatoren und mache die Probe.
   a) $(y + 7) \cdot 3 = -6$
   b) $(a : 2 - 7) \cdot 4 = 16$
   c) $(x + 5) \cdot (-3) - 9 = 0$
   d) $2 \cdot y + 9 = 43$
   e) $(b - 6) : 5 + 4 = 11$
   f) $(x \cdot 3 + 7) : 2 - 9 = -1$
   g) $(b \cdot 5 + 7) \cdot 2 = -26$
   h) $(z + 18) \cdot 4 = 56$

13. Der Reihe nach ein Musikinstrument.

   a) Das Dreifache einer Zahl vermindert um 7 ist 35.
   b) Wird zu einer Zahl 3 addiert und die Summe mit 7 multipliziert, erhält man −7.
   c) Die Hälfte einer Zahl vermehrt um 19 ist 27.
   d) Von einer Zahl wird 8 subtrahiert. Verdreifacht man das Ergebnis, erhält man 51.
   e) Der dritte Teil einer Zahl vermindert um 26 ist 7.
   f) Das Doppelte einer Zahl wird um 5 vermindert. Das Sechsfache der Differenz ist 78.
   g) Die Summe aus dem dritten Teil einer Zahl und 18 ist 22.

   | 25 | V | | 12 | R | | 14 | K | | 16 | A | | −4 | L | | 9 | E | | 99 | I |

14. Vor halb so viel Jahren, wie Anna heute alt ist, war ihre Mutter 6-mal so alt wie Anna. Heute ist Annas Mutter 35 Jahre alt. Wie alt ist Anna?

4 Terme und Gleichungen

Ordnen und Zusammenfassen

Oh jeh! Das Ganze noch fünfmal?

$8 \cdot 11 + 17 \cdot 11 - 23 \cdot 11 + 3 \cdot 11$
$= 88 + 187 - 253 + 33$
$= 275 - 253 + 33$
$= 22 + 33$
$= 55$

Hausaufgabe: Berechne den Term $8x + 17x - 23x + 3x$ für die Einsetzungen $x = 11; x = 7; x = 10; x = 21; x = -4; x = -13$.

Ist doch ganz einfach, wenn man vorher zusammenfasst.

☒ ☒ + ☒ ☒ = ☒ ☒ ☒ ☒ ☒
$3x + 2x = 5x$

> Vielfache **derselben** Variablen darf man zusammenfassen. $2x + 5x = 7x$ $9x - 7x = 2x$

Vereinfache den Term
$5x + 7 - 2x + 13 - 2x$!

$5x + 7 - 2x + 13 - 2x$
$= 5x - 2x - 2x + 7 + 13$ } ordnen / zusammenfassen
$= x + 20$

Und: $1x = x$

Aufgaben

1. Vereinfache den Term durch Ordnen und Zusammenfassen, dann berechne ihn für die angegebenen Einsetzungen.

a) $6x - 8 + 5x + 4 - 9x - 1$
| $x = 7$ | $x = -5$ | $x = 18$ | $x = 3$ |

b) $5 + 7y + 9 - 2y - 11$
| $y = 4$ | $y = 9$ | $y = -10$ | $y = 5$ |

c) $5a + 11 - 7 + 13a - 8a$
| $a = 9$ | $a = 2$ | $a = 8$ | $a = -4$ |

d) $7z + 16 - 4z + 2z - 20$
| $z = 6$ | $z = 10$ | $z = -2$ | $z = -5$ |

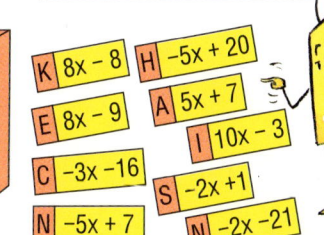

e) $14 + 8x - 9 - 6x + 4$
| $x = 3$ | $x = -8$ | $x = 11$ | $x = 15$ |

f) $-3y + 8 + 5y + 8y - 20$
| $y = 5$ | $y = 12$ | $y = 2$ | $y = -3$ |

2. Termwand! Ordne die Buchstaben den richtigen Feldern zu. Dann erhältst du einen kurzen Satz.

① $3x + 5 + 7x - 8$
② $2x - 7 - 9 - 5x$
③ $8 - 4x - x + 12$
④ $3 + 8x - 11$
⑤ $-4x + 7 + 9x$
⑥ $-12 - 5x + 19$
⑦ $6x - 21 - 8x$
⑧ $5x - 3x + 17 - 21 + 6x - 5$
⑨ $-31 + 3x + 18 - 4x - x + 14$

K $8x - 8$ H $-5x + 20$
E $8x - 9$ A $5x + 7$
                I $10x - 3$
C $-3x - 16$
                S $-2x + 1$
N $-5x + 7$ N $-2x - 21$

3. Löse die Gleichung wie im Beispiel.

a) $5x + 19 - 3x - 22 = 7$
b) $3x + 5 + 4x + 4 - 2x = -11$
c) $-18 + 9y - 2y + 13 - 4y = -23$
d) $11y + 16 - 9y - 9 + 2y = 47$
e) $21 + 9z - 10 + 2 - 3z = -23$
f) $-14z - 17 + 24z + 5 - 7 = 71$
g) $18 + 19x + 14 - 12x - 1 = -4$
h) $-12y - 7 - 3 + 20y + 29 = -21$

$3x - 7 + 5x - 3 = 14$
$3x + 5x - 7 - 3 = 14$ } ordnen / zusammenfassen
$8x - 10 = 14$

$x \xrightarrow{\cdot 8} \boxed{} \xrightarrow{-10} 14$
$3 \xleftarrow{:8} \boxed{24} \xleftarrow{+10} 14$

Lösung: $\underline{x = 3}$

Vermischte Aufgaben

1. Rechne aus.

a) $-9-11$
$-13+20$
$5-18$

b) $7-33$
$-5-2$
$-6+11$

c) $19-23$
$-16+4$
$-8-5$

d) $-14-8$
$-15+7$
$16-20$

e) $16-41$
$-8+19$
$-9-11$

f) $-14+6$
$-7-3$
$21-28$

g) $5 \cdot (-8)$
$-3 \cdot 7$
$3 \cdot (-6)$

h) $-4 \cdot 6$
$8 \cdot (-11)$
$-5 \cdot 9$

i) $5 \cdot (-7)$
$-10 \cdot 9$
$6 \cdot (-3)$

j) $-25 : 5$
$-49 : 7$
$-63 : 3$

k) $28 : 4$
$-72 : 8$
$21 : 7$

l) $120 : 20$
$-140 : 7$
$-45 : 15$

2. Welche Zahl muss für die Variable eingesetzt werden?

a) $3 - x = -5$
$y + 9 = 2$

b) $-7 - a = -16$
$-11 + 9 = b$

c) $-25 : y = -5$
$7 \cdot x = -42$

d) $z \cdot 8 = 40$
$x \cdot 6 = -72$

e) $-8 + x = 7$
$a - 4 = -10$

3. Schreibe ohne Multiplikationszeichen, wenn dadurch kein Irrtum entsteht.

a) $4 \cdot (x + 3) - 7$
$9 \cdot (3 \cdot x - 1) + 2 \cdot 6$

b) $4 \cdot x \cdot y - 3 \cdot 2 \cdot x$
$(2a - 4) \cdot 5 + a \cdot b$

c) $3 \cdot y + 4 \cdot x - 5 \cdot (3 \cdot z - 1)$
$4 \cdot 2 - 3 \cdot a + 4 \cdot 5 \cdot (2 - 6 \cdot a)$

4. Berechne den Term für die angegebenen Einsetzungen. Verkürze ihn zuvor, wenn es möglich ist.

a)

$3x + 7x - 9$	
$x = 5$	$x = -2$

b)

$2y - 8 - 11y + 9 + 14y$			
$y = 6$	$y = 5$	$y = 8$	$y = -7$

c)

$18 - 6z - 5 + 7z - 5z - 4$				
$z = 3$	$z = 8$	$z = 0$	$z = 4$	$z = 10$

5. Löse die Gleichung und führe die Probe durch.

a) $2x + 6 = 14$
b) $3y - 8 = 7$
c) $4z + 9 = 45$
d) $3x + 5 = -4$
e) $7y - 5 = -47$
f) $8z - 11 = 69$
g) $5x + 17 = -18$
h) $10y + 41 = -79$

6. Stelle eine Gleichung auf und löse das „Streckenlängenrätsel".

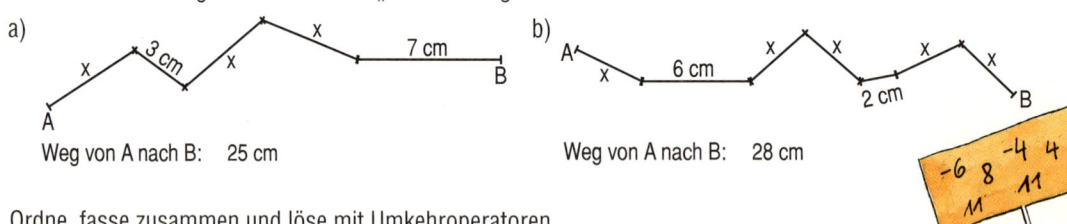

a) Weg von A nach B: 25 cm

b) Weg von A nach B: 28 cm

7. Ordne, fasse zusammen und löse mit Umkehroperatoren.

a) $5x - 5 - 3x - 2 = 15$
b) $11y - 11 - 8y + 19 = -4$
c) $-8 + 4x + 3 + 2x = 19$
d) $7y + 16 + 9 + 2y = -29$
e) $-7x - 6 - 7 + 11x = 31$
f) $7 - 8y + 10y + 10 = 33$

8. Schreibe den Term auf. Sabine ist x Jahre alt.

a) Andreas ist 4 Jahre älter als Sabine.

b) Die Mutter ist fünfmal so alt wie Sabine.

c) Sabines Vater ist 6 Jahre älter als ihre Mutter.

d) Oma ist zehnmal so alt wie Sabine.

e) Opa ist fünf Jahre älter als Oma.

9. Alle 6 Personen aus Sabines Familie sind zusammen 239 Jahre alt.

a) Wie alt ist Sabine? Stelle eine Gleichung auf.

b) Wie alt sind die übrigen Familienmitglieder?

4 Terme und Gleichungen

Gleichungen mit der Variablen auf beiden Seiten

(1) $8x - 5 = 4x + 19$

x	8x − 5		4x + 19
1	3	<	23
2	11	<	27
10	75	>	59
5	35	<	39
⑥	43	=	43

Lösung: x = 6

(2) $3y + 11 = 5y + 17$

y	3y + 11		5y + 17
1	14	<	22
2	17	<	27
10	41	<	67
−1	8	<	12
−2	5	<	7
⓪−3	2	=	2

Lösung: x = −3

Aufgaben

1. Zu der gegebenen Gleichung stehen fünf Antworten zur Auswahl. Eine davon stimmt. Finde die richtige durch Probe. Überlege zuvor, ob bestimmte Antworten offensichtlich nicht infrage kommen.

a) $3x - 6 = 2x + 15$ Antworten: x = 17, x = −32, x = 21, x = 9 oder x = −13

b) $7x + 8 = 3x - 32$ Antworten: x = −10, x = 13, x = 91, x = −4 oder x = −7

c) $4y - 81 = 2y - 37$ Antworten: y = −13, y = −78, y = 22, y = 16 oder y = 21

d) $6z - 15 = 3z + 12$ Antworten: z = 8, z = 16, z = −5, z = 11 oder z = 9

2. Finde die Lösung durch Probieren mit einer Tabelle wie in den Beispielen.

a) $6x + 5 = 2x + 21$ b) $3y - 3 = 2y + 5$ c) $7z - 6 = 2z - 26$

d) $5y - 7 = 2y + 8$ e) $8 + 3z = 5z - 6$ f) $4x - 7 = 5x + 13$

3. Katharina stellt den Schülerinnen und Schülern ein Zahlenrätsel: „Wenn man das 6fache einer Zahl um 3 verkleinert, erhält man dasselbe, wie wenn man das Doppelte der Zahl um 17 vergrößert."
Stelle eine Gleichung auf und löse sie mithilfe einer Tabelle wie in den Beispielen.

4. Ordne und fasse auf jeder Gleichungsseite zusammen. Löse dann durch Probieren mit einer Tabelle.

a) $2y + 3 + 5y + 5 = 9y - 17 - 15 - 6y$ b) $5z - 12 + 6z - 7 = 17 + 4z + 13$

c) $8 + 4x + 5 = -14x + 8 - 15 + 16x$ d) $14y - 8 + 1 - 4y = -12 + 10y - 7 - 3y$

e) $9x - 2 - 3x - 3 = 17 + 8x - 5x - 7$ f) $7 + 11y + 2 - 3y = 19y - 7 - 4 - 15y$

4 Terme und Gleichungen

Lösen von Gleichungen durch Umformen

…Und wie soll ich umformen?
Denk an eine Waage…
$8y + 7 = 5y + 16$

$8y + 7 = 5y + 16 \quad |-7$
$8y + 7 - 7 = 5y + 16 - 7$
Auf beiden Seiten 7 herunternehmen.

$8y = 5y + 9 \quad |-5y$
$8y - 5y = 5y - 5y + 9$
Auf beiden Seiten 5y herunternehmen.

Der Strich bedeutet: Auf beiden Seiten dasselbe tun.

$3y = $
$3y : 3 = $

Wie es weitergeht: Sieh mal am Kapitelanfang nach.

Man kann Gleichungen dadurch vereinfachen (umformen), dass man
– **auf beiden Seiten** dasselbe addiert oder subtrahiert,
– **beide Seiten** mit derselben Zahl multipliziert oder durch dieselbe Zahl (außer Null) dividiert.

---

(1) $\quad 7x + 5 = 3x + 29 \quad |-5$
$\quad 7x + 5 - 5 = 3x + 29 - 5$
$\quad\quad\quad\quad 7x = 3x + 24 \quad |-3x$
$\quad 7x - 3x = 3x - 3x + 24$
$\quad\quad\quad\quad 4x = 24 \quad |:4$
$\quad 4x : 4 = 24 : 4$
$\quad\quad\quad\quad \underline{x = 6}$

(2) $\quad 3y + 14 = 5y$
Seiten tauschen:
$\quad\quad 5y = 3y + 14 \quad |-3y$
$\quad 5y - 3y = 3y - 3y + 14$
$\quad\quad\quad 2y = 14 \quad |:2$
$\quad\quad 2y : 2 = 14 : 2$
$\quad\quad\quad \underline{y = 7}$

(3) $\quad 3x + 29 = 4 - 2x \quad |-29$
$\quad 3x + 29 - 29 = -2x + 4 - 29$
$\quad\quad\quad 3x = -2x - 25 \quad |+2x$
$\quad 3x + 2x = -2x + 2x - 25$
$\quad\quad\quad 5x = -25 \quad |:5$
$\quad 5x : 5 = -25 : 5$
$\quad\quad\quad \underline{x = -5}$

Aufgaben

1. Löse die Gleichung.
a) $8x + 7 = 3x + 37$
b) $5y - 11 = 3y + 5$
c) $6z + 14 = 3z + 20$
d) $9x - 5 = 5x + 19$
e) $7z + 3 = 19 + 5z$
f) $24 + 3z = 2z + 29$
g) $16 - 4x = 28 - 7x$
h) $13 - 2y = 5 - 4y$
i) $7z - 11 = -2z + 70$

2. Löse die Gleichung. Führe anschließend eine Probe durch.
a) $6x + 5 = 3x + 26$
b) $4y - 3 = 2y + 9$
c) $6z - 4 = 2z - 20$
d) $9x + 5 = 19 + 7x$
e) $5y + 8 = 3y - 14$
f) $6 - 2z = 41 - 7z$
g) $9 + 8z = 2z - 27$
h) $7 + 5x = 39 - 3x$

Gleichung: $\quad 5y - 3 = 3y + 7$
berechnete Lösung: $\quad y = 5$
Probe:
linke Seite: $\quad 5 \cdot 5 - 3 = 25 - 3 = 22$
rechte Seite: $3 \cdot 5 + 7 = 15 + 7 = 22$

3. Löse die Gleichung. Tausche eventuell zuvor die Seiten.
a) $5y + 18 = 2y$
b) $9y = 5y + 32$
c) $3z = 35 - 2z$
d) $2x = 40 - 6x$
e) $8z - 24 = 10z$
f) $28 - 5x = 2x$
g) $13 + 4x = 21$
h) $34 = 7 + 9y$
i) $4z - 8 = 12$
j) $-18 + 4y = 18$

4. a) Wie lang ist x? Weg von A nach B: 21 cm

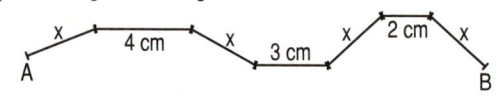

b) Wie lang ist x? Weg von A nach B: 3x

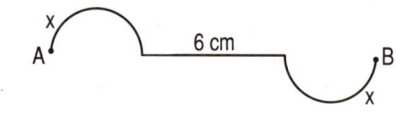

4 Terme und Gleichungen

5. Löse die Gleichung wie im Beispiel, einmal mit Umkehroperatoren und einmal durch Umformen. Vergleiche die Rechenschritte.

a) $4x + 5 = 17$ b) $3y - 4 = 14$ c) $5y + 7 = 22$
d) $3y - 18 = -7$ e) $6z - 31 = 11$ f) $7x - 5 = -40$
g) $6z - 15 = 45$ h) $8x + 5 = 69$ i) $2y - 17 = -3$
j) $5x - 18 = 12$ k) $9y + 19 = 100$ l) $10z - 37 = -87$

> $3x - 7 = 8$
> $x \xrightarrow{\cdot 3} \square \xrightarrow{-7} 8$
> $5 \xleftarrow{:3} 15 \xleftarrow{+7} 8$
> $3x - 7 = 8 \quad | +7$
> $3x - 7 + 7 = 8 + 7$
> $3x = 15 \quad | :3$
> $3x : 3 = 15 : 3$
> $\underline{\underline{x = 5}}$

6. Sabine sagt: „Das Lösen von Gleichungen mit Umkehroperatoren kann ich eigentlich vergessen. Es klappt ja immer mit dem Umformen." Was sagst du dazu?

7. Fasse auf beiden Gleichungsseiten wie im Beispiel so weit wie möglich zusammen und löse dann durch Umformen.

a) $6x - 8 + 3x + 5 = 6 + 4x + 11$ b) $4y + 9 + 3y = 8 + 5y + 19$
c) $4z + 8 - z + 3 = 2z + 23$ d) $14 - 3x + 5x - 2 = 6 - 8x - 34$

> $3x + 7 + 5x = -6 + 6x + 23$
> $3x + 5x + 7 = 6x - 6 + 23$
> $8x + 7 = 6x + 17$
> ....

8.

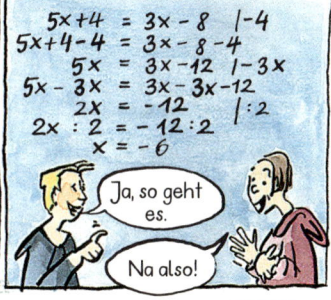

Sieh mal, ich mach doch alles richtig…

…Und hier geht's nicht weiter. Ich weiß nicht, wie ich durch −2 teilen soll.

Tausche doch am Anfang die Gleichungsseiten.

Ja, so geht es.

Na also!

a) $2x + 24 = 5x - 6$ b) $2y + 7 = 6y + 27$ c) $4x - 2 = 3x - 6$
d) $-5y + 29 = -2y + 5$ e) $2z + 11 = 8z - 13$ f) $3y - 14 = 9y + 12$

Tausche, wenn links das kleinere Vielfache der Variablen steht.

Bedenke: $2 > -100$ $-7 > -8$

9. a) $13 - 4z = -2z + 9$ b) $5x - 11 = 24 - 2x$ c) $21 + 4y = 54 - 7y$
d) $2x + 7 = 5x - 8$ e) $6y - 14 = 4y + 2$ f) $19 - 7z = 3 - 5z$

10. a) $8y - 41 = 39 - 12y$ b) $11z + 7 = 13z - 21$ c) $16 + 2x = -5x - 33$
d) $9 - 2z = -7z + 49$ e) $14 - 2x = 7x - 40$ f) $18 + 3y = 15y + 54$

11. Zahlenrätsel! Löse wie im Beispiel.

a) Heike und Frank haben sich dieselbe Zahl gedacht. Heike vergrößert das 6fache der Zahl um 4. Frank zieht vom 9fachen der Zahl 11 ab. Beide kommen zu demselben Ergebnis. Welche Zahl haben sie sich gedacht?

b) Wenn man das 4fache einer Zahl um 5 vergrößert, so erhält man dasselbe, wie wenn man von 19 das 3fache dieser Zahl abzieht. Wie heißt die Zahl?

c) Addiert man zum 5fachen einer Zahl 18, so erhält man das 8fache dieser Zahl.

d) Zieht man vom 3fachen einer Zahl 15 ab und addiert anschließend das 7fache der Zahl, so erhält man als Ergebnis 55.

> Das 3fache einer Zahl, vermehrt um 12, ergibt genauso viel, wie wenn man vom 5fachen dieser Zahl 2 abzieht.
>
> | | |
> |---|---|
> | 3fache der Zahl: | $3x$ |
> | vermehrt um 12: | $3x + 12$ |
> | 5fache der Zahl: | $5x$ |
> | 2 abgezogen: | $5x - 2$ |
> | genauso viel wie: | $3x + 12 = 5x - 2$ |
> | | oder |
> | | $5x - 2 = 3x + 12$ |

4 Terme und Gleichungen

Pension Tannenblick

1. Herr Ramsbacher ist 7 Jahre älter als seine Frau. Zusammen sind sie 83 Jahre alt.
Alter von Frau R: x
Alter von Herrn R: $x + 7$ (warum?)

Gleichung
Alter Frau R + Alter Herr R = Gesamtalter

2. In der Pension Tannenblick sind Gäste aus Deutschland und aus Österreich, insgesamt 36 Personen. Die Zahl der deutschen Gäste ist dreimal so groß wie die Zahl der österreichischen Gäste.
Zahl der österr. Gäste: x
Zahl der deutschen Gäste: ☐ 3 ☐ 3x ☐ x + 3 ?

Gleichung
Zahl österr. Gäste + Zahl deutscher Gäste = Gesamte Gästezahl

3. Fremdenzimmer befinden sich im Erdgeschoss (EG), im Obergeschoss (OG) und im Dachgeschoss (DG). Im Obergeschoss sind es doppelt so viele Zimmer wie im Erdgeschoss, im Dachgeschoss zwei Zimmer weniger als im Obergeschoss. Insgesamt haben Ramsbachers 23 Fremdenzimmer. Wie viele davon sind in den einzelnen Etagen?
Zahl der Zimmer EG : x
Zahl der Zimmer OG : ☐
Zahl der Zimmer DG : ◯

Gleichung
x + ☐ + ◯ = 23

4. In der Nacht vom Montag zum Dienstag übernachteten 15 Personen in der Pension Tannenblick. Außerdem verkauften Ramsbachers Getränke für 21 €. Von Dienstag zu Mittwoch übernachteten nur 12 Personen und die Einnahmen durch Getränkeverkauf betrugen nur 17 €.
Insgesamt nahmen Ramsbachers am zweiten Tag 79 € weniger ein als am Tag zuvor.
Was kostet eine Übernachtung?
Preis für eine Übernachtung in €: x

	Montag/Dienstag	Dienstag/Mittwoch
Einnahme Übernachtungen:	15x	☐
Einnahme Getränke:	☐	☐
Gesamt:	☐	☐

Gleichung
Gesamteinnahmen Mo/Di
= Gesamteinnahmen Di/Mi + 79

Lösen von Sachaufgaben durch Gleichungen

1. a) Herr Schmidt ist fünf Jahre älter als Frau Schmidt. Zusammen sind sie 79 Jahre alt.
   b) Die drei Kinder der Familie Schnebel heißen Kai, Tanja und Beate. Zusammen sind sie 26 Jahre alt. Tanja ist 3 Jahre älter als Kai, Beate ist 5 Jahre älter als Kai.
   c) Frau Schneider und ihr Sohn sind zusammen 56 Jahre alt. Sie ist dreimal so alt wie ihr Sohn.
   d) Herr Schäfer ist zwei Jahre jünger als seine Frau und viermal so alt wie sein Sohn. Zusammen sind sie 92 Jahre alt.

2. Das Schullandheim im Westerwald hat 3-Bett-Zimmer, 4-Bett-Zimmer und Einzelzimmer für Lehrkräfte. Insgesamt sind es 31 Zimmer. Es gibt doppelt so viele 3-Bett-Zimmer wie Einzelzimmer. Die Zahl der 4-Bett-Zimmer ist um 1 größer als die Zahl der 3-Bett-Zimmer.
   a) Wie viele 3-Bett-Zimmer sind es, wie viele 4-Bett-Zimmer und wie viele Einzelzimmer?
   b) Die Kopernikusschule möchte mit 3 Klassen, jede mit 2 Lehrkräften, anreisen. Die 8a hat 27, die 8b 30 und die 8c 28 Schülerinnen und Schüler. Sind genügend Schlafmöglichkeiten für alle vorhanden?

3. Herr Strohwasser verdient in seiner Drogerie vor allem durch den Verkauf eines Wundermittels zur Förderung des Haarwuchses.
   Am Montag verkaufte er 12 Flaschen, die übrigen Einnahmen betrugen 109 €. Am Dienstag verkaufte er 15 Flaschen, die übrigen Einnahmen betrugen 81 €. Am Dienstag waren die Einnahmen 152 € höher als am Montag. Wie teuer ist eine Flasche des Wundermittels?

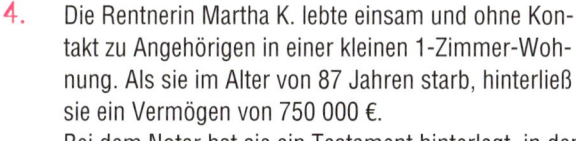

4. Die Rentnerin Martha K. lebte einsam und ohne Kontakt zu Angehörigen in einer kleinen 1-Zimmer-Wohnung. Als sie im Alter von 87 Jahren starb, hinterließ sie ein Vermögen von 750 000 €.
   Bei dem Notar hat sie ein Testament hinterlegt, in dem geregelt wird, was mit dem Vermögen geschehen soll.
   a) Nenne den Betrag für die Obdachlosen x. Welcher Term beschreibt dann den Betrag für „Kinder in der 3. Welt"?
   b) Stelle diese Gleichung auf: Betrag für den Zoo + Betrag für Obdachlose + Betrag für „Kinder in der 3. Welt" = vererbtes Vermögen
   c) Löse die Gleichung. Wie muss der Notar die 750 000 € an die einzelnen Einrichtungen verteilen?

   Ihre Tante Martha hat ihr gesamtes Vermögen gemeinnützigen Einrichtungen vermacht. Der Zoo soll 30 000 € erhalten, der Rest soll an die Obdachlosen-Hilfe und an die Einrichtung „Kinder in der Dritten Welt" gehen, die dreimal so viel wie die Obdachlosen-Hilfe erhalten soll.

   Die gute Tante Martha...

5. Sabrina und Natalie haben auf einer fünftägigen Radtour insgesamt 242 km zurückgelegt. Am 2. Tag sind sie 3 km mehr als am 1. Tag geradelt, am 3. Tag eine doppelt so lange Strecke wie am 1. Tag, am 4. Tag 1 km weniger als am 1. Tag und am 5. Tag haben sie wieder 12 km mehr als am 1. Tag geschafft. Nenne die am 1. Tag geradelte Strecke x (in km), notiere für jeden Tag einen Term, stelle dann die Gleichung auf und löse sie. Wie viel km sind Sabrina und Natalie an den einzelnen Tagen geradelt?

Klammerregeln für Summen und Differenzen

Jeweils ein Term ist falsch. Probiere mit Zahlen für x und y.

97 € gespart, zum Geburtstag von Tante Anne x € und von Onkel Rudi y €. Insgesamt?

97+(x+y)   97+x+y   97+x−y

Dann bleibt von meinen 3 000 € noch was übrig.

3000−(x+y)   3000−x+y   3000−x−y

Die Hose kostet y €. Für den Fleck erhalten Sie 12 € Preisnachlass. Was bleibt von meinen x € übrig?

x−(y−12)   x−y−12   x−y+12

> Eine Summe kann addiert bzw. subtrahiert werden, indem man die Summanden einzeln addiert bzw. subtrahiert.

Denke daran: 3 − x = 3 + (−y)

$13 + (x + 7)$	$8 − (x + 5)$	$10y + (5 − 2y)$	$19 − (9 − 3y)$
$= 13 + x + 7$	$= 8 − x − 5$	$= 10y + 5 − 2y$	$= 19 − 9 + 3y$
$= 20 + x$	$= 3 − x$	$= 8y + 5$	$= 10 + 3y$

Aufgaben

1. Löse die Klammern auf, ordne und fasse so weit wie möglich zusammen.

a) $3 + (2x + 4)$ b) $2 − (2 + 3y)$ c) $18 + (3a + 4)$ d) $9 + (2y − b)$ e) $8 − (3z + 4)$

f) $4 + (−3x + 2)$ g) $2 − (−8a + 7)$ h) $19 + (−4 − x)$ i) $13 − (−8 − 2b)$ j) $9 − (−2y − 7)$

k) $5 + (3a − 4)$ l) $7 − (9 − 4b)$ m) $38 − (−2x + 3)$ n) $15 − (−7x − 4)$ o) $35 + (−3a − 17)$

2.
a) $(12x − 3) + (5x − 3)$ b) $(2x + 5) − (x + 2)$ c) $25a + (3a + 5) − (a + 3)$

d) $(16a − 7) + (25 − 5a)$ e) $(15b − 7) − (6b − 5)$ f) $(25y − 25) − (20y + 15) + 10$

3. Vereinfache zuerst den Term, setze anschließend x = 9 ein und berechne dann den Wert des Terms.

a) $(48x − 19) + (39 − 18x)$ b) $(59x − 32) + (−18 + 31x)$ c) $(51 − 6x) + (16x − 51)$

c) $(12x + 17) − (−5x − 25)$ d) $(21x − 25) + (−35 − 3x)$ e) $(27x − 24) − (−3x − 35)$

4. Löse die Gleichung wie im Beispiel.

a) $18x − (3x + 5) = 10$ b) $35 + (8x − 27) = 24$

c) $14x − (2x + 3) = 21$ d) $9x + (3 − x) = 19$

e) $12x − (−2x + 4) = 10$ f) $8x + (3x − 7) = 26$

> $8x − (2x − 5) = 35$
> $8x − 2x + 5 = 35$
> $6x + 5 = 35 \quad | −5$
> $6x = 30 \quad | :6$
> $\underline{\underline{x = 5}}$

5.
a) $5x − (2,5x + 5) = 2,5$ b) $3,5 + (2,1x + 0,7) = 4,2$

c) $5,5x − (3,5x − 2) = 2,8$ d) $1,7x + (−0,9x − 0,5) = 3,5$

e) $5,1 − (−2,6 − 2x) = 12,7$ f) $3,2x + (1,6x − 3,4) = 20,6$

6. Wenn du vom Doppelten einer Zahl x die Summe von 15 und dieser Zahl abziehst (subtrahierst) erhältst du 5. Wie heißt die Zahl?

Ausmultiplizieren und Ausklammern

Ausmultiplizieren:
Jeder Summand in der Klammer wird mit dem Faktor vor der Klammer multipliziert.

Ausmultiplizieren →
$2x(3y + z) = 6xy + 2xz$
← Ausklammern

Ausklammern:
Ein Faktor, der allen Summanden in der Klammer gemeinsam ist, kann ausgeklammert werden.

(1) $6(x + y) = 6x + 6y$ (2) $5x(3 - y) = 15x - 5xy$ (3) $xy - 5x = x(y - 5)$ (4) $2xy - 4x = 2x(y - 2)$

Aufgaben

1. Löse die Klammern durch Ausmultiplizieren auf.
a) $2(x - 7)$ b) $3(4 + x)$ c) $(9 + a)\, 8$ d) $2x(7 - 3y)$ e) $(3 + 4b)\, 3a$
f) $(3 + 9x)\, 4$ g) $8(-2y + 3)$ h) $(-b + 7)\, 5$ i) $3b(2a - 7)$ j) $2c(-3b - 4)$

2. Multipliziere aus und fasse zusammen.
a) $2(a + 3) + 4(7 - a)$ b) $5(8a - 3b) + 7(2a - 4b)$ c) $7(x + 2y) + 2(y - 3x)$
d) $8(4x + 2y) + 4(7x - 5y)$ e) $7(2x + 3) + 4(3x + 2)$ f) $9(2a - 3b) + 3(4a + 2b)$

3. Multipliziere aus und fasse soweit wie möglich zusammen.
a) $-7(8a - 3b)$ b) $-x(3 + 7x + 3y)$ c) $-6x(-5x + 7y)$
d) $4x - 3(2x + 7)$ e) $-4(-4x - 9y)$ f) $15 - 4a(3a - 2b)$

$4x - 2y(3x + 4)$
$-2y \cdot 3x$ $-2y \cdot 4$
$= 4x - 6xy - 8y$

Minuszeichen vor dem Faktor sofort berücksichtigen.

4. Klammere eine möglichst große Zahl aus.
a) $54a - 12b$ b) $49x + 28y$ c) $12xy + 20$ d) $12x - 18y + 30$ e) $24a - 3b + 6c$

5. Klammere die gemeinsame Variable aus.
a) $6a + 7ab$ b) $-9x^2 + 13x$ c) $17ac - 8ab$ d) $25xy + 17x$ e) $12b^2 - b$ f) $7x^4 - 3x$

6. Klammere möglichst viel aus.
a) $3a + 9ab$ b) $25x - 15x^2$ c) $17p - 34pq$ d) $48x^4 - 32x$ e) $63xy - 49xz$ f) $16y^3 + 24y$

7. Löse die Gleichung. Beginne mit dem Auflösen der Klammer.
a) $2(x + 3) = 8x - 6$ b) $4(z - 5) = 3z - 16$ c) $3(7 - x) = 5x + 37$ d) $(2 - x)\, 4 = 6x + 38$
e) $5(2a + 3) = 4a + 21$ f) $(3 + 2x)\, 4 = 6x + 22$ g) $(3 - 3c)\, 4 = 2c - 30$ h) $6(2 - 4b) = 3b + 39$
i) $4(8 - 3p) = 5p - 19$ j) $-2(3 + y) = 4y + 24$ k) $-4(x - 7) = 2x + 4$ l) $-5(3 - 2q) = 6q - 7$

Auflösen von Formeln nach einer Variablen

> Für das Lösen von Aufgaben mit Formeln gibt es zwei Möglichkeiten:
> ① Einsetzen der gegebenen Größen in die passende Formel, dann rechnen.
> ② Auflösen der Formel nach der gesuchten Variablen, dann einsetzen und rechnen.

Ein Dreieck hat einen Flächeninhalt von 15 cm². Eine Seite ist 7 cm lang. Bestimme die zugehörige Höhe.

Formel	$A = \frac{g \cdot h}{2}$		Formel	$A = \frac{g \cdot h}{2}$	$\mid \cdot 2$
Einsetzen	$15 = \frac{7 \cdot h}{2}$	$\mid \cdot 2$	Auflösen nach h	$2A = g \cdot h$	$\mid : g$
Rechnen	$30 = 7 \cdot h$	$\mid : 7$		$\frac{2A}{g} = h$	
	$\frac{30}{7} = h$		Einsetzen	$h = \frac{2 \cdot 15 \text{ cm}^2}{7 \text{ cm}}$	
	$4{,}285\ldots = h$		Rechnen	$h = 4{,}285\ldots$	

Die gesuchte Höhe des Dreiecks ist $h \approx 4{,}3$ cm.

Aufgaben

1. Berechne die Höhe des Dreiecks mit der Grundseite g = 9 cm und dem angegebenen Flächeninhalt A.
   a) A = 27 cm²   b) A = 18 cm²   c) A = 12,6 cm²   d) A = 21,6 cm²   e) A = 25,65 cm²   f) A = 33,3 cm²

2. In einem gleichschenkligen Dreieck ist $\alpha = \beta$. Berechne die fehlenden Winkel mit der Formel $\alpha + \beta + \gamma = 180°$.
   a) $\gamma = 75°$ b) $\gamma = 60°$ c) $\gamma = 90°$ d) $\alpha = 35°$ e) $\alpha = 50°$ f) $\beta = 45°$ g) $\beta = 36°$

3. Berechne zuerst die fehlende Seite des Rechtecks.

	a)	b)	c)	d)	e)	f)
Länge a	3 cm	3,2 cm		10 cm		9,4 cm
Breite b			8 cm		2,35 cm	
Umfang u	14 cm	15,6 cm	48 cm			
Flächeninhalt A				100 cm²	9,4 cm²	34,78 cm²

4. Von einem Quader sind das Volumen und zwei Kantenlängen bekannt. Berechne die dritte Länge.
   a) V = 144 cm³   b = 3 cm   c = 4 cm
   b) V = 270 cm³   a = 9 cm   b = 5 cm

5. Löse die Prozentformel nach G auf und berechne den Grundwert.
   a) 30% sind 870 €   b) 78% sind 390 kg   c) 65% sind 546 t   d) 52% sind 234 km

6. Berechne den fehlenden Wert.

	a)	b)	c)	d)	e)	f)	g)	h)
Grundwert G	2 000 €	5 000 €			10 000 €	8 400 €	2 500 €	
Prozentwert W	50 €		20 €	80 €	120 €			60 €
Prozentsatz p%		4%	6%	3%		5%	4%	5%

Testen, Üben, Vergleichen
4 Terme und Gleichungen

1. Schreibe für den Umfang einen Term.
   a) 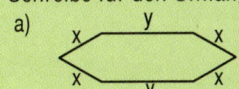 (Sechseck mit Seiten x, y, x, x, y, x)   b) 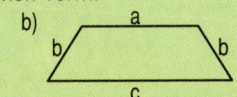 (Trapez mit Seiten a, b, c, b)

   Terme beschreiben Rechenwege und enthalten oft Variablen (Buchstaben). Setzt man für die Variablen Zahlen ein, so erhält man ein Rechenergebnis.

   Beispiel: Umfang: $2x + y$
   für $x = 7$ cm und $y = 6$ cm:
   $2 \cdot 7$ cm $+ 6$ cm $= 14$ cm $+ 6$ cm $= 20$ cm

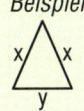

2. Berechne den Term für die angegebenen Einsetzungen. Ordne zuvor und fasse zusammen.

$5x - 17 + 8x - 3x + 20 + 5 - x$					
$x = 4$	$x = 10$	$x = 2$	$x = -3$	$x = -7$	$x = 20$

3. Löse die Gleichung. Ordne und fasse so weit wie möglich zusammen.
   a) $4y + 6 = 3y + 14$ b) $6x - 8 = 2x + 32$
   c) $7z - 5 = 4z + 10$ d) $2y - 3 = 3y + 7$
   e) $5x + 9 = 3x - 3$ f) $11z + 7 = 8z - 8$

   Gleichungen werden **vereinfacht**, indem man
   – auf beiden Seiten ordnet und zusammenfasst,
   – auf beiden Seiten dasselbe addiert (subtrahiert),
   – beide Seiten mit derselben Zahl multipliziert oder durch dieselbe Zahl (außer 0) dividiert.

   Beispiel:
   $3x - 7 + 5x + 2 = 9 + 6x - 22 + 4x$ ⎫ ordnen,
   $3x + 5x - 7 + 2 = 6x + 4x + 9 - 22$ ⎬ zusammenfassen
   $8x - 5 = 10x - 13$ $| -10x$
   $-2x - 5 = -13$ $| +5$
   $-2x = -8$ $| : (-2)$
   $\underline{x = 4}$

4. a) $8x - 9 - 6x + 14 = 11x - 9 - 10x + 13$
   b) $15 - 2y - 7 + 6y = 18 - 3y - 5 - 3y$
   c) $11z - 18 - 31 + 5z = 14 - 4z + 14z - 3$

5. Löse die Klammer auf.
   a) $3x(2x + 5)$ b) $7a(9b - 4)$ c) $-2x(4y - 5x)$

6. Klammere möglichst viel aus.
   a) $25a + 40$ b) $21xy - 28x$ c) $-24a^2 + 36ab$

   • *Ausmultiplizieren und Ausklammern*

   Ausmultiplizieren →
   $2a(3a + 5b) = 6a^2 + 10ab$
   ← Ausklammern

7. Löse die Formel zur Flächenberechnung eines Dreiecks auf nach der Höhe h.

8. Berechne die fehlenden Werte im Dreieck mit der Formel $A = \frac{g \cdot h}{2}$.

	a)	b)	c)
g	12,6 cm	4,8 cm	
h	5 cm		2,4 m
A		18,72 cm²	8,64 m²

   Auflösen von Formeln nach einer Variablen.

   Beispiel: $A = \frac{g \cdot h}{2}$ auflösen nach g

   $A = \frac{g \cdot h}{2}$ $| \cdot 2$ *oder:* $\frac{g \cdot h}{2} = A$ $| \cdot 2$
   $2A = g \cdot h$ $| : h$ $g \cdot h = 2A$ $| : h$
   $\frac{2A}{h} = g$ $g = \frac{2A}{h}$

9. Schreibe den Term auf.
   a) Frau Schneider ist x Jahre alt, ihr Mann drei Jahre jünger. Wie alt sind beide zusammen?
   b) Andreas hat beim Pizza-Lieferservice x € für einen Salat und y € für Lasagne bezahlt. Außerdem gibt er 2 € Trinkgeld. Wie viel € hat Andreas ausgegeben?
   c) Ilona hat sich eine Zahl gedacht. Vom 3fachen dieser Zahl zieht sie 7 ab.

10. a) $2(3x - 4) = 8(x + 1)$ b) $4(a + 3) = 5(6 - a)$ c) $2(3x + 4) = 8(2x - 4)$
    d) $5(z - 7) = 2(5z - 15)$ e) $6(2x + 13) = 9(3x - 3)$ f) $-2(b + 4) = (2b - 17)$

5 Flächenberechnung

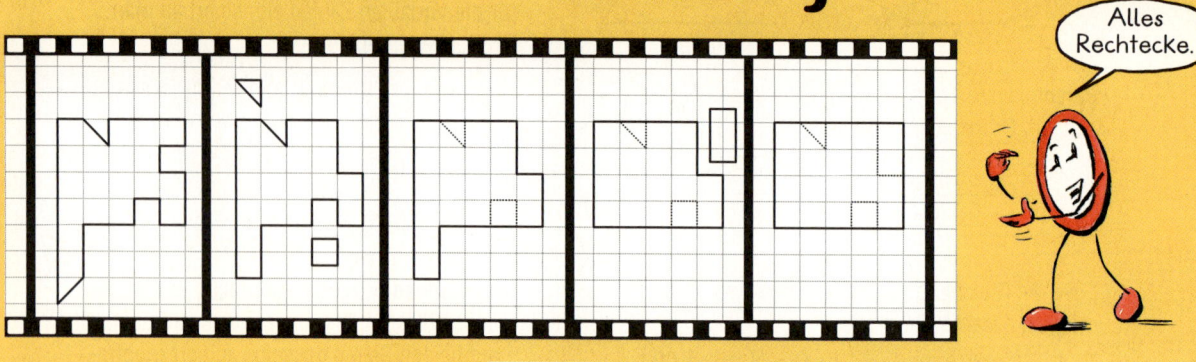

Alles Rechtecke.

Das Tangram-Spiel aus China

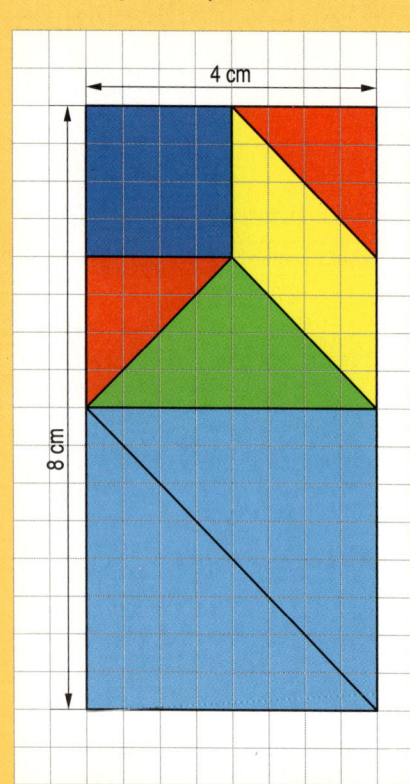

4 cm
8 cm

5 Flächenberechnung

Fahrradtacho-Gebrauchsanweisung

○ Einstellen des Radumfangs
So können Sie den Radumfang messen:
(1) Messen Sie den Radumfang (L in cm) mit einem Bandmaß, das Sie um den vorderen Reifen legen.
(2) Messen Sie die Strecke (L) einer Radumdrehung (in cm).
(3) Messen Sie den Radius (R in cm) mit einem Zollstock. Dann errechnen Sie den Radumfang (L in cm) nach der Formel $L = 2\pi R = 6{,}283\,R$

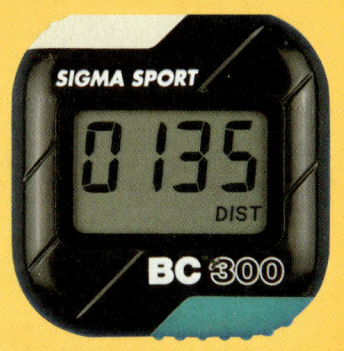

Wie groß ist die Kreisfläche bei einem Radius von r = 5 m?

Sie ist auf jeden Fall kleiner als diese vier Quadrate zusammen.

Und sie ist gewiss größer als diese vier Dreiecke zusammen.

3,1415926535897932384626433832795028841971693993751058209749445923078164062862089986280348253421170679821480865132823066470938446095505822317253594081284811174502841027019385211055596446229489549303819644288109756659334461284756482337867831652712019091456485669234603486104543266482133936072602491412737245870066063155881748815209209628292540917153643678925903600113305305488204665213841469519415116094330572703657595919530921861173819326117931051185480744623799627495673518857527248912279381830119491298336733624406566430860213949463952247371907021798609437027705392171762931767523846748184676694051320005681271452635608277857713427577896091736371787214684409012249534301465495853710507922796892589235420199561212902196086403441815981362977477137109996051870721134999999983729780499510597317328160963185950244594553469083026425223082533446850352619311881710100031378387528886587533208381420617177669147303598253490428755468731159562863882353787593751957781857780532171226806613001927876611195909216420198938095257201065485863278865936153381827968230301952035301852968899577362259941389124972177528347913151557485724245415069595082953311686172785588907509838175463746493931925506040092770167113900984882401285836160356370766010471018194295559618946767837449448255379774726847104047534646208046684259069491293313677028989152104752162056966024058038150193511

März 1999
Einen besonderen Weltrekord hält der Japaner Yamasura Kanada. Im Jahr 1999 berechnete er 68 719 470 Stellen von π. Sein Computer benötigte dafür fast 33 Stunden.

5 Flächenberechnung

Flächeninhalt und Umfang des Rechtecks

$A = a \cdot b$

$u = a + b + a + b$
$u = 2a + 2b$

Flächeninhalt des Rechtecks gleich Länge mal Breite.

$A = a \cdot a$
$A = a^2$

$u = a + a + a + a$
$u = 4a$

Umfang gleich Summe aller Seitenlängen.

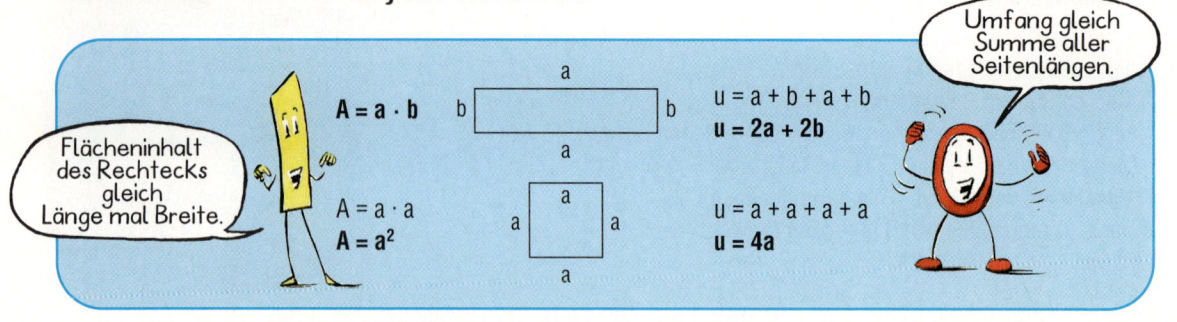

Ein Rechteck ist 7,4 m lang und 3,8 m breit. Berechne den Flächeninhalt und den Umfang des Rechtecks.

$A = 7,4 \text{ m} \cdot 3,8 \text{ m}$

$A = 28,12 \text{ m}^2$

$u = 2 \cdot 7,4 \text{ m} + 2 \cdot 3,8 \text{ m}$
$u = 14,8 \text{ m} + 7,6 \text{ m}$
$u = 22,4 \text{ m}$

Aufgaben

1. Berechne Flächeninhalt und Umfang des Rechtecks.

   a) a = 6 m; b = 4 m
   b) a = 9 m; b = 6 m
   c) a = 12 m; b = 8 m
   d) a = 17 m; b = 11 m
   e) a = 14 m; b = 6,5 m

2. Berechne Flächeninhalt und Umfang des Quadrats. a) a = 8 m b) a = 17 m c) a = 200 mm d) a = 3,5 m

3. Ein rechteckiger Hof ist 6,00 m lang und 5,30 m breit. Berechne die Fläche. Runde auf volle m².

4. Ein rechteckiges Baugrundstück ist 28 m lang und 25 m breit. Das Grundstück soll eingezäunt werden. Wie viel Meter Zaun müssen gekauft werden?

5. Eine rechteckige Wiese ist 320 m lang und 280 m breit. Berechne den Flächeninhalt zunächst in m², wandle dann in a und ha um.

1 Ar (1 a) = 100 m²	– ca. eine Hälfte eines Tennisplatzes
1 Hektar (1 ha) = 100 a	– ca. der Innenraum eines Fußballstadions
1 km² = 100 ha	

6. Ein rechteckiger Industriepark ist 3 km lang und 1,6 km breit. Gib den Flächeninhalt in km² (ha, a) an.

7. Der größte Park in New York ist der Central Park mit ca. 4 km Länge und 500 m Breite. Er ist fast rechteckig. Wandle die Länge in Meter um und berechne die Fläche des Parks in m², a und ha.

8. Landwirt Priemke ist neuer Besitzer eines 1,3 km langen und 750 m breiten Ackers. Im Grundbuch wird die Fläche in der Einheit Ar eingetragen.

9. Berechne den Flächeninhalt und den Umfang des Rechtecks.

   a) a = 14 cm; b = 45 mm
   b) a = 70 cm; b = 11 dm
   c) a = 2 m; b = 80 cm
   d) a = 1,5 dm; b = 20 cm

5 Flächenberechnung

Flächeninhalt des Dreiecks

Dreieck ist halbes Rechteck. $A = \dfrac{g \cdot h}{2}$

$A = g \cdot \dfrac{h}{2}$; $A = \dfrac{g \cdot h}{2}$

$A = \dfrac{g}{2} \cdot h$; $A = \dfrac{g \cdot h}{2}$

Drei Wege, ein Ergebnis!

Flächeninhalt des Dreiecks = Grundseite · Höhe : 2

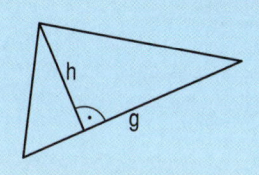

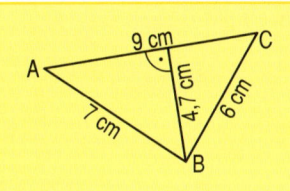

$A = \dfrac{g \cdot h}{2}$

Umfang gleich Summe der drei Seitenlängen.

Berechne A und u.

$A = \dfrac{9\text{ cm} \cdot 4{,}7\text{ cm}}{2} = \dfrac{42{,}3\text{ cm}^2}{2}$

$A = 21{,}15\text{ cm}^2$

$u = 9\text{ cm} + 7\text{ cm} + 6\text{ cm}$

$u = 22\text{ cm}$

Aufgaben

1. Berechne den Flächeninhalt des Dreiecks.   a) g = 8 cm; h = 6 cm   b) g = 10 cm; h = 8,5 cm

2. Berechne den Flächeninhalt des Dreiecks (Maße in cm).

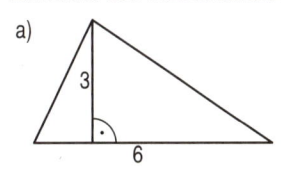

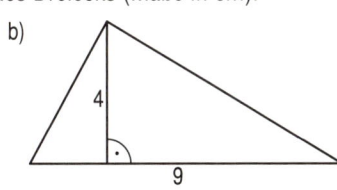

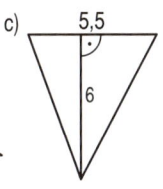

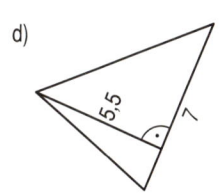

3. Zeichne die Punkte in ein Koordinatensystem (Einheit 1 cm). Verbinde zu einem Dreieck. Wähle eine Grundseite und zeichne die zugehörige Höhe. Berechne den Flächeninhalt.

   a) A(3|2), B(6,5|2), C(4,5|4)   b) A(0|1,5), B(7,5|1,5), C(3,5|5)   c) A(−1|−1), B(4|−1), C(6|5)

4. Übertrage das Dreieck ins Heft. Wähle eine Grundseite und zeichne die zugehörige Höhe. Miss g und h und berechne den Flächeninhalt des Dreiecks.

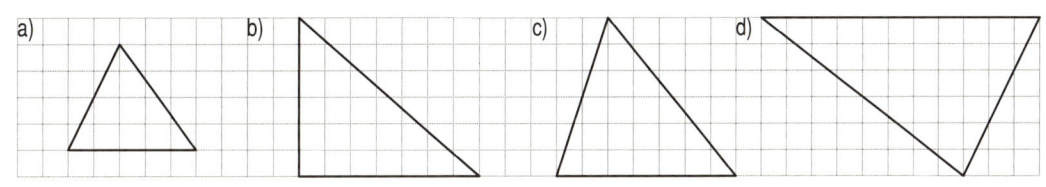

5. Zeichne das gleichschenklige Dreieck. Berechne Flächeninhalt und Umfang. Miss zuvor fehlende Längen.

   a) a = 7,0 cm; b = c = 5,5 cm   b) c = 10,2 cm; a = b = 12 cm   c) b = 5,8 cm; a = c = 8,6 cm

5 Flächenberechnung

Flächeninhalt des Parallelogramms

Flächeninhalt des Parallelogramms = Grundseite · Höhe

$A = g \cdot h$

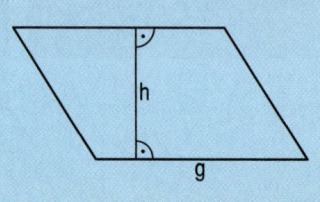

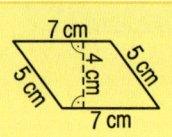

Umfang gleich Summe der vier Seitenlängen.

Berechne Flächeninhalt und Umfang.

$A = 7 \text{ cm} \cdot 4 \text{ cm}$ $u = 7 \text{ cm} + 5 \text{ cm} + 7 \text{ cm} + 5 \text{ cm}$

$A = 28 \text{ cm}^2$ $u = 24 \text{ cm}$

Aufgaben

1. Berechne den Flächeninhalt des Parallelogramms.

a) g = 8 cm   b) g = 12 cm   c) g = 10,5 cm   d) g = 15,2 cm   e) g = 8,8 cm
   h = 5 cm   h = 6,5 cm   h = 8,5 cm   h = 7,6 cm   h = 4,3 cm

2. a) Übertrage das Parallelogramm in dein Heft. Wähle eine Seite als Grundseite und zeichne die zugehörige Höhe. Miss deren Längen und berechne den Flächeninhalt.

b) Miss die übrigen Seitenlängen und berechne den Umfang des Parallelogramms.

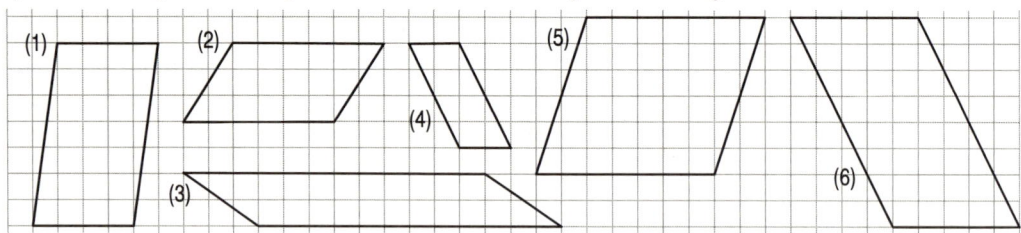

3. Zeichne die Punkte in ein Koordinatensystem (Einheit 1 cm). Verbinde sie zu einem Parallelogramm. Wähle eine Grundseite und zeichne die zugehörige Höhe. Miss g und h und berechne den Flächeninhalt.

a) A(1|3), B(3|1), C(3|4,5), D(1|6,5)   b) A(-1|0,5), B(2|-2,5), C(2|-1), D(-1|2)

c) A(-7|4), B(-1|4), C(1|6), D(-5|6)   d) A(-5|-5), B(-4|-4), C(-4|2), D(-5|1),

4. Ein Parallelogramm hat die Seitenlängen a = 5,6 cm und b = 3,2 cm. Die längeren Seiten haben einen Abstand von 2,5 cm. Zeichne das Parallelogramm und berechne Flächeninhalt und Umfang.

5. a) Drei Parallelogramme haben denselben Flächeninhalt A = 36 cm². Gib mögliche Längen der Grundseite und der zugehörigen Höhe an.

b) Zeichne deine drei Parallelogramme. Miss ihre Längen und berechne den Umfang.

5 Flächenberechnung

Flächeninhalt des Trapezes

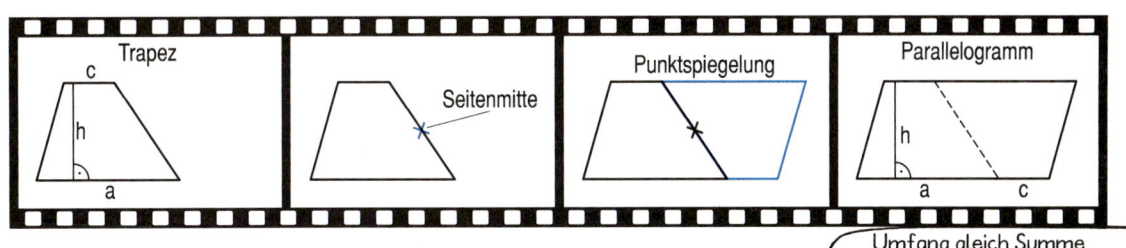

Flächeninhalt des Trapezes =
Summe der parallelen Seiten · Höhe : 2

$$A = \frac{(a + c) \cdot h}{2}$$

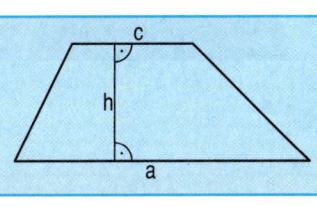

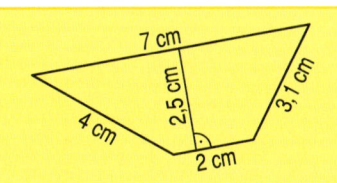

Umfang gleich Summe der vier Seitenlängen.

Berechne Flächeninhalt und Umfang.

$$A = \frac{(7\,cm + 2\,cm) \cdot 2{,}5\,cm}{2}$$

$$A = 11{,}25\,cm^2$$

$u = 7\,cm + 4\,cm + 2\,cm + 3\,cm$

$u = 16\,cm$

Aufgaben

1. Berechne den Flächeninhalt des Trapezes.

   a) a = 5 cm
      c = 3 cm
      h = 2 cm

   b) a = 9 cm
      c = 6 cm
      h = 5 cm

   c) a = 12 cm
      c = 8,5 cm
      h = 6,5 cm

   d) a = 7,3 cm
      c = 4,6 cm
      h = 3,5 cm

   e) a = 6,4 cm
      c = 3,8 cm
      h = 7,2 cm

2. a) Übertrage das Trapez ins Heft. Zeichne die Höhe zur Seite a. Miss a, c und h und berechne A.
   b) Miss die übrigen Seitenlängen und berechne den Umfang.

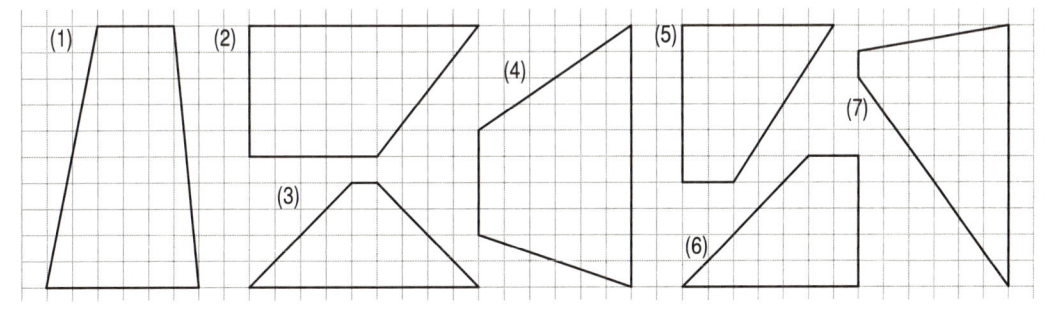

3. Die parallelen Seiten eines Trapezes sind 7,4 cm und 5,8 cm lang. Der Abstand zwischen diesen Seiten beträgt 4 cm. Zeichne drei solche Trapeze und berechne ihre Flächeninhalte.

4. Herr Sander möchte sein Gehege vergrößern. Ihm wurde ein benachbartes Feld angeboten.
   a) Berechne die trapezförmige Fläche.
   b) Der Verkaufspreis beträgt 2,50 € pro m².
   c) Das Feld soll ringsum eingezäunt werden. Wie viel m Zaun werden benötigt?

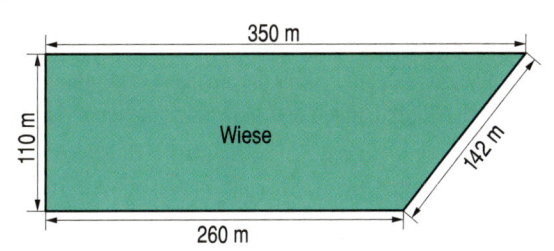

5 Flächenberechnung

Vermischte Aufgaben

1. Der Rathausplatz soll neu gepflastert werden. Dafür muss seine Fläche berechnet werden. Dies kann auf zwei Arten geschehen. (Längen alle in m)
   a) Zerlege in Teilflächen und addiere deren Flächeninhalte.
   b) Ergänze zu einer größeren Fläche und subtrahiere.

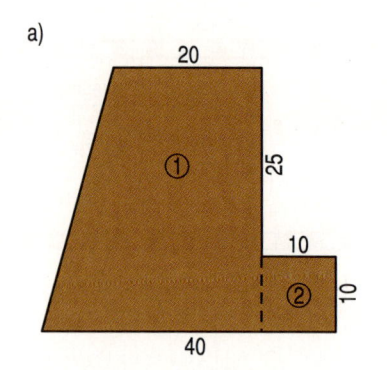

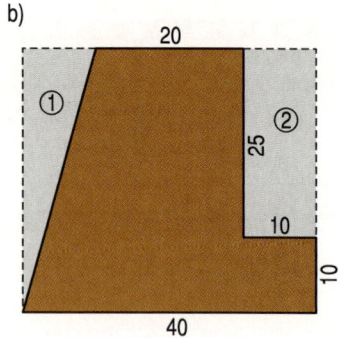

2. Berechne den Flächeninhalt der Figur. Zerlege oder ergänze, was dir einfacher erscheint.

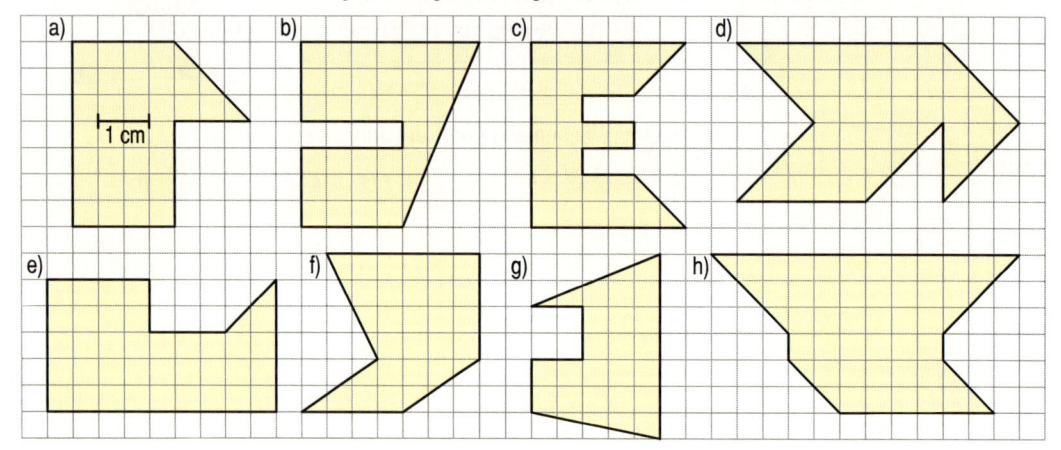

3. Bestimme den Flächeninhalt des Vielecks durch zerlegen oder ergänzen (Längen in cm).

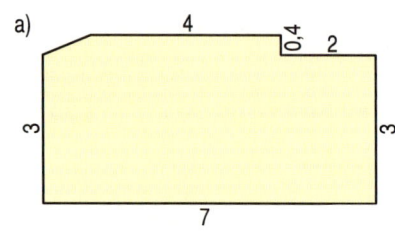

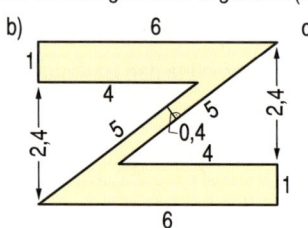

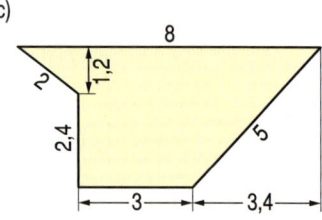

4. Berechne den Flächeninhalt und Umfang der Figur (Längen in cm).

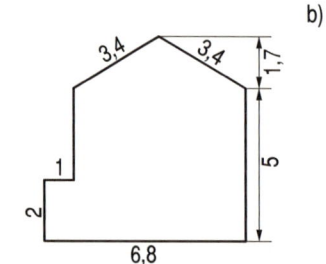

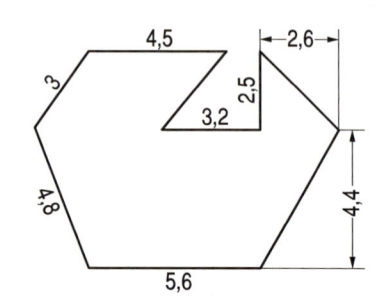

5. Zeichne die Punkte in ein Koordinatensystem (Einheit 1 cm) und verbinde sie zu einem Vieleck. Miss benötigte Längen und berechne Flächeninhalt und Umfang.
   a) A(3,5|1); B(5,5|3); C(5,5|7); D(3,5|5,5); E(1|5,5); F(1|3); G(2,5|2)
   b) A(8,5|−3,5); B(8,5|−2); C(10,5|−2); D(10,5|2); E(8|2); F(6,5|0)
   c) A(1|−7); B(3|−6); C(6|−6); D(6|−1,5); E(3|−1,5); F(1|−0,5); G(1|−2,5); H(3|−3,5); I(1|−3,5)

5 Flächenberechnung

Vermischte Aufgaben

1. Bestimme den Flächeninhalt und den Umfang des Vierecks.

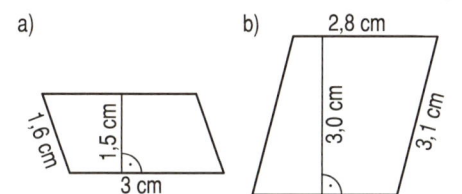

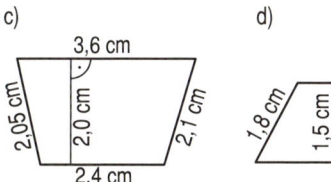

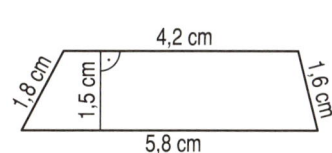

a) 1,6 cm; 1,5 cm; 3 cm
b) 2,8 cm; 3,0 cm; 3,1 cm
c) 3,6 cm; 2,05 cm; 2,0 cm; 2,1 cm; 2,4 cm
d) 4,2 cm; 1,8 cm; 1,5 cm; 1,6 cm; 5,8 cm

2. Jutta und Tim bestimmen den Flächeninhalt desselben Parallelogramms.

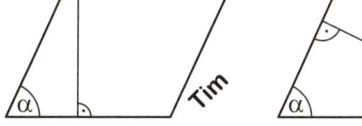

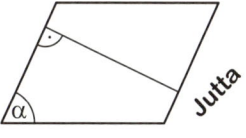

a) Zeichne das Parallelogramm zweimal ins Heft:
   a = 7 cm, b = 5 cm, α = 65°.
b) Miss jeweils die Höhe und berechne den Flächeninhalt wie Jutta und wie Tim.

3. Herr Röser bietet ein Grundstück zum Verkauf an.

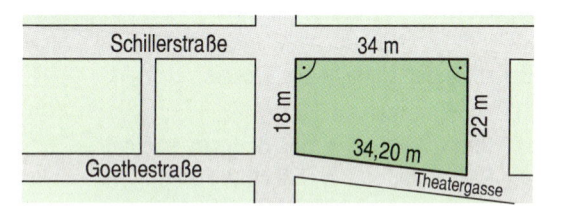

a) Wie groß ist die trapezförmige Fläche? Entnimm die Maße der Zeichnung.
b) Der Quadratmeterpreis soll 60 € betragen.
c) Wie teuer ist ein Zaun um das Grundstück? 1 m kostet 25 €.

(Schillerstraße 34 m; 18 m; 22 m; 34,20 m; Goethestraße; Theatergasse)

4. Wie groß ist die gesamte Glasfläche des Erkerteils im Dachgeschoss?

a) Berechne eine große rechteckige Fläche.
b) Berechne eine schräg verlaufende kleinere rechteckige Fläche.
c) Berechne die Fläche einer dreieckigen Glasfläche.
d) Gib die gesamte Glasfläche in m² an. Runde auf dm².

(50 cm; 50 cm; 90 cm; 1,10 m; 90 cm)

5. Familie Seibel möchte im Dachgeschoss einen großen Raum verkleinern. Dazu soll eine Trennwand aus Gipskartonplatten errichtet werden.

a) Berechne die gesamte dreieckige Fläche der Trennwand.
b) Es soll eine Tür eingesetzt werden (0,90 m breit, 2,00 m hoch). Berechne die Fläche der Tür.
c) Zum Errichten der Trennwand wird ein Holzgerüst gebaut, das anschließend beidseitig mit Gipskartonplatten verkleidet wird. Für wie viel m² müssen solche Platten gekauft werden?

(5 m; 6,60 m)

6. Berechne den Flächeninhalt der Raute auf vier verschiedene Weisen:
– Berechne vier Teildreiecke und addiere,
– berechne zwei Teildreiecke und addiere (zwei Möglichkeiten),
– berechne ein doppelt so großes Rechteck und halbiere dann den Flächeninhalt.

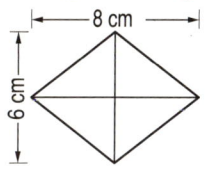

(8 cm; 6 cm)

5 Flächenberechnung

Umfang des Kreises

Die Kreisscheibe hat 1 m Durchmesser.

Der Durchmesser passt etwas mehr als 3-mal auf den Umfang.

Das Verhältnis $\frac{u}{d}$ von **Umfang** u und Durchmesser d ist für alle Kreise gleich.
Es ist die Zahl π (lies „Pi").

Ohne Taschenrechner rechnet man mit

$u = \pi d$
$u = 2\pi r$
$\pi = 3{,}14$

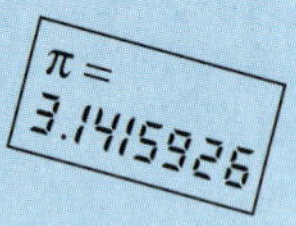

$\pi = 3{,}1415926$

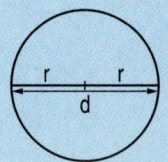

Berechne den Umfang des Kreises.

(1) Durchmesser d = 5,0 cm
   Überschlag: $u = \pi \cdot d \approx 3 \cdot 5 \text{ cm} = 15 \text{ cm}$
   Rechnung: $u = \pi \cdot 5{,}0 \text{ cm} = 15{,}70\ldots \text{ cm}$
   $u \approx 15{,}7 \text{ cm}$

(2) Radius r = 3,84 m
   Überschlag: $u = 2\pi r \approx 2 \cdot 3 \cdot 4 \text{ m} = 24 \text{ m}$
   Rechnung: $u = 2\pi \cdot 3{,}84 \text{ m} = 24{,}127\ldots \text{ m}$
   $u \approx 24{,}13 \text{ m}$

Aufgaben

1. Berechne den Umfang des Kreises. Runde das Ergebnis auf mm.
a) d = 4,0 cm   b) d = 9,0 cm   c) d = 15 cm   d) d = 40 cm   e) d = 100 cm   f) d = 0,5 cm

2. Berechne den Umfang des Kreises. Runde auf eine Stelle nach dem Komma.
a) r = 6,0 cm   b) r = 5,5 cm   c) r = 10,4 cm   d) r = 2,5 cm   e) r = 1,55 cm   f) r = 0,25 cm

3. Berechne den Umfang des Kreises. Runde das Ergebnis auf eine Stelle nach dem Komma.
a) d = 5,0 cm   b) r = 3,5 cm   c) r = 12,4 cm   d) d = 35 cm   e) r = 0,25 m   f) d = 0,2 km

4. Berechne den Umfang des Kreises. Gib in cm an, gerundet auf mm.
a) 4 cm   b) 3,2 cm   c) 2,7 cm   d) 9,4 cm

5. Berechne den Umfang des Balles. Runde auf eine Stelle nach dem Komma.
a) d = 40 mm   b) d = 65 mm   c) d = 16 cm   d) d = 19 cm   e) d = 24 cm

5 Flächenberechnung

6. a) Der Korbring eines Basketballkorbes wird aus Stahlrohr hergestellt und hat einen Durchmesser von 48 cm. Berechne die Länge des Stahlrohrringes in cm.
b) Ein Basketball hat einen Durchmesser von 24 cm. Wie viel Platz bleibt zwischen dem Ball und dem Korbring, wenn der Ball genau durch die Mitte fällt?

7. a) Die Löcher in der Torwand wurden mit Stahlrohr eingefasst. Wie lang war der Stab, der zur Rundung gebogen wurde?
b) Ein Fußball hat einen Durchmesser von 22 cm. Wie viel Platz bleibt zwischen Ball und Rundung?

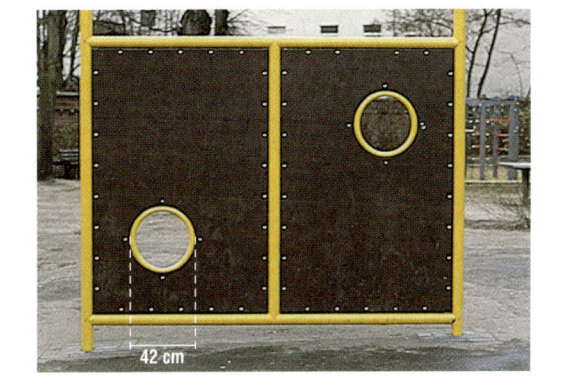

8. Auf Leichtathletik-Anlagen werden häufig Abwurfringe aus Stahl einbetoniert. Berechne ihren Umfang. Runde auf Millimeter.
a) für Diskuswurf: Durchmesser 2,500 m
b) für Kugelstoß: Durchmesser 2,135 m

9. Bei einer Schlafzimmerlampe wird der Stoffbezug von zwei verschieden großen Metallringen gehalten. Der Durchmesser der oben liegenden kleineren Öffnung beträgt 12,5 cm, der größere Ring hat einen Durchmesser von 25,5 cm. Wie lang sind die Metallringe?

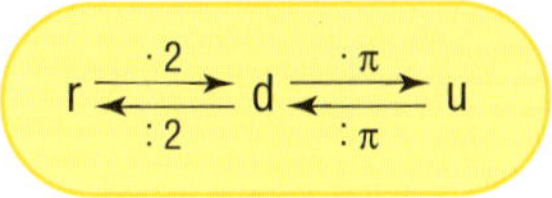

10. Ein kreisrundes Blumenbeet soll mit Palisaden eingerahmt werden. Der Durchmesser des Beetes beträgt 3,20 m.
a) Berechne den Umfang des Blumenbeetes.
b) Die Palisaden haben einen Durchmesser von 15 cm. Wie viele Palisaden müssen gekauft werden?
c) Eine Palisade kostet 2,10 €.

11. a) Der Umfang eines Kreises beträgt 30 cm. Wie groß ist sein Durchmesser? Runde.
b) Ein Kreis hat einen Umfang von 2,6 m. Berechne seinen Radius. Runde.

$$r \underset{:2}{\overset{\cdot 2}{\longleftrightarrow}} d \underset{:\pi}{\overset{\cdot \pi}{\longleftrightarrow}} u$$

12. Berechne den Durchmesser und den Radius des Kreises. Runde auf eine Stelle nach dem Komma.
a) u = 28 cm   b) u = 56 cm   c) u = 120 mm   d) u = 1 m   e) u = 3,5 m

13. Bestimme die fehlenden Werte. Runde.

	a)	b)	c)	d)	e)
Radius	7 cm	■	1,25 m	■	■
Durchmesser	■	90 cm	■	■	■
Umfang	■	■	■	12 km	2,4 m

14. Der Äquator hat eine Länge von ca. 40 000 km. Berechne den Erdradius. Runde auf 100 km.

15. Der Mond hat einen Radius von ca. 1 750 km. Wie lang ist sein Äquator? Runde auf 100 km.

16. Zwei gleiche Münzen, A liegt fest, B wird an A abgerollt, bis sie wieder in die Ausgangslage kommt. Wie viele Umdrehungen macht B dabei? Schätze und probiere es dann selbst aus.

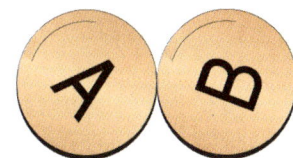

5 Flächenberechnung

Flächeninhalt des Kreises

Das ist die Idee für die Kreisfläche …

Hier liegen die 2 · 4 Stücke.

Das ist ja fast ein Rechteck.

So breit wie der Radius und so lang wie der halbe Umfang.

Ein Kreis mit dem Radius r hat den Flächeninhalt: $A = \pi r^2$

$r^2 = r \cdot r$

Welchen Flächeninhalt hat der Kreis?

(1) Radius r = 4,7 cm
 Überschlag: $A = \pi r^2 \approx 3 \cdot 5^2$ cm² = 7,5 cm²
 Rechnung: $A = \pi \cdot 4{,}7^2$ cm² = 69,39… cm²
 $A \approx 69{,}4$ cm²

(2) Durchmesser d = 7,8 m
 Berechnung des Radius: r = 7,8 m : 2 = 3,9 m
 Überschlag: $A = \pi r^2 \approx 3 \cdot 4^2$ m² = 48 m²
 Rechnung: $A = \pi \cdot 3{,}9^2$ m² = 47,78… m²
 $A \approx 47{,}8$ m²

Aufgaben

1. Berechne den Flächeninhalt des Kreises. Runde das Ergebnis auf zwei Stellen nach dem Komma.
 a) r = 9,0 cm   b) r = 11,0 cm   c) r = 6,5 cm   d) r = 5,8 cm   e) r = 10,4 cm

2. Bestimme zuerst den Radius, berechne dann den Flächeninhalt des Kreises (2 Nachkommastellen).
 a) d = 15 cm   b) d = 86 cm   c) d = 1,3 m   d) d = 1 km   e) d = 5,06 cm

3. Berechne den Flächeninhalt des Kreises. Runde das Ergebnis auf zwei Nachkommastellen.
 a) r = 24 cm   b) d = 3,08 m   c) r = 45,5 cm   d) d = 36,4 cm   e) r = 0,5 m

4. Ein Windrad hat 30 cm Durchmesser. Wie groß ist die Fläche, die die Windradflügel überstreichen?

5. Berechne die Fläche eines kreisrunden Spiegels mit 36 cm Durchmesser.

6. Ein Gartencenter bietet Klapptische mit kreisförmiger Tischplatte an. Berechne ihren Flächeninhalt in cm², gib dann in dm² an.
 a) Durchmesser 100 cm   b) Durchmesser 120 cm   c) Durchmesser 115 cm

7. Berechne die Bodenfläche des kreisförmigen Planschbeckens. Gib in cm² und in m² an.
 a) Durchmesser 360 cm   b) Durchmesser 245 cm   c) Durchmesser 185 cm

8. Eine CD hat einen Durchmesser von 12 cm. Berechne ihren Flächeninhalt. Beachte, dass sie ein Innenloch mit einem Durchmesser von 1,5 cm hat.

5 Flächenberechnung

Vermischte Aufgaben

1. Die Räder eines alten Pfluges, der von Ochsen gezogen wurde, haben einen Durchmesser von 52 cm. Berechne den Umfang eines solchen Eisenrades.

2. Jan hat seiner Freundin einen Blumenständer aus Holz gebaut. Die Stellfläche ist rund.
   a) Der Durchmesser der Stellfläche beträgt 35 cm. Berechne die Fläche.
   b) Ringsum hat Jan diese Holzscheibe mit Umleimer beklebt. Wie lang war dieser?
   c) Die Freundin hat ein rundes Deckchen, das ringsum gleichmäßig 10 cm überhängt. Wie groß ist es?

3. Bei vielen Elektroherden gibt es zwei verschiedene Plattengrößen.
   a) Berechne die Fläche der Herdplatten.
   b) Die Herdplatten sind umgeben von einem dünnen Metallring. Wie lang ist dieser bei der jeweiligen Plattengröße?

4. Quadratische Ringermatten gibt es in vier verschiedenen Größen. Berechne für jede
   a) die quadratische Fläche der ganzen Matte;
   b) die Größe der kreisförmigen Kampffläche;
   c) den Prozentanteil der Kampffläche an der ganzen Mattenfläche.

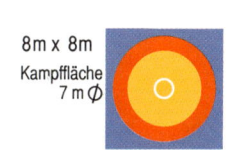

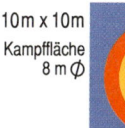

   8m x 8m Kampffläche 7 m ⌀
   10m x 10m Kampffläche 8 m ⌀
   9m x 9m Kampffläche 7 m ⌀ zugelassen für internationale Wettkämpfe
   12m x 12m Kampffläche 9 m ⌀ vorgeschrieben für internationale Wettkämpfe

5. Aus einer quadratischen Platte mit 80 cm Seitenlänge soll eine möglichst große Kreisfläche geschnitten werden. Skizziere und berechne:
   a) die Fläche der Platte;   b) die Kreisfläche;
   c) den Abfall in Prozent der Plattenfläche.

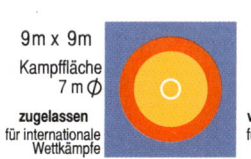

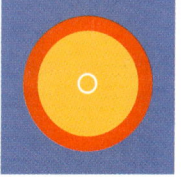

6. a) Ein kreisförmiger Teppich hat 3,20 m Durchmesser. Berechne seinen Flächeninhalt (ganze m²).
   b) Wie viel Prozent des quadratischen Raumes mit der Länge 4,50 m bedeckt er?

7. Auf einem Dorfplatz wurde ein kreisförmiger Brunnen errichtet.
   a) Berechne die Fläche der inneren Öffnung.
   b) Wie groß ist die gesamte Fläche, die vom Brunnen bedeckt wird?
   c) Passend dazu gibt es eine Abdeckung aus Holz, die ringsum 8 cm größer ist als die Brunnenöffnung. Berechne die Fläche.
   d) Diese Abdeckung wird ringsum von einem Flacheisen zusammengehalten. Wie lang ist dieses?

8. Um die Schalung für ein Fenster in Form eines Halbkreises herzustellen, sollen aus rechteckigen Spanplatten die Halbkreisbögen ausgeschnitten werden. Das Fenster soll 1,80 m breit werden.
   a) Wie groß müssen die Spanplatten mindestens sein?
   b) Ein Holzhandel bietet Spanplatten an, die 2,00 m lang und 95 cm hoch sind. Wie viel Prozent Abfall entsteht, wenn daraus die Schalung geschnitten wird?

9. Ein Kreis und ein Quadrat haben beide einen Umfang von 20 cm. Welche Fläche ist größer?

5 Flächenberechnung

10. Miss den Durchmesser und berechne den Umfang. Runde auf eine Nachkommastelle.

11. Die Wurstdose hat einen Durchmesser von 10,2 cm.
a) Berechne die Fläche des Dosenbodens.
b) Berechne die Länge der Falz, das ist der untere Rand der Dose, der als Verbindung zwischen Mantel- und Bodenblech entstand.

12. Bei einer alten Milchkanne ist der Boden durchgerostet. Sein Durchmesser ist 26,5 cm.
a) Wie lang ist die Schweißnaht, die entsteht, wenn ein neuer Boden angeschweißt wird?
b) Berechne die Fläche des neu einzusetzenden Kannenbodens.

13. Das Fenster stammt aus dem 18. Jahrhundert und zeigt den Heiligen Hubertus.
a) Berechne die Fläche der Scheibe.
b) Berechne die Fläche der Maueröffnung.
c) An der inneren Kante des Holzrahmens liegt eine Gummidichtung. Wie lang ist diese?

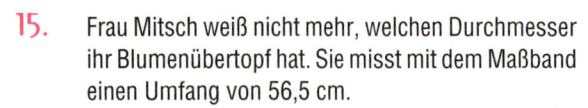

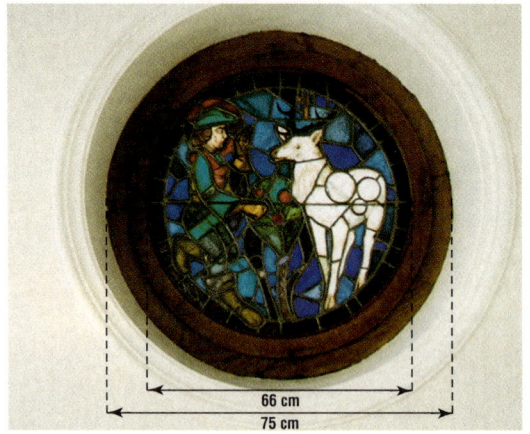

14. Eine kreisrunde Dose hat einen Umfang von 65 cm. Wie groß ist der Durchmesser? Runde auf mm.

15. Frau Mitsch weiß nicht mehr, welchen Durchmesser ihr Blumenübertopf hat. Sie misst mit dem Maßband einen Umfang von 56,5 cm.

16. Der Umfang eines Kreises beträgt 38,5 m. Wie groß ist der Radius, wie groß die Kreisfläche?

17. Ein kreisrundes Speicherfenster hat einen Durchmesser von 45 cm.
a) Welchen Radius hat die Glasscheibe? b) Wie lang ist die umliegende Dichtung?

18. Berechne den Flächeninhalt und den Umfang der gefärbten Fläche.
a) 4,6 cm
b) 3 cm, 3 cm, 3 cm
c) 2,4 cm, 2,4 cm
d) 3,8 cm, 2,5 cm

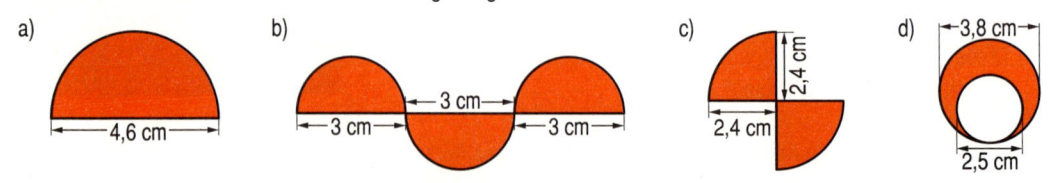

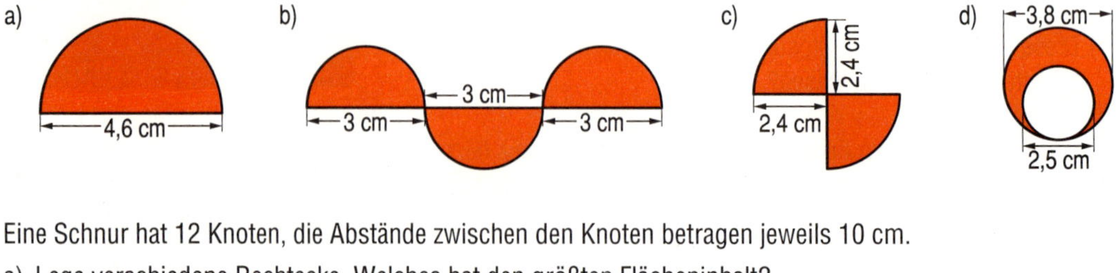

19. Eine Schnur hat 12 Knoten, die Abstände zwischen den Knoten betragen jeweils 10 cm.
a) Lege verschiedene Rechtecke. Welches hat den größten Flächeninhalt?
b) Vergleiche mit dem Flächeninhalt des Kreises, der sich mit der 12-Knoten-Schnur legen lässt.

20. Stell dir vor, die Erde wäre ganz glatt und der Äquator genau 40 000 km lang. Um ihn wird ein Metallring gelegt, der genau 1 m länger ist und überall gleich weit absteht. Könnte eine Maus darunter durchschlüpfen?

Silberschmuck – selbst gemacht

5 Flächenberechnung

Die Schülerinnen und Schüler der Silberschmuck AG stellen kostbare Schmuckstücke selbst her.

1. Ramona entwirft eine Brosche. Sie sägt verschiedene Flächen aus und lötet sie übereinander.
   a) Wie viel cm² Silberblechplatte benötigt sie für die dreieckige Grundfläche und den Halbkreis?
   b) Auf den Halbkreis möchte sie eine runde Goldblechplatte löten. Berechne die Fläche.
   c) Berechne die gesamten Materialkosten.

Werkzeuge:
- Laubsäge (mit geeignetem Sägeblatt)
- Lötgerät (mit Flussmittel und Lot)
- Körner, Reißnadel (für Markierungen auf Metall)
- Pinzette / Zange (zum Halten des Schmuckstücks beim Löten)
- Nadelfeilen

Material:
- Silberplatte
- Goldplatte
- Beizlösung*
- feines Schmirgelpapier (Politur)
- Verschlüsse (zum Anlöten)

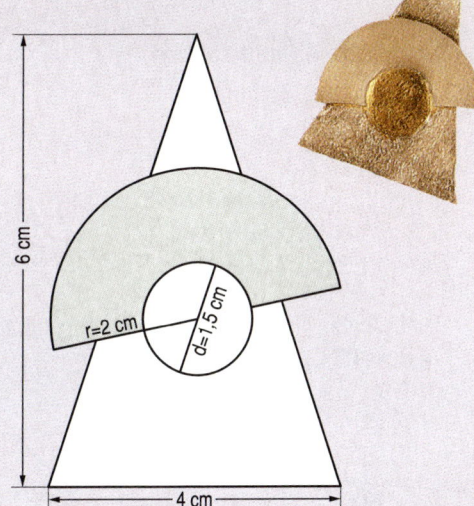

	1 cm² wiegt	1 g kostet
Silberblechplatte	1,023 g	1,10 €
Goldblechplatte	1,082 g	11,— €
Krawattenklammer		5,10 €
Broschennadel		4,20 €

2. Norbert entwirft eine Krawattennadel, die aus einem Parallelogramm und zwei Kreisen besteht. Alle Teile fertigt er aus Silber an. Wie viel cm² Silber benötigt er? Berechne die Gesamtkosten.

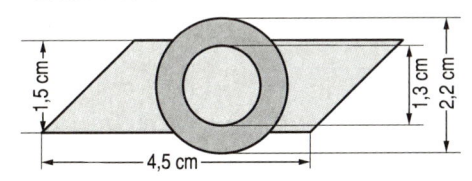

3. Wie viel cm² Silberplatte braucht Erika für ihre Brosche aus Silber? Berechne die Gesamtkosten.

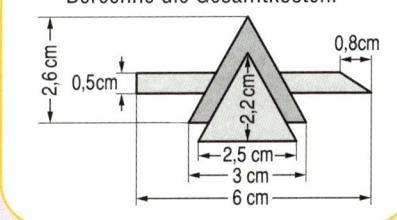

*Nicht vergessen! Generell Silber nach dem Löten in Beizlösung legen, damit es wieder blank wird.

4. Üblicherweise werden vor der Materialverarbeitung Schablonen hergestellt im Maßstab 1:1. Die Schablonen, meist aus dünner Pappe bestehend, werden auf die Silberplatte gelegt und mit einer Reißnadel auf das Edelmetall übertragen.
   a) Zeichne die erforderlichen Schablonen für eine der hier abgebildeten Schmuckstücksskizzen.
   b) Entwirf eine Brosche / Krawattennadel, die aus mindestens drei Flächen besteht: Zeichne die Schablonen (Maßstab 1:1). Gib die nötigen Maße an und berechne, wie viel cm² Edelmetallplatte gebraucht werden.
   c) Berechne, wie viel € dich die Brosche / Krawattennadel kosten würde.

Testen, Üben, Vergleichen
5 Flächenberechnung

1. Berechne den Flächeninhalt und den Umfang des Rechtecks.
   a) a = 8 m, b = 6 m   b) a = 5 m, b = 3,5 m

2. Berechne die Fläche des rechteckigen Balkons.
   a) 5,50 m lang, 2,00 m breit
   b) 4,00 m lang, 3,50 m breit

3. Olivers Vater möchte eine Wand streichen, die 8,00 m lang und 2,50 m hoch ist. Ein Eimer Farbe reicht für 15 m².

4. Berechne den Flächeninhalt und den Umfang des Dreiecks (Maße in mm).
   a) 12, 10, 21, 26
   b) 40, 30, 15, 21
   c) 27, 25, 27, 20
   d) 50, 22, 18, 41

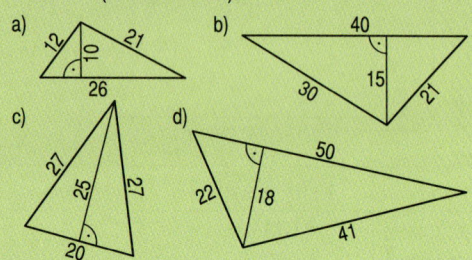

5. Berechne den Flächeninhalt und den Umfang des Parallelogramms (Maße in cm).
   a) 4,2; 3,1; 3,0; 3,1; 4,2
   b) 3,6; 5,5; 3,3; 5,5; 3,6

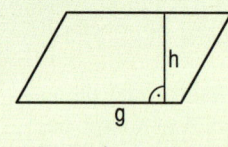

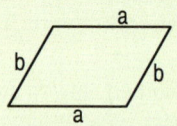

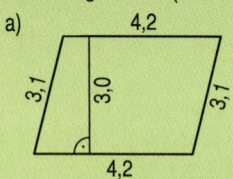

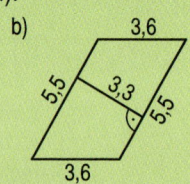

6. Berechne den Flächeninhalt und den Umfang des Trapezes (Maße in cm).
   a) 1,9; 2,1; 2,0; 2,1; 3,1
   b) 3,5; 3,5; 3,0; 3,1; 5,5

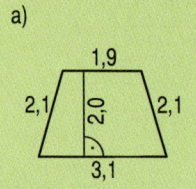

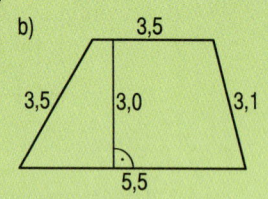

7. Berechne Umfang und Flächeninhalt des Kreises:
   a) Radius: 6,5 m   b) Durchmesser: 14,2 cm

8. Um ein kreisförmiges Beet mit 2 m Radius wird eine Hecke gepflanzt. Wie lang wird sie?

9. Frau Mattern kauft einen kreisförmigen Teppich mit 3,50 m Durchmesser. Der Verkäufer hatte gesagt: „Sehr gute Qualität, 250 000 Knoten pro m²." Wie viele Knoten hat der Teppich?

Flächeninhalt und Umfang des Rechtecks 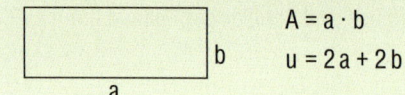
$A = a \cdot b$
$u = 2a + 2b$

Flächeninhalt und Umfang des Quadrats 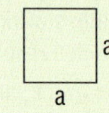
$A = a \cdot a = a^2$
$u = 4a$

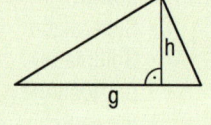

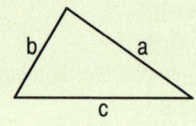

Flächeninhalt und Umfang des Dreiecks
$A = \dfrac{g \cdot h}{2}$
$u = a + b + c$

Flächeninhalt und Umfang des Parallelogramms
$A = g \cdot h$
$u = 2a + 2b$

Flächeninhalt und Umfang des Trapezes 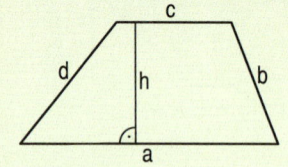
$A = \dfrac{(a + c) \cdot h}{2}$
$u = a + b + c + d$

Flächeninhalt und Umfang des Kreises 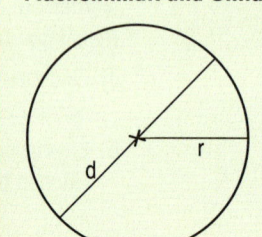
$A = \pi r^2$
$u = \pi d = 2 \pi r$
mit:
$\pi = 3{,}141592 \ldots$

Testen, Üben, Vergleichen
5 Flächenberechnung

1. Berechne den Flächeninhalt, Maße in cm.

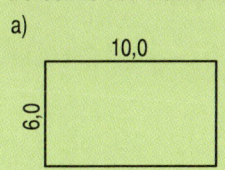

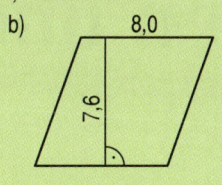

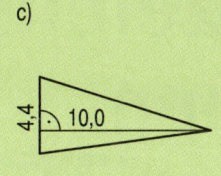

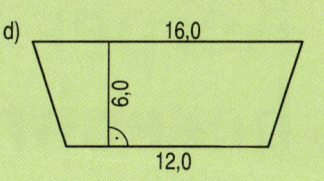

a) 10,0 ; 6,0
b) 8,0 ; 7,6
c) 4,4 ; 10,0
d) 16,0 ; 6,0 ; 12,0

2. Zeichne die Punkte in ein Koordinatensystem (Einheit 1 cm). Verbinde sie. Berechne den Flächeninhalt.

a) A(0|5), B(2,5|5), C(2,5|12), D(0|12)
b) A(1|0), B(4,5|0), C(4,5|3,5), D(1|3,5)
c) A(5,5|1,5), B(10,5|1,5), C(7,5|8,5)
d) A(0|2), B(5,5|2), C(6,5|6), D(1|6)
e) A(5|0,5), B(11,5|0,5), C(11|3,5), D(6,5|3,5)

Weißt du noch, wie man Punkte ins Koordinatenkreuz einträgt?

Natürlich!
1. Zahl: Rechtsachse
2. Zahl: Hochachse

3. Die Schüler der Goethe-Schule haben ihre beiden Schulhöfe ausgemessen und zwei Skizzen angefertigt.

a) Berechne die Fläche der Schulhöfe.
b) Wie viel Platz hat jeder der 386 Schüler dieser Schule?
c) Berechne den Umfang der Schulhöfe?
d) Vermesst auch euren Schulhof, berechnet die Fläche und den Umfang. Hat ein Schüler auf eurem Schulhof mehr Platz als ein Schüler der Goethe-Schule?

Hof 1: 10 m, 8 m, 3 m, 5 m, 2 m
Hof 2: 16 m, 12 m, 3 m, 5 m, 3 m, 9 m, 4 m

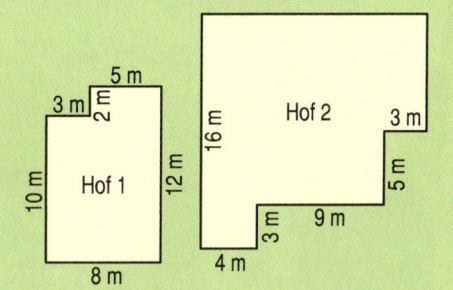

4. Ein Walmdach muss neu gedeckt werden.

a) Berechne die Größe der einzelnen Dachflächen, dann die der gesamten Fläche.
b) Für einen Quadratmeter braucht man 12 Dachziegel. Wie viele Ziegel müssen bestellt werden?
c) Wie teuer sind die Dachziegel, wenn sie 35 € pro m² kosten?

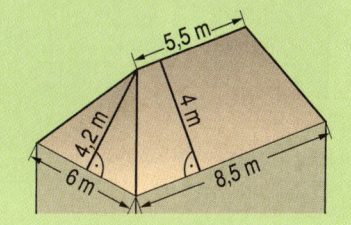

5,5 m ; 4,2 m ; 4 m ; 6 m ; 8,5 m

5. Eine Tisch-Stoppuhr hat ein kreisrundes Zifferblatt mit 15 cm Durchmesser. Berechne seine Fläche.

6. Berechne Umfang und Flächeninhalt a) eines Kreises mit r = 6,5 m; b) eines Kreises mit d = 14,2 cm.

7. Kreisrunde Gläser einer Schweißbrille haben einen Durchmesser von 4,2 cm.

a) Berechne den Umfang.   b) Berechne die Fläche der Gläser, die eingepasst werden.

8. Berechne die Kreisfläche einer Hammerwurf-Anlage mit 2,135 m Durchmesser. Runde auf eine Nachkommastelle.

9.

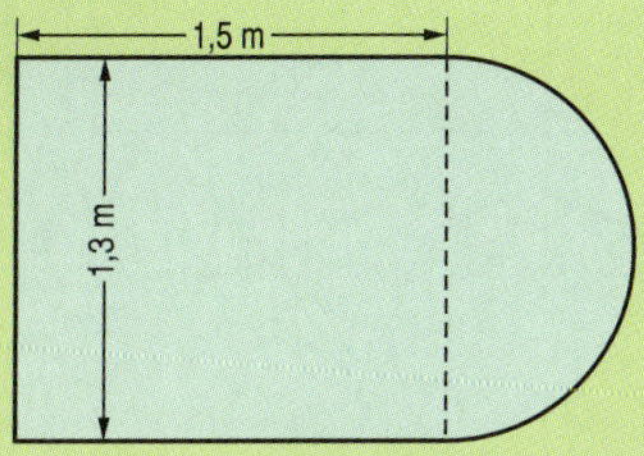

1,5 m ; 1,3 m

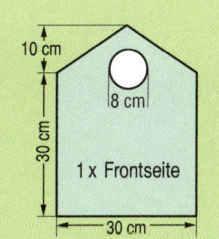

10 cm ; 8 cm ; 30 cm ; 30 cm ; 1 x Frontseite

30 cm ; 30 cm ; 2 x Seitenteil ; 1 x Boden

18 cm ; 30 cm ; 2 x Dachfläche

1 Rückseite wie Frontseite, aber ohne Flugloch.

a) Berechne den Flächeninhalt der Schreibtischplatte. Runde auf 2 Stellen nach dem Komma.
b) Berechne die Holzflächen des Nistkastens. Gib in cm² an.

6 Körper zeichnen und berechnen

Welcher Grundriss passt zu welchem Gebäude?

6 Körper zeichnen und berechnen

Flächeninhalt

Rauminhalt

Ich möchte eine Schachtel aus Pappe herstellen.

Muss ich auf den Flächeninhalt oder auf den Rauminhalt achten?

Der Karton soll mit Geschenkpapier eingepackt werden.

Die Regentonne soll halb voll Wasser sein.

Wie viel geht in den Karton hinein?

Das Luftschiff des Grafen Zeppelin war mit 200 000 m³ Gas gefüllt.

Die Regentonne muss neu gestrichen werden.

Ein Klassenzimmer soll so groß sein, dass jeder Schüler und jede Schülerin 5 m³ Luft hat.

Im Klassenraum für die 8a sollen mindestens 15 Zweier-Tische Platz haben.

6 Körper zeichnen und berechnen

Ein Körper passt nicht dazu!

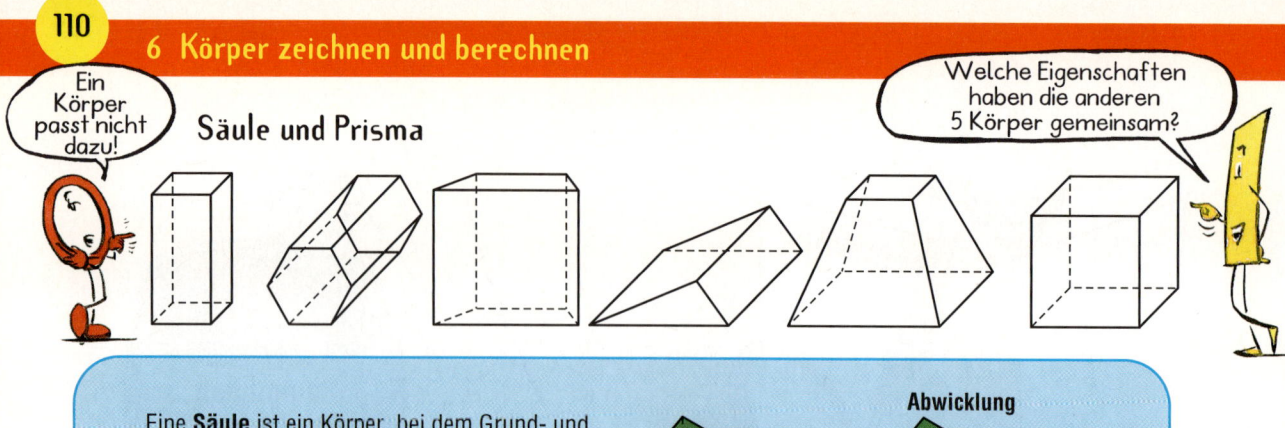

Welche Eigenschaften haben die anderen 5 Körper gemeinsam?

Säule und Prisma

Eine **Säule** ist ein Körper, bei dem Grund- und Deckfläche gleich sind (G).
Die Mantelfläche ist ein Rechteck.
Der Abstand zwischen Grund- und Deckfläche ist die **Körperhöhe** h.
Säulen mit vieleckiger Grundfläche heißen auch **Prismen** (Einzahl: **Prisma**).

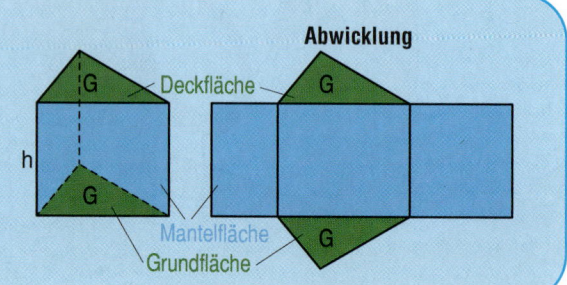

Aufgaben

1. Ist der abgebildete Körper eine Säule? Ist jede Säule auch ein Prisma? Begründe.

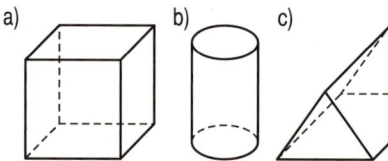

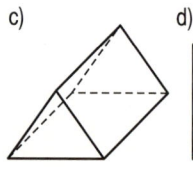

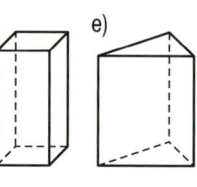

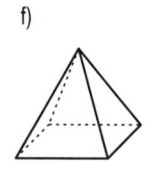

2. a) Bei welchen der abgebildeten Säulen gibt es mehr als ein mögliches Paar Grundfläche/Deckfläche?
   b) Gib jeweils an, aus wie vielen Rechtecken sich die Mantelfläche zusammensetzt.
   c) Skizziere die Abwicklung von Säule (2) und (5).

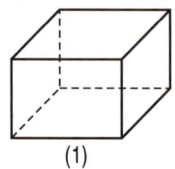

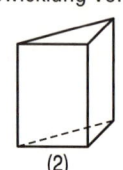

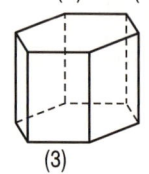

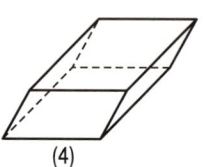

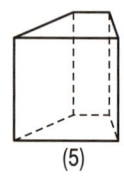

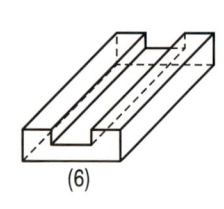

3. Übertrage die Abwicklung, schneide sie aus und falte sie zu einem Prisma.

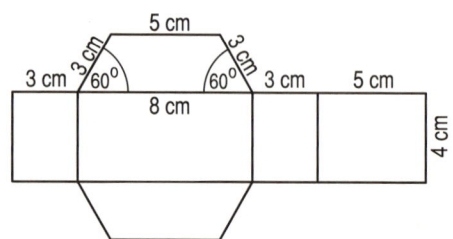

4. Gib die Anzahl der Ecken, Kanten und Flächen des Prismas an.

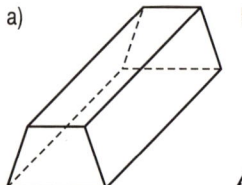

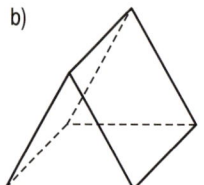

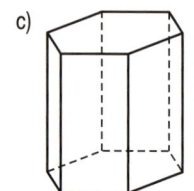

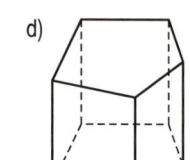

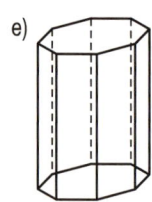

6 Körper zeichnen und berechnen

Schrägbilder

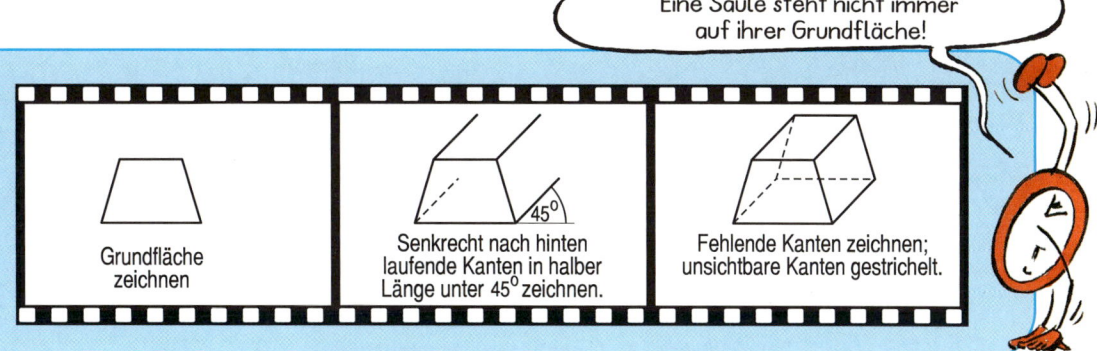

> Eine Säule steht nicht immer auf ihrer Grundfläche!

- Grundfläche zeichnen
- Senkrecht nach hinten laufende Kanten in halber Länge unter 45° zeichnen.
- Fehlende Kanten zeichnen; unsichtbare Kanten gestrichelt.

Aufgaben

1. Die Abbildung zeigt die Schrägbilder eines Würfels und eines Quaders. Zeichne die Schrägbilder mit den angegebenen Maßen in dein Heft.
   Zeichne die rot gefärbten Kanten unter 45° verkürzt auf die Hälfte!

   a = 6 cm

   a = 7 cm, b = 5 cm, c = 4 cm

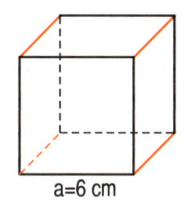

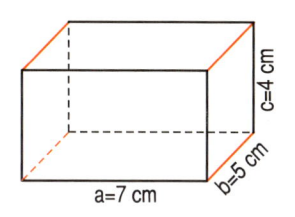

2. Zeichne das Schrägbild des Würfels mit der Kantenlänge a.   a) a = 5 cm   b) a = 4,4 cm   c) a = 6,2 cm

3. Zeichne zwei verschiedene Schrägbilder desselben Quaders mit den Kantenlängen a, b und c, indem du verschiedene Vorderflächen nimmst.

   a) a = 8 cm   b = 6 cm   c = 4 cm   b) a = 4,5 cm   b = 5,5 cm   c = 6,5 cm

4. Für das Prisma ist die Körperhöhe h angegeben. Die Grundfläche ist skizziert.
   Zeichne das Schrägbild der liegenden Säule, bei dem die Grundfläche vorne ist.

Körperhöhe	a) h = 8 cm	b) h = 5 cm	c) h = 7,4 cm
Grundfläche	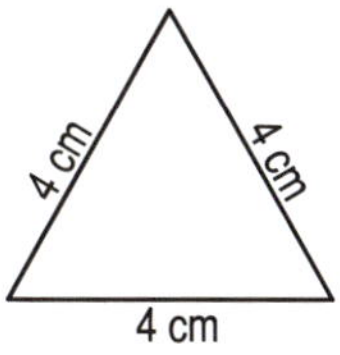 gleichseitiges Dreieck, 4 cm	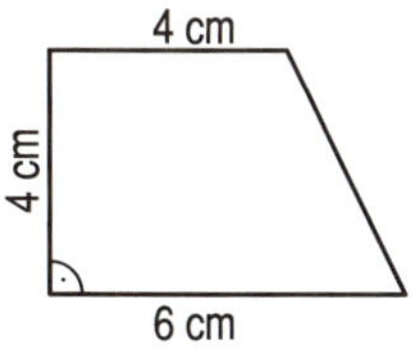 Trapez, 4 cm (oben), 6 cm (unten), 4 cm (Höhe)	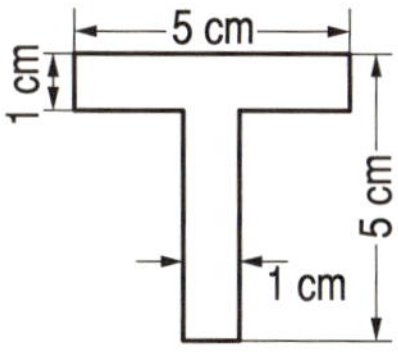 T-Form, 5 cm, 1 cm, 5 cm, 1 cm

5. Zeichne das Viereck ABCD als Grundfläche einer „liegenden" Säule in ein Koordinatensystem.
   Ergänze anschließend zum Schrägbild mit der Körperhöhe h = 8 cm.

   a) A(1|1)   B(5|1)   C(5|4)   D(1|4)   b) A(1|0)   B(6|0)   C(5|3)   D(2|3)

   c) A(0|1)   B(3|1)   C(4|5)   D(1|5)   d) A(1|3)   B(3|0)   C(5|3)   D(3|6)

6. Bei allen Schrägbildern von Würfeln wurden Fehler gemacht. Nenne die Fehler.

   a)   b)   c)   d)   e)   f)

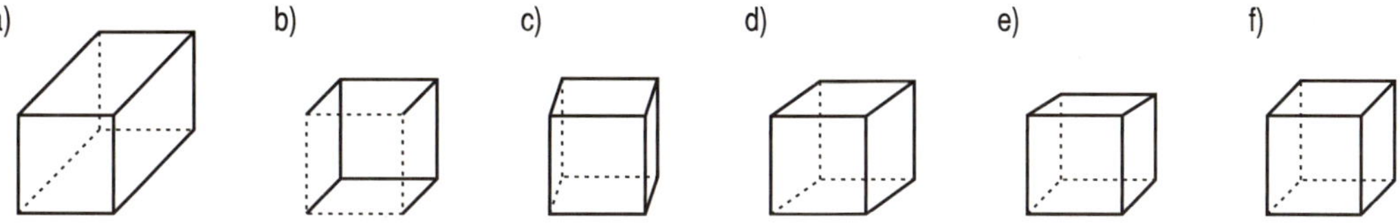

6 Körper zeichnen und berechnen

Oberfläche von Würfel und Quader

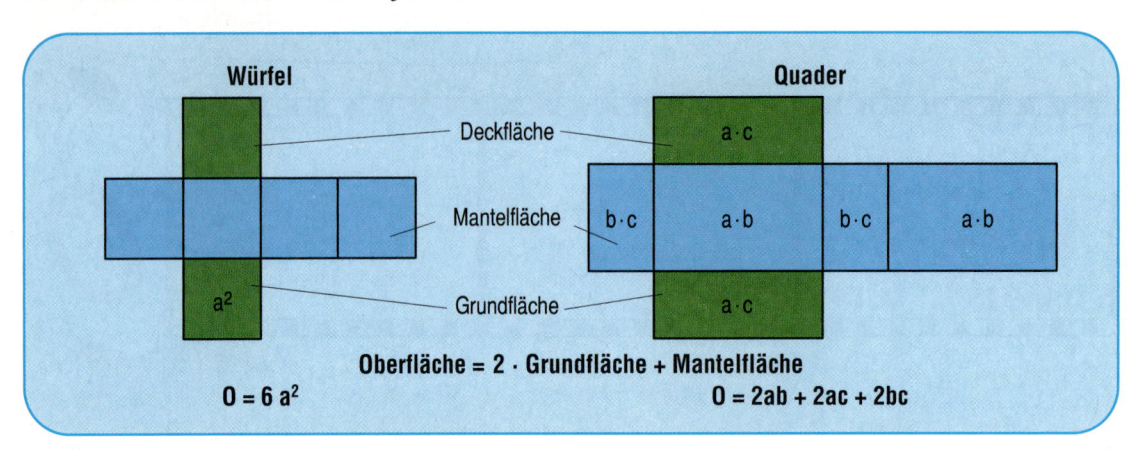

Würfel

- Deckfläche
- Mantelfläche
- Grundfläche
- a^2

$O = 6a^2$

Quader

- $a \cdot c$ (Deckfläche)
- $b \cdot c$, $a \cdot b$, $b \cdot c$, $a \cdot b$ (Mantelfläche)
- $a \cdot c$ (Grundfläche)

Oberfläche = 2 · Grundfläche + Mantelfläche

$O = 2ab + 2ac + 2bc$

Aufgaben

1. Berechne die Oberfläche des Würfels mit der Kantenlänge a.
   a) a = 6 cm b) a = 23 mm c) a = 4,7 cm d) a = 0,8 dm

2. Berechne die Oberfläche des Quaders.
   a) a = 6 cm   b = 5 cm   c = 4 cm   b) a = 3 dm   b = 7 dm   c = 5 dm
   c) a = 2,2 m b = 0,8 m c = 1,5 m   d) a = 230 mm b = 19 cm c = 3 dm

3. Berechne die Oberfläche.
   a) 5 cm × 5 cm × 5 cm
   b) 18 cm × 12 cm × 6 cm
   c) 5,5 cm × 6 cm × 12 cm
   d) 4 m × 22 dm × 350 cm

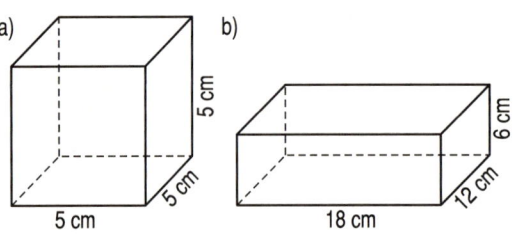

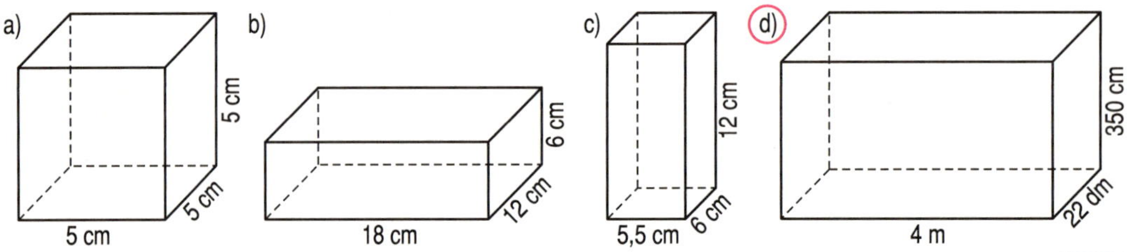

4. Wandle in die angegebenen Maßeinheiten um.

   a) **in cm²**
   280 mm²
   70 mm²
   6 dm²
   1,4 dm²

   b) **in dm²**
   1 200 cm²
   3,4 m²
   0,85 m²
   1 a

   c) **in m²**
   800 dm²
   285 dm²
   4 a
   0,5 ha

   d) **in a**
   250 m²
   8 075 m²
   2,9 ha
   3 km²

   1 km² = 100 ha
   1 ha = 100 a
   1 a   = 100 m²
   1 m² = 100 dm²
   1 dm² = ...

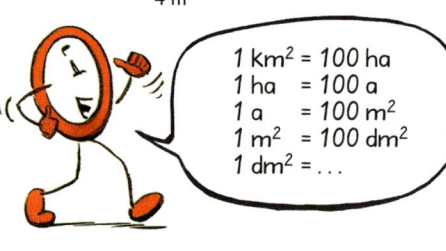

5. Die abgebildete quaderförmige Turnmatte soll neu bezogen werden. Der Handwerker berechnet für den Bezug einen Preis von 41,00 € pro Quadratmeter.

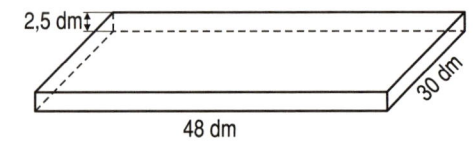

(2,5 dm × 48 dm × 30 dm)

6. Eine Firma stellt quaderförmige Verpackungen aus Karton mit den Maßen 42 cm × 28 cm × 11 cm her.
   a) Wie viel Karton wird für eine einzelne Verpackung benötigt?
   b) Die Firma soll 3 200 Stück herstellen. Wie groß ist der Kartonverbrauch dafür insgesamt?
   c) Im Lager sind noch 1 500 m² Karton vorhanden. Reicht diese Menge aus, wenn 25% für Verschnitt und Klebefalz gerechnet wird?

Oberfläche der Säule

Oberfläche = 2 · Grundfläche + Mantelfläche   **O = 2 · G + M**

M = u · k

u = a + b + c

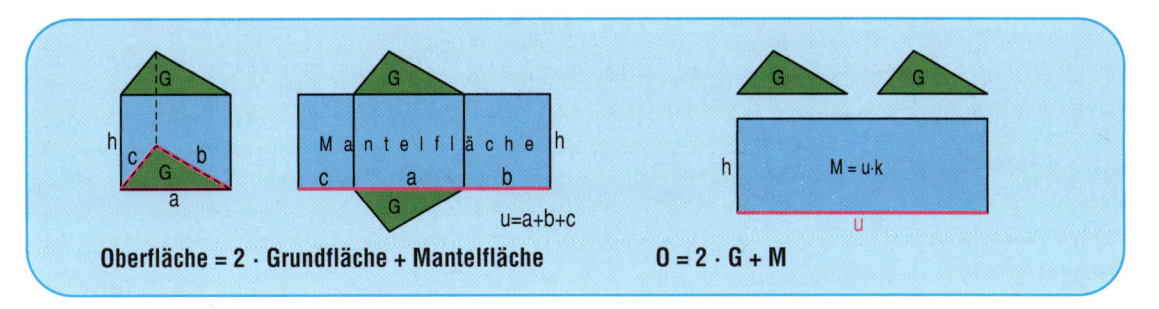

Aufgaben

1. Berechne von dem abgebildeten Prisma nacheinander den Umfang u der Grundfläche, die Mantelfläche M, die Grundfläche G und die Oberfläche O.

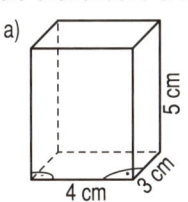

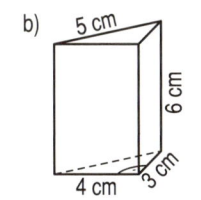

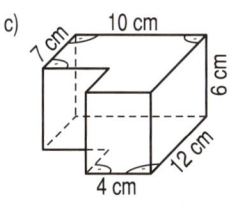

   a) 4 cm, 3 cm, 5 cm

   b) 5 cm, 4 cm, 3 cm, 6 cm

   c) 10 cm, 7 cm, 6 cm, 12 cm, 4 cm

2. Berechne die Mantelfläche und die Oberfläche der Säule.

   a) G = 24 cm²   h = 3 cm   u = 18 cm

   b) G = 12,5 mm²   h = 8,6 mm   u = 1,5 cm

3. Das Prisma hat die Körperhöhe h = 25 cm und die abgebildete Grundfläche (Längen in cm). Berechne die Mantelfläche und die Oberfläche.

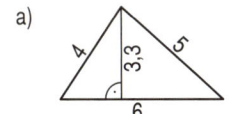

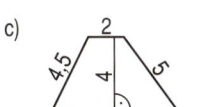

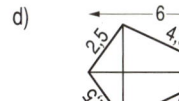

   a) 4, 3,3, 5, 6

   b) 5, 4, 5, 6

   c) 4,5, 2, 4, 5, 7

   d) 6, 2,5, 4,9, 2,5, 4,9, 4

4. Das Schwimmbecken in einem Hotel soll neue Fliesen erhalten. Berechne die zu fliesende Gesamtfläche.

   (10,0 m; 6,0 m; 1,0 m; 10,1 m; 2,0 m)

5. Berechne die Oberfläche des Prismas. Zeichne die Flächen und miss fehlende Längen (Maße in mm).

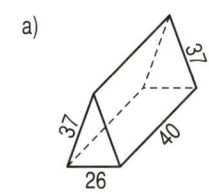

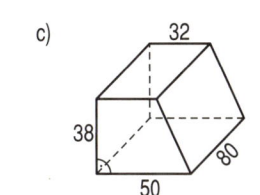

   a) 37, 37, 40, 26

   b) 55°, 20, 40, 80

   c) 32, 38, 50, 80

6. Als Verpackung für Lebkuchen benutzt eine Firma Schachteln, die die Form eines Hauses haben. Berechne den Bedarf an Pappe für eine Schachtel, wenn 15% für Verschnitt und Klebelaschen dazugerechnet werden.

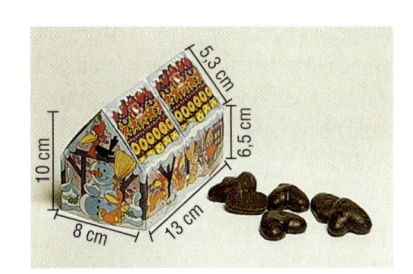

   (5,3 cm; 6,5 cm; 10 cm; 8 cm; 13 cm)

6 Körper zeichnen und berechnen

Volumen (Rauminhalt) von Quader und Würfel

Volumen = Grundfläche · Höhe
V = G · h
Quader: V = a · b · c
Würfel: V = a · a · a = a^3

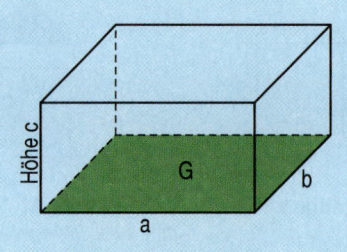

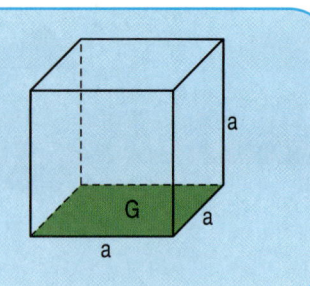

Aufgaben

1. Berechne das Volumen (den Rauminhalt) des Würfels mit der Kantenlänge a.
   a) a = 3 cm b) a = 7 cm c) a = 4 dm d) a = 50 mm e) a = 600 cm

2. Berechne das Volumen (den Rauminhalt) des Quaders.
   a) a = 4 cm   b = 3 cm   c = 10 cm
   b) a = 6 cm   b = 8 cm   c = 5 cm
   c) a = 4,5 cm   b = 4 cm   c = 3,5 cm
   d) a = 45 mm   b = 6 cm   c = 1 dm

3. Die Post bietet Pakete in verschiedenen Größen an. Berechne das Volumen der verschiedenen Postpakete in mm^3. Gib das Volumen auch in cm^3 an.

   Größe SX 225 x 145 x 35
   Größe S   250 x 175 x 100
   Größe M   350 x 250 x 120
   Größe L   400 x 250 x 150
   Größe XL 500 x 300 x 200
   (Angaben in mm)

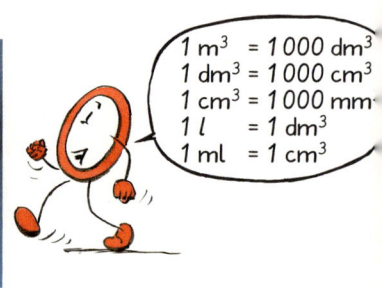

   $1 m^3 = 1000 dm^3$
   $1 dm^3 = 1000 cm^3$
   $1 cm^3 = 1000 mm^3$
   $1 l = 1 dm^3$
   $1 ml = 1 cm^3$

4. In einer Tube sind 75 ml Zahncreme. Sie ist verpackt in einer Schachtel mit den nebenstehenden Maßen. Berechne den Unterschied der Rauminhalte von Verpackung und Zahncreme.
   (5,5 cm; 15 cm; 3,8 cm) 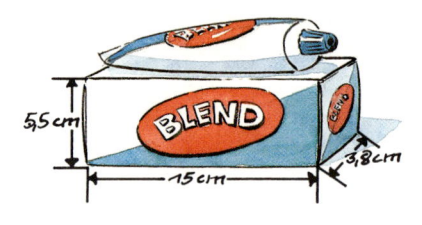

5. Ein quaderförmiges Schwimmbecken hat die folgenden Innenmaße: Länge: 10 m, Breite: 4 m, Höhe: 2 m. Wie viel m^3 Wasser passen in das Becken? Wie viel Liter sind das?

6. Milch und Saft werden häufig in quaderförmigen Verpackungen angeboten. Wie hoch ist die 1-l-Packung mindestens, wenn die Grundfläche 80 cm^2 groß ist?

7. Das Volumen des Würfels ist bekannt. Wie groß ist seine Kantenlänge?
   a) V = 8 cm^3 b) V = 64 cm^3 c) V = 1 000 cm^3 d) V = 512 m^3

8. Wendelin behauptet: „Wenn ich jede Kantenlänge eines Quaders verdopple, dann wird auch das Volumen des neuen Quaders doppelt so groß." Stimmt diese Behauptung? Kontrolliere deine Antwort anhand eines Zahlenbeispiels.

6 Körper zeichnen und berechnen

Volumen (Rauminhalt) des Prismas

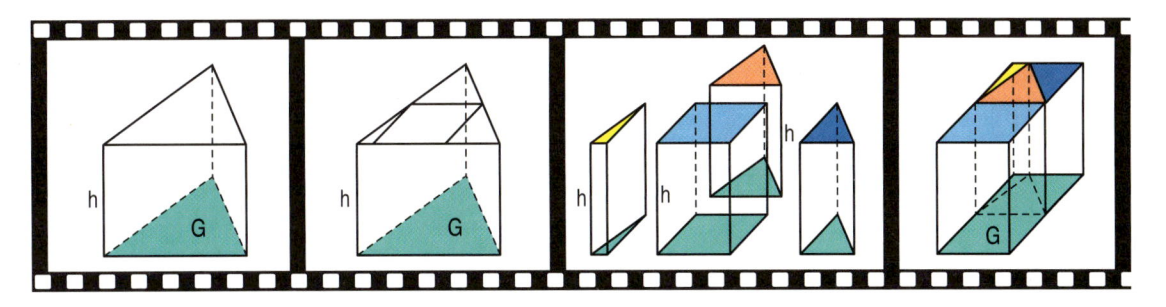

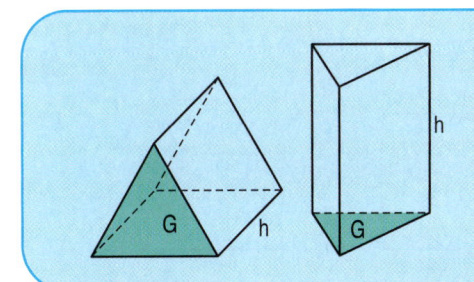

Das Volumen des Prismas wird aus der Grundfläche G und der Körperhöhe h berechnet.
Volumen = Grundfläche · Höhe
$$V = G \cdot h$$

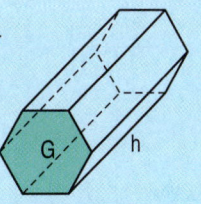

Aufgaben

1. Berechne das Volumen (den Rauminhalt) der Säule.

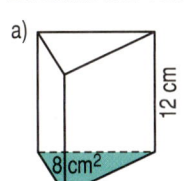

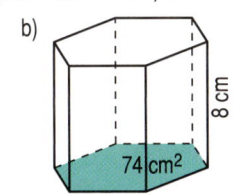

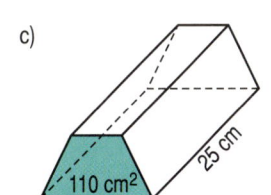

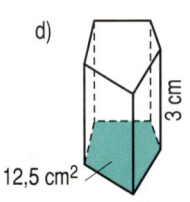

a) 12 cm, 8 cm²   b) 8 cm, 74 cm²   c) 110 cm², 25 cm   d) 3 cm, 12,5 cm²

2. Berechne das Volumen der Säule.
a) G = 24 cm²   h = 6 cm
b) G = 18,6 cm²   h = 2,5 cm
c) G = 2,0 dm²   h = 15 cm

3. Berechne das Volumen des Prismas mit der abgebildeten Grundfläche und der Körperhöhe h = 10 cm.

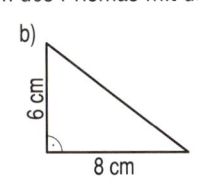

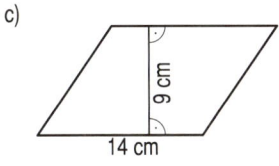

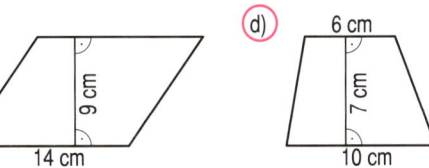

a) 3 cm, 4 cm   b) 6 cm, 8 cm   c) 9 cm, 14 cm   d) 6 cm, 7 cm, 10 cm

4. Berechne das Volumen der abgebildeten Säule.

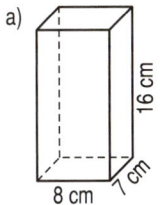

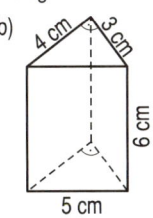

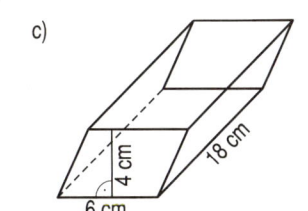

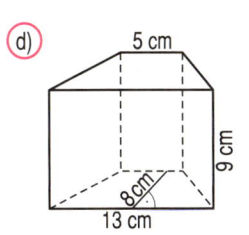

a) 16 cm, 8 cm, 7 cm
b) 4 cm, 3 cm, 6 cm, 5 cm
c) 4 cm, 18 cm, 6 cm
d) 5 cm, 9 cm, 8 cm, 13 cm

6 Körper zeichnen und berechnen

Vermischte Aufgaben

1. Zeichne das Schrägbild der Säule mit der abgebildeten Grundfläche als Vorderfläche.

a) Körperhöhe: h = 4 cm 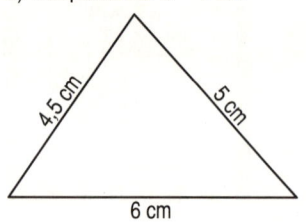
b) Körperhöhe: h = 5 cm 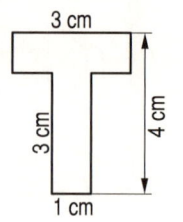
c) Körperhöhe: h = 6,8 cm

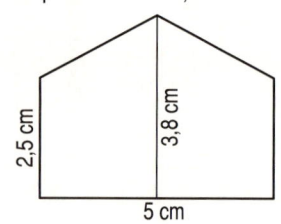

2. Berechne die Oberfläche und den Rauminhalt der Säule.

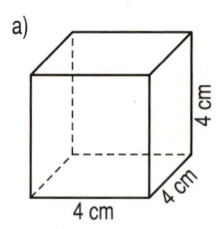

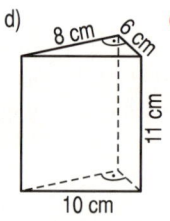

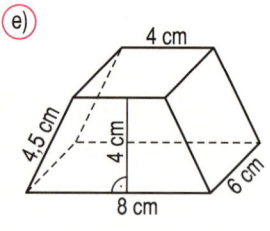

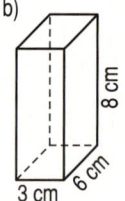

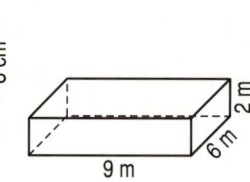

3. Zeichne das Schrägbild (Grundfläche vorn) und berechne die Oberfläche und das Volumen der Säule.

Körperhöhe	a) h = 8 cm	b) h = 5 cm	c) h = 7 cm
Grundfläche	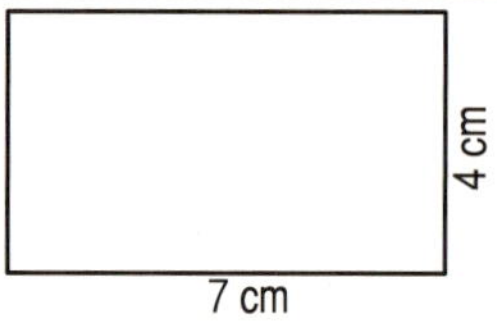 Rechteck 7 cm × 4 cm	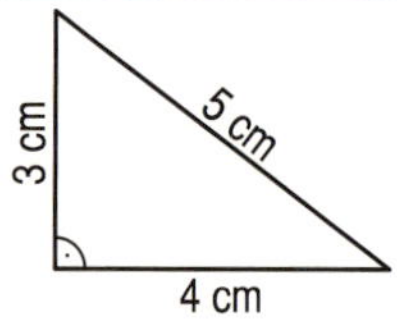 rechtwinkliges Dreieck 3 cm, 4 cm, 5 cm	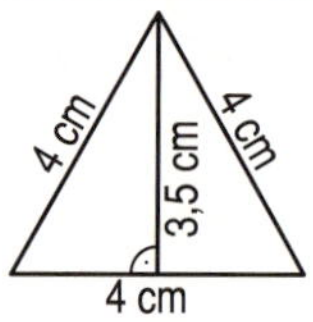 Dreieck Seiten 4 cm, 4 cm, Basis 4 cm, Höhe 3,5 cm

4. Der abgebildete Eisenträger ist 3 m lang. Er soll mit Feuerschutzfarbe gestrichen werden. Wie viel Farbe ist notwendig, wenn pro m² 700 g Farbe benötigt werden? Maße in cm.

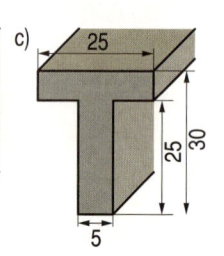

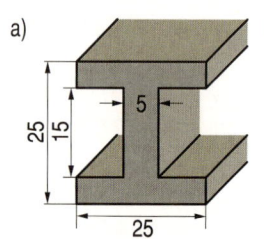

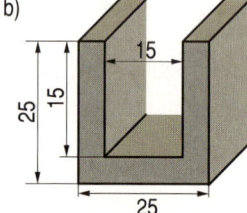

5. Eine Gemeinde plant den Bau eines neuen Schwimmbeckens.

a) Wie viel Quadratmeter Fliesen werden für das Becken benötigt?
b) Wie viel Liter Wasser braucht man für eine Füllung bis zum Beckenrand?

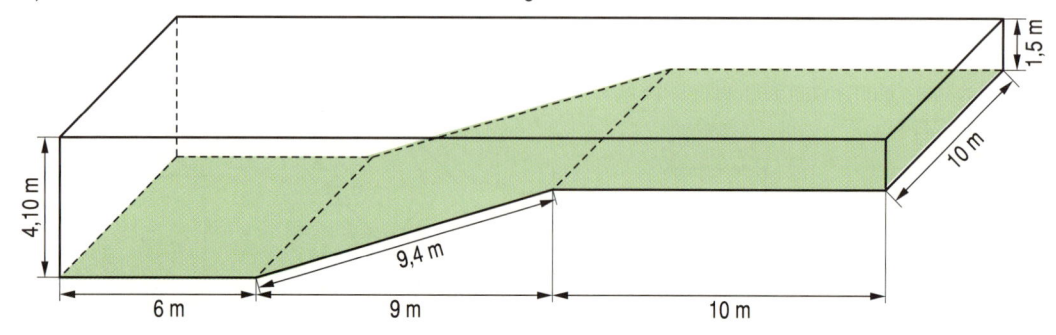

6 Körper zeichnen und berechnen

Massenberechnungen

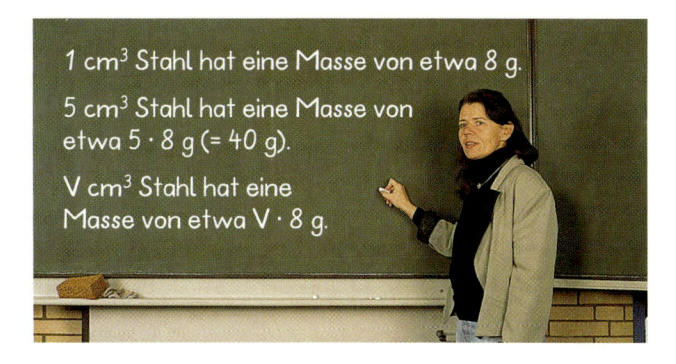

1 cm³ Stahl hat eine Masse von etwa 8 g.

5 cm³ Stahl hat eine Masse von etwa 5 · 8 g (= 40 g).

V cm³ Stahl hat eine Masse von etwa V · 8 g.

Die **Dichte** eines Stoffes gibt an, wie viel Gramm Masse 1 cm³ des Stoffes hat. Die Masse eines Körpers berechnet man so:
Masse = Volumen · Dichte

Dichte einiger Stoffe (in $\frac{g}{cm^3}$):

Aluminium	2,7	Gold	19,3
Blei	11,3	Platin	21,5
Eisen	7,8	Beton	2,2
Baustahl	7,9	Styropor	0,017

Wie schwer sind 20 cm³ Eisen?

V = 20 cm³   Masse = Volumen · Dichte

Dichte: 7,8 $\frac{g}{cm^3}$ m = 20 cm³ · 7,8 $\frac{g}{cm^3}$ = 156 g

Antwort: 20 cm³ Eisen wiegen 156 g.

Aufgaben

1. (1) Berechne die Masse von 10 cm³ des Stoffes: a) Aluminium   b) Gold   c) Baustahl   d) Beton
   (2) Welche Masse hat 1 m³ des Stoffes?   a) Blei   b) Eisen   c) Platin   d) Styropor

2. Gegeben ist das Volumen V und die Dichte eines Körpers. Berechne die Masse.
   a) V = 12 cm³; Dichte: 3,0 $\frac{g}{cm^3}$ b) V = 25 cm³; Dichte: 2,2 $\frac{g}{cm^3}$ c) V = 10 dm³; Dichte: 7,8 $\frac{g}{cm^3}$

3. Ein quaderförmiger Goldbarren hat die Kantenlängen 22 cm, 14 cm und 4 cm.
   Wie schwer ist der Goldbarren? Die Dichte kannst du dem Beispielkasten entnehmen.

4. Holz hat die Dichte 0,7 $\frac{g}{cm^3}$. Wie viel kg wiegt ein Balken mit den Kantenlängen 28 cm, 22 cm und 440 cm?

5. Im Bild ist der Querschnitt eines Eisenträgers mit Maßangaben in cm gegeben. Berechne die Masse des Eisenträgers in kg. Die Dichte beträgt 7,8 g pro cm³.
   a) Länge 50 cm   b) Länge 3 m 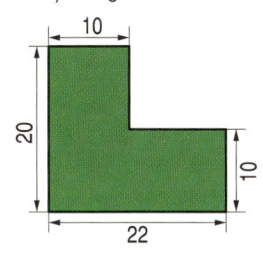   c) Länge 3,5 m 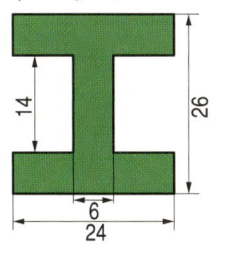   d) Länge 3 m

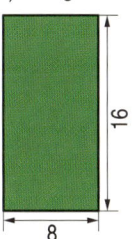

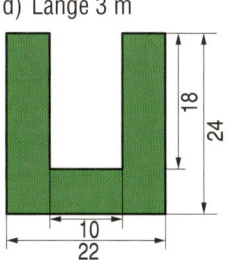

Verpackungen

6 Körper zeichnen und berechnen

VERPACKUNGEN

1. Welche Körperformen haben die Verpackungen?
   Beschreibe die Grundflächen.
   Skizziere die Abwicklungen der abgebildeten Verpackungen.
   Skizziere Schrägbilder der Verpackungen.

2. Denke dir eine eigene Verpackungsform aus und stelle ein Modell aus Karton her. Die folgenden Tipps helfen dir dabei:
   ① Entwurf für Verpackungsform als Schrägbild skizzieren.
   ② Probemodell aus Papier herstellen:
      Abwicklung auf Papier zeichnen
         → Klebelaschen und eventuell Öffnung/Deckel einplanen
         → ausschneiden → zum Körper falten
         → falls notwendig Korrekturen an der Abwicklung vornehmen.
   ③ Modell aus Karton* herstellen:
      Abwicklung und Klebelaschen auf Karton übertragen → ausschneiden
         → falten → zusammenkleben → Oberfläche nach Wunsch gestalten.

* Karton gibt es in verschiedenen Stärken zu kaufen. Empfehlenswert ist hier 160-g- bis 240-g-Karton.

Verpackungen

6 Körper zeichnen und berechnen

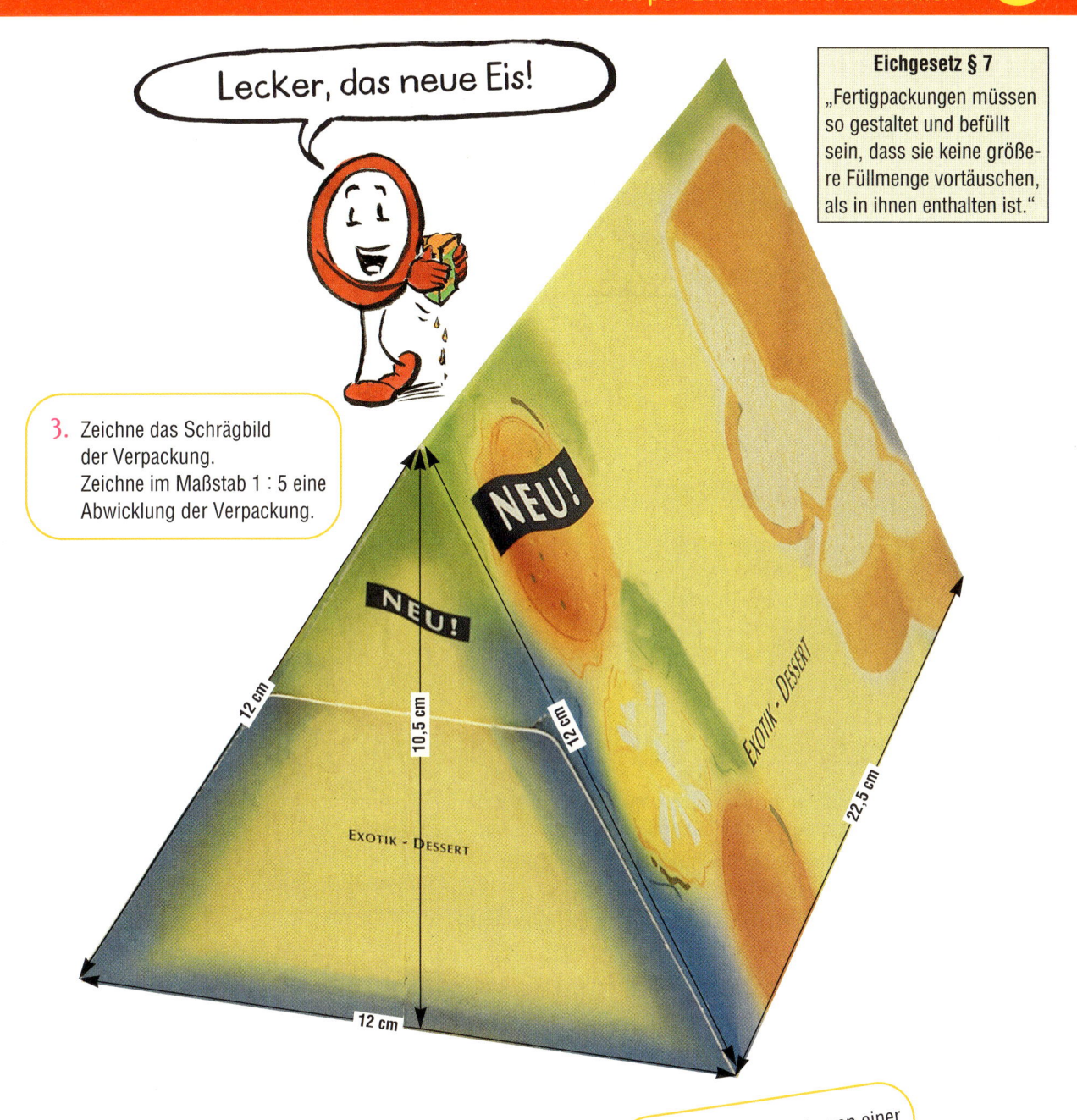

Lecker, das neue Eis!

Eichgesetz § 7
„Fertigpackungen müssen so gestaltet und befüllt sein, dass sie keine größere Füllmenge vortäuschen, als in ihnen enthalten ist."

Maße der Verpackung: 12 cm, 12 cm, 12 cm, 10,5 cm, 22,5 cm

3. Zeichne das Schrägbild der Verpackung.
Zeichne im Maßstab 1 : 5 eine Abwicklung der Verpackung.

4. Berechne den Kartonbedarf in cm² und dm² für die Herstellung einer Verpackung. Für Klebelaschen und Verschnitt werden 20% hinzugerechnet.

5. Eine Verpackungsfirma soll 150 000 Verpackungen herstellen.
Sie berechnet für einen Quadratmeter Verpackungsmaterial 1,10 €. Stelle die Gesamtrechnung auf.

6. Berechne das Volumen einer Verpackung.
Wie viel Prozent des Volumens der Verpackung ist ausgefüllt, wenn 750 ml Eis verpackt wird?
Liegt hier deiner Meinung nach eine „Mogelpackung" vor?
Lies dazu den § 7 Eichgesetz.

Zylinder bauen und zeichnen

6 Körper zeichnen und berechnen

Zylinder bauen und zeichnen

Mein Schrägbild: G als Vorderfläche, h unter 45° und halbiert.

Mein Schrägbild: G als Ellipse!

1. Fertige eine Schrägbildskizze des Zylinders mit d = 6 cm und h = 10 cm an.

2. Forme mit einem DIN-A5-Blatt zwei verschiedene Zylindermäntel.

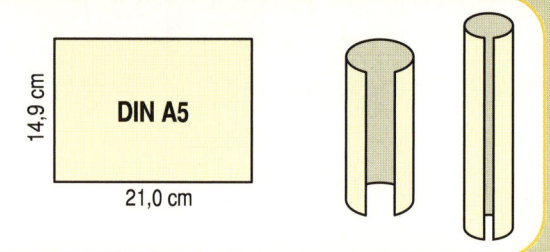

   DIN A5 — 14,9 cm × 21,0 cm

3. Stelle aus Karton oder Papier zum DIN-A5-Mantel die zugehörige kreisförmige Grund- und Deckfläche her.

   a) Berechne den Durchmesser d der Grundfläche durch Gleichsetzen: $21 = \pi \cdot d$

   b) Davon die Hälfte ergibt den Radius der Grundfläche. Zeichne zwei Kreisflächen und schneide sie aus.

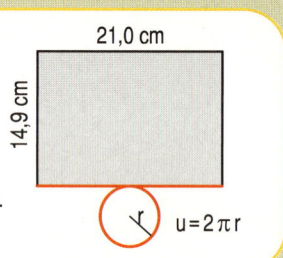

   $u = 2\pi r$

4. Baue das Zylindermodell mit Tesafilm zusammen.

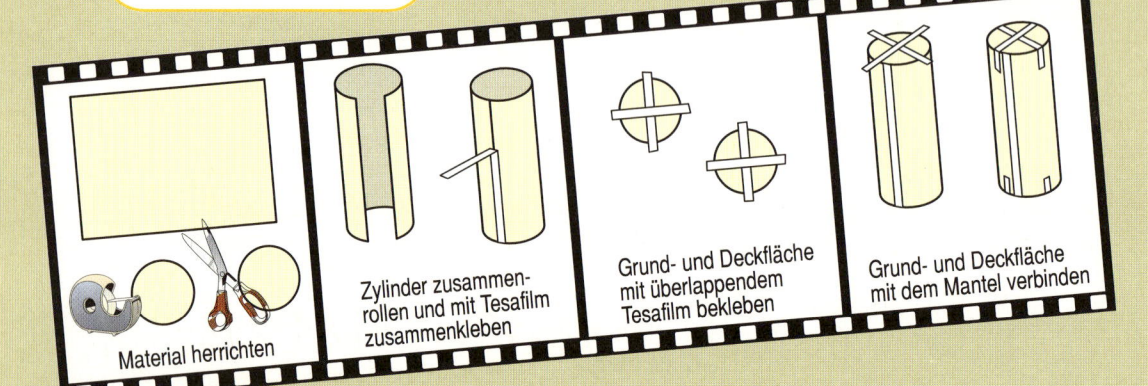

   - Material herrichten
   - Zylinder zusammenrollen und mit Tesafilm zusammenkleben
   - Grund- und Deckfläche mit überlappendem Tesafilm bekleben
   - Grund- und Deckfläche mit dem Mantel verbinden

6 Körper zeichnen und berechnen

Oberfläche des Zylinders

> Das Ölfass soll gestrichen werden. Wie groß ist die Fläche?
>
> Zwei mal Grundfläche weiß ich.
>
> Und der Mantel ist ein Rechteck mit der Breite h und der Länge ...

Ein Zylinder ist eine Säule. Deshalb gilt für die Oberfläche:

O = 2 G + M

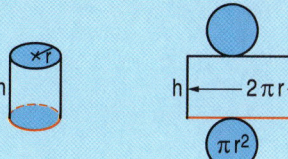

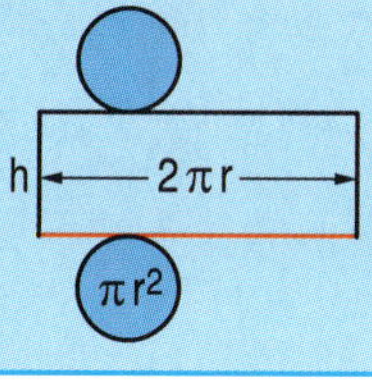

$M = u \cdot h = 2\pi r h$

$O = 2\pi r^2 + 2\pi r h$

Aufgaben

1. Berechne die Mantelfläche des Zylinders, die beiden Grundflächen und die Oberfläche.
   a) r = 5 cm; h = 6 cm   b) r = 4,5 cm; h = 7,0 cm   c) r = 1,7 m; h = 3,2 m   d) d = 0,8 m; h = 0,9 m

2. Berechne die Mantelfläche, dann die Oberfläche des Zylinders.
   a) r = 3,3 cm; h = 4,5 cm   b) r = 6,8 cm; h = 8,0 cm   c) r = 1,9 cm; h = 3,7 cm   d) r = 11 m; h = 13 m
   e) r = 36 mm; h = 4,2 cm   f) d = 7,4 cm; h = 8,3 cm   g) d = 12,8 m; h = 5,5 m   h) r = 1 m; h = 125 cm

3. Berechne die Mantelfläche M und die Oberfläche O des Zylinders.
   a) r = 2,1 cm; h = 3,2 cm
   b) r = 5,8 cm; h = 5 cm (liegend)
   c) d = 48 mm; h = 65 mm
   d) d = 0,65 m; h = 1,10 m

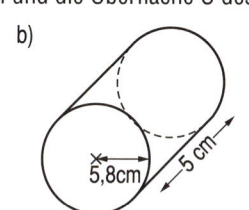

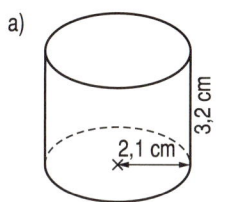

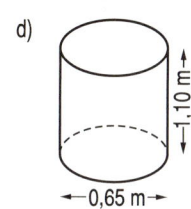

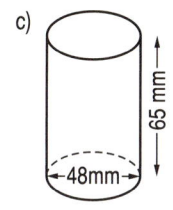

4. a) Berechne den Blechbedarf der Konservendose mit Durchmesser 8,6 cm und Höhe 12,2 cm.
   b) Berechne die Größe der Werbefläche auf einer Litfaßsäule mit einem Durchmesser von 1,3 m und einer Höhe von 2,8 m (ohne Sockel, der auch nicht beklebt wird).
   c) Die Walze einer Straßenbaumaschine ist 2,1 m breit und hat 1,1 m Durchmesser. Welche Fläche überfährt die Walze bei einer Umdrehung?

6 Körper zeichnen und berechnen

Volumen des Zylinders

Von dem Fass soll ich das Volumen berechnen...

Moment mal!

Dieser Quader hat eine gleich große Grundfläche und die gleiche Höhe wie dein Fass.

Aha, man kann das Volumen wie bei anderen Säulen berechnen!

Für das Volumen des Zylinders gilt wie bei allen Säulen:

$V = G \cdot h$

$G = \pi r^2$

$V = \pi r^2 h$

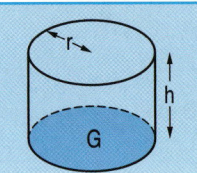

Aufgaben

1. Berechne das Volumen des Zylinders mit der Grundfläche G und der Körperhöhe h.

a) G = 23 cm²; h = 5 cm b) G = 45,8 cm²; h = 7,3 cm c) G = 135,4 cm²; h = 2,5 dm

2. Berechne das Volumen des Zylinders.

a) r = 4 cm; h = 6 cm b) r = 4,9 cm; h = 6,3 cm c) d = 9,0 cm; h = 4,5 cm d) d = 2 m; h = 0,9 m

e) d = 8,2 m; h = 7,7 m f) d = 3,9 cm; h = 2 dm g) r = 2,0 m; h = 85 cm h) r = h = 50 cm

3. Berechne das Volumen des abgebildeten Zylinders.

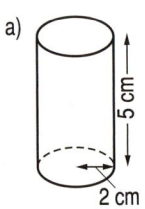

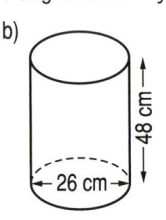

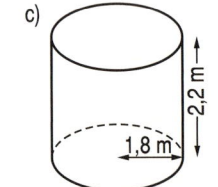

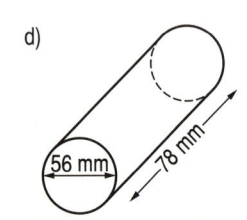

a) h = 5 cm, d = 2 cm
b) h = 48 cm, d = 26 cm
c) h = 2,2 m, d = 1,8 m
d) d = 56 mm, h = 78 mm

4. Ulla und Bernd bestimmen das Volumen einer Getränkedose durch Ausmessen des Umfangs und der Höhe.

a) Berechne den Radius der Dose.

b) Berechne das Volumen der Dose.

c) Der Hersteller der Getränkedose spricht von 0,33 l Doseninhalt. Prüfe, ob diese Aussage stimmen kann.

d) Wie viel m² Blech werden zur Herstellung von 20 000 Getränkedosen benötigt?

(110 mm, 210 mm)

5. Aus einem DIN-A4-Blatt als Mantel können zwei verschiedene Zylinder geformt werden. Haben sie gleiches oder verschiedenes Volumen? Schätze, dann rechne aus.

6 Körper zeichnen und berechnen

Vermischte Aufgaben

1. Berechne das Volumen des zylinderförmigen Gegenstandes.

a) r = 16 mm   h = 4 mm

b) r = 40 cm   h = 90 cm

c) d = 32 cm   h = 13 cm

d) d = 26 mm   h = 2 mm

2. In einem Wohnhaus ist die Warmwasserleitung vom Boiler bis ins Bad 8,2 m lang. Der Innendurchmesser der Leitung beträgt 21 mm. Wie viel Liter Wasser laufen durch die Leitung, bis das erste Wasser aus dem Boiler im Bad ankommt?

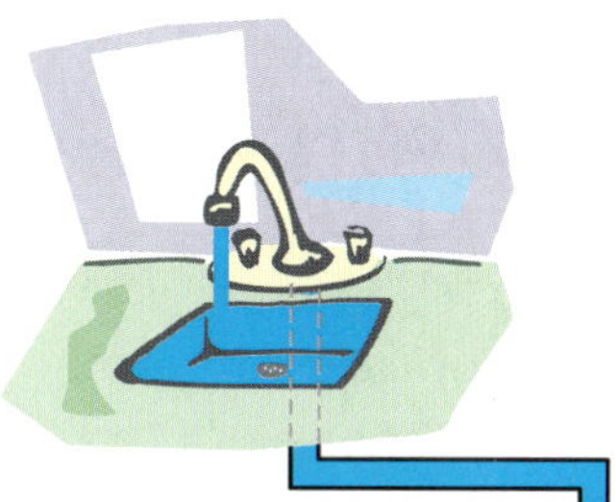

3. Berechne das Volumen eines Kupferdrahtes mit 30 m Länge und 3 mm Durchmesser. Wandle zunächst in eine gemeinsame Einheit um (z. B. in cm).

4. Zeichne die Abwicklung, berechne die Mantel- und Oberfläche des Zylinders.
 a) r = 2 cm; h = 3 cm   b) r = 3 cm; h = 4 cm   c) d = 5 cm; h = 5 cm   d) d = 6 cm; h = 9 cm

5. Berechne den Materialbedarf des zylinderförmigen Gegenstandes in cm².

a) r = 15 cm   h = 18 cm

b) d = 11,5 cm   h = 13,4 cm

c) d = 68 cm   h = 90 cm

d) d = 14 cm   h = 20 cm

6. Berechne den Hubraum für ein Auto mit 4 Zylindern. Der Durchmesser eines Zylinders ist d = 8,2 cm, die vom Kolben im Zylinder durchlaufene Höhe (= Hub) 9 cm.

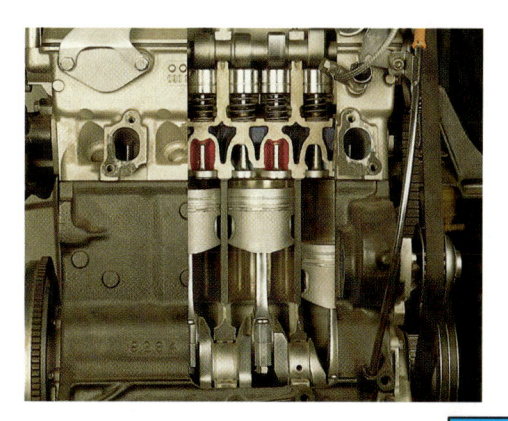

7. Eine Fahrradpumpe hat einen inneren Durchmesser von 2,6 cm und einen Kolbenhub von 28 cm. Wie viel cm³ Luft wird mit jedem Hub gepumpt?

8. a) Berechne die Innenwandfläche eines Getreidesilos mit 18 m Höhe und 7,5 m innerem Durchmesser.
 b) Wie viel m³ Getreide können maximal in dem Silo gelagert werden?

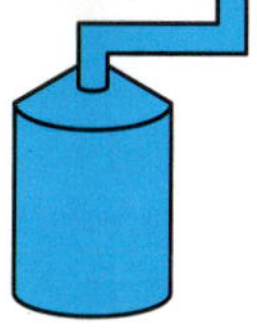

Testen, Üben, Vergleichen
6 Körper zeichnen und berechnen

1. Berechne die Oberfläche und das Volumen des
   a) Würfels mit a = 7 cm
   b) Quaders mit a = 8 cm   b = 6 cm   c = 4 cm

2. Welche der abgebildeten Körper sind Säulen, welche Prismen? Gib Lage und Form der Grundfläche an.
   a)   b)   c)   d)   e)
   f)   g)   h)   i)   j)

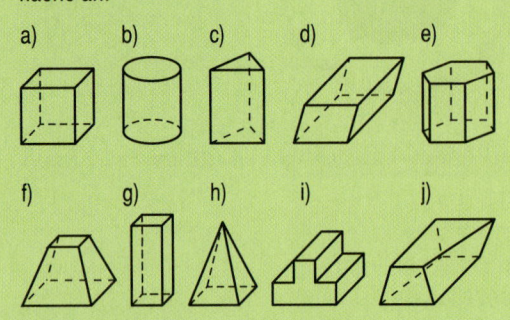

3. Zeichne das Schrägbild des Prismas.
   a) Würfel mit a = 5 cm
   b) Quader mit a = 7 cm,   b = 6 cm,   c = 4 cm
   c) Grundfläche ist ein gleichseitiges Dreieck mit a = 4 cm; Körperhöhe 5 cm

4. Berechne die Oberfläche und das Volumen des Prismas mit der abgebildeten Grundfläche (Körperhöhe 10 cm).
   a) Dreieck: 9 cm, 9 cm, 7,8 cm, Basis 9 cm
   b) Parallelogramm: 7 cm, 6 cm, Höhe 5 cm

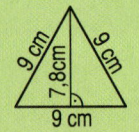

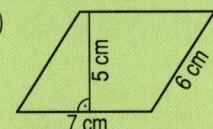

5. Berechne die Oberfläche und Volumen des Prismas.
   a) 5 cm, 4,5 cm, 3 cm, 4 cm
   b) 6 cm, 7 cm, 6,7 cm, 24 cm, 10 cm

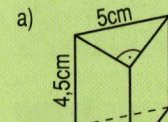

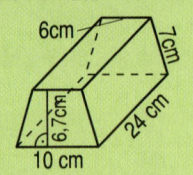

6. Berechne das Volumen des Zylinders
   a) G = 25 cm², h = 6 cm
   b) h = 7 cm, d = 2 cm
   c) 12,5 cm, 6,8 cm

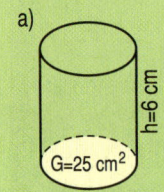

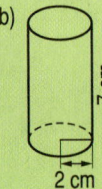

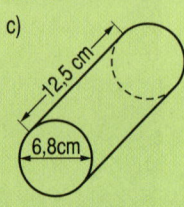

7. Berechne die Mantelfläche M und die Oberfläche O des Zylinders.
   a) r = 3 cm, h = 4 cm
   b) r = 5,5 cm, h = 9 cm

Quader und Würfel

$O = 2ab + 2ac + 2bc$ $O = 6a^2$
$V = a \cdot b \cdot c$ $V = a^3$

Säule

Eine **Säule** ist ein Körper, bei dem Grund- und Deckfläche parallel und deckungsgleich sind.
Die **Mantelfläche** ist ein Rechteck.
Der Abstand zwischen Grund- und Deckfläche ist die **Körperhöhe** h.
Säulen mit vieleckiger Grundfläche heißen **Prismen**.

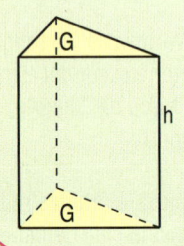

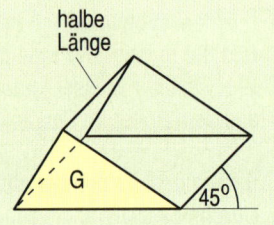

Oberfläche der Säule

Oberfläche = 2 · Grundfläche + Mantelfläche

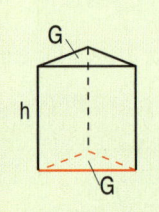

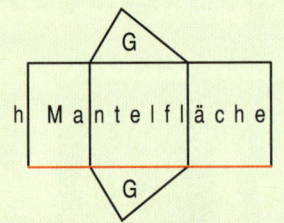

$M = u \cdot h$ $O = 2 \cdot G + M$
$V = G \cdot h$

Zylinder

Volumen
$V = G \cdot h$
$V = \pi r^2 h$

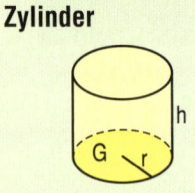

Oberfläche
$O = 2G + M$
$O = 2\pi r^2 + 2\pi rh$
$M = 2\pi rh$

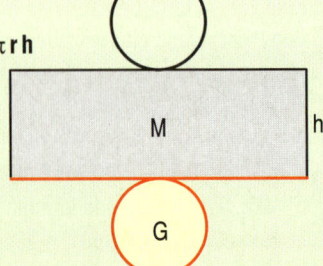

Testen, Üben, Vergleichen
6 Körper zeichnen und berechnen

1. Zeichne die Abwicklung und das Schrägbild des Prismas.
   a) Würfel mit a = 4 cm
   b) Quader mit a = 3 cm   b = 4 cm   c = 2 cm
   c) Grundfläche ist ein gleichseitiges Dreieck mit a = 3 cm. Die Körperhöhe ist 2 cm.

2. Berechne das Volumen des Prismas.

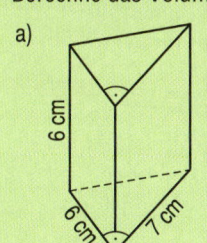

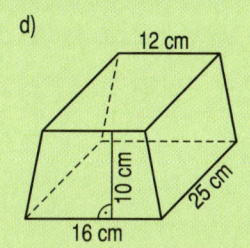

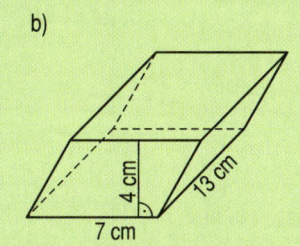

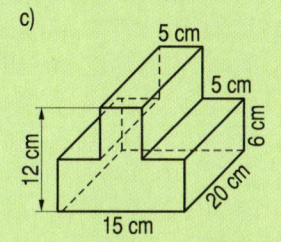

3. Für den Bau eines Einfamilienhauses wird Erde ausgehoben.
   a) Wie viel m³ Erde muss ausgehoben werden?
   b) Wie oft fährt ein Baufahrzeug für den Abtransport, wenn jedes Mal 9 m³ geladen werden können?

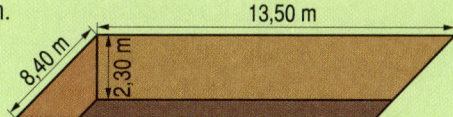

4. Berechne vom abgebildeten Gewächshaus
   a) die Fläche des Fußbodens,
   b) die Wand- und Deckenflächen,
   c) den Gesamtinnenraum.

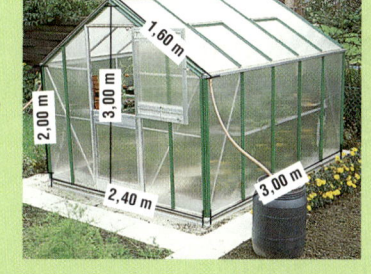

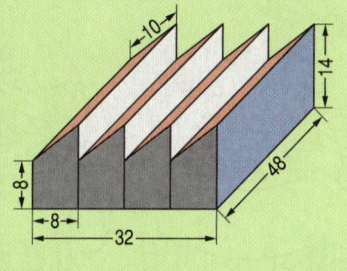

5. Die Skizze zeigt ein Fabrikgebäude. (Angaben in m)
   a) Berechne die Größe der Glasflächen.
   b) Ist die Dachfläche größer oder kleiner als die Glasfläche?
   c) Wie viel m² sind die Seitenflächen groß?
   d) Wie groß ist das Volumen der Fabrik?

6. Berechne das Volumen des Zylinders.

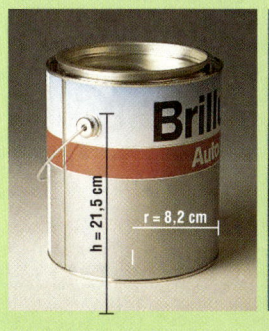

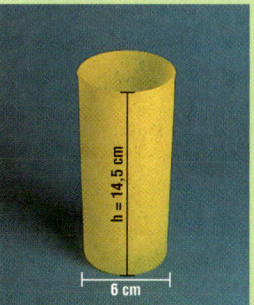

7. Eine Konservendose hat den Radius r = 4,1 cm und die Höhe h = 8,3 cm.
   a) Wie viel cm² Blech benötigt man zur Herstellung der Dose?
   b) Wie groß ist die Fläche des Etikettenbandes?

8. Berechne die Mantelfläche und die Oberfläche des Zylinders.
   a) r = 8 cm; h = 7 cm
   b) r = 7,3 cm; h = 8,8 cm
   c) d = 6,8 m; h = 9 m

7 Stochastik

Deutscher Durchschnitt mit Pfälzer Wohnsitz
Haßloch ist das Dorado der Marktforscher, auch wenn manche Bewohner den Mustermann-Stempel nicht mögen

Von Andrea Neitzel

(Frankf. Rundschau 8. 1. 1997)

Seit die Gesellschaft für Konsum-, Markt- und Absatzforschung (GfK) aus Nürnberg 1986 befand, das pfälzische Dorf Haßloch sei ein perfekter Mikrotestmarkt für neue Produkte des täglichen Bedarfs, werden die 20 000 Einwohner das Etikett der „Mittelmäßigkeit" nicht los. Was den Haßlochern weniger, den Marktforschern dafür umso mehr gefällt. Dass die Haßlocher in ihrer Alters- und Einkommensstruktur statistisch exakt dem bundesdeutschen Durchschnitt entsprechen und sich demnach „typisch deutsch" verhalten, ist die Basis für die modernen „Seher" der GfK, die das Konsumverhalten der Deutschen möglichst präzise vorhersagen wollen. Weitere Zutaten für das Orakel von Haßloch: genügend Supermärkte und Läden, damit d Bewohner alle Waren im Ort kaufen kö nen. In diese platziere man Testproduk von denen die Kunden nichts wiss Dann nehme man willige Bürger, die mit einverstanden sind, dass all ihre F käufe mit einer Plastikkarte erfasst, speichert und ausgewertet werden.

> Jm Durchschnitt hat jeder ein halbes Hähnchen.

Umfrage
Rauchen in der Schule?

☐ Grundsätzlich verbieten

☐ Erlauben für Lehrer
  ☐ im Lehrerzimmer
  ☐ im Extra-Raucherzimmer
  ☐ in den Fluren
  ☐ auf dem ganzen Schulhof
  ☐ in einer Raucherecke des Schulhofs

☐ Erlauben für Schüler (ab 16 J.)
  ☐ im Extra-Raucherzimmer
  ☐ in den Fluren
  ☐ auf dem ganzen Schulhof
  ☐ in einer Raucherecke des Schulhofs

7 Stochastik

Aus einem Wörterbuch:

Chance: Im 19. Jahrh. aus dem Französischen entlehnt, Ursprung ist das lateinische cadere = fallen. „Chance" bedeutet ursprünglich das glückliche Fallen der Würfel.

So waren früher die Punkte auf Würfeln verteilt:

ca. 4000 v. Chr., Irak (ältester bekannter Würfel)

ca. 3000 v. Chr., Pakistan

- Hast du zufällig einen Kugelschreiber dabei?
- Nicht zufällig, sondern absichtlich.
- Sicher ist morgen gutes Wetter.
- Nicht sicher, aber wahrscheinlich.
- Gib bitte den Lottoschein ab, vielleicht hab' ich 6 Richtige.
- Ich erledige das. Du kannst Dich 100% darauf verlassen.
- Die Chancen stehen fünfzig zu fünfzig für Werder.
- Ich wette, Werder schafft es.

7 Stochastik

Daten erfassen und darstellen

Aufgaben

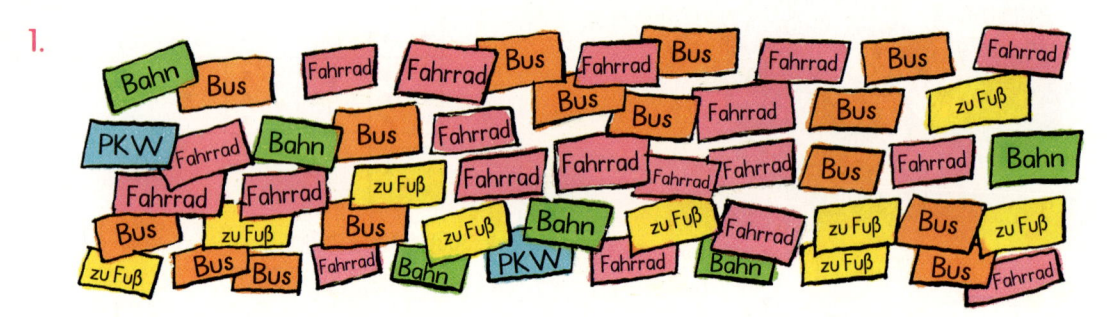

1. Die 8. Klassen der Cantor-Schule haben aufgeschrieben, wie sie den Schulweg zurücklegen.
   a) Fertige eine Strichliste an und bestimme die Häufigkeiten der benutzen Verkehrsmittel.
   b) Stelle die Häufigkeiten in einem Säulendiagramm grafisch dar.

2. Auf jeder der bis zum Jahre 2001 umlaufenden deutschen DM- und Pfennig-Münzen ist der Ort ihrer Prägung durch einen Buchstaben gekennzeichnet. Jugendliche der 7. Klasse haben die zu Hause noch vorhandenen Münzen untersucht.

J	J	D	G	G	J	F	G	A	J	J	F	D	D	A	F	J	A	F	G
F	G	D	J	D	J	G	A	J	J	D	D	J	G	J	J	J	G	D	G	J
A	D	A	A	F	G	J	D	F	G	A	F	J	D	J	G	J	J	J	A
G	G	J	D	G	J	J	D	F	D	G	J	J	J	G	A	J	J	G	A	J
G	D	J	J	G	D	F	D	J	J	J	F	A	D	J	J	G	D	G	A

Berlin	A
Hamburg	J
Karlsruhe	G
München	D
Stuttgart	F

   Bestimme die Häufigkeiten mit einer Strichliste und stelle sie in einem Säulendiagramm dar.

3. Das war in Esthers Gummibärchentüte. Bestimme die Häufigkeiten der Farben (gelb, orange, grün, weiß, rot) mit einer Strichliste und stelle sie grafisch dar.

4.

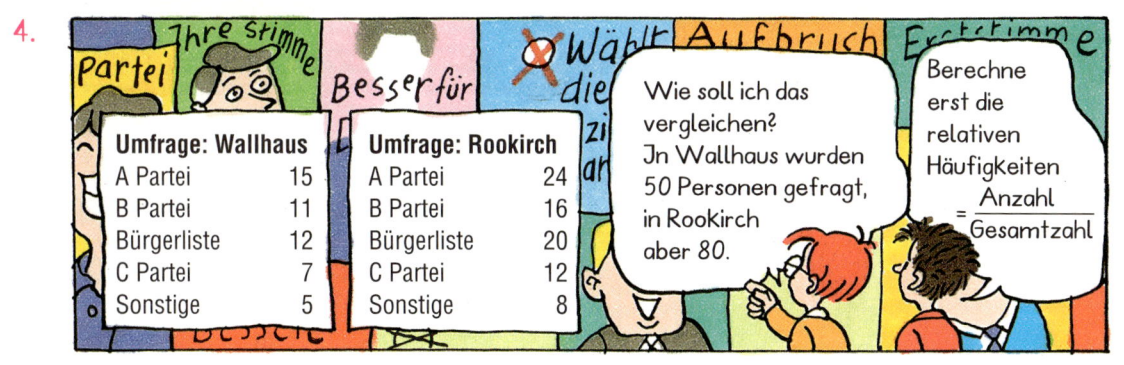

Umfrage: Wallhaus		Umfrage: Rookirch	
A Partei	15	A Partei	24
B Partei	11	B Partei	16
Bürgerliste	12	Bürgerliste	20
C Partei	7	C Partei	12
Sonstige	5	Sonstige	8

Wie soll ich das vergleichen? In Wallhaus wurden 50 Personen gefragt, in Rookirch aber 80.

Berechne erst die relativen Häufigkeiten = $\frac{\text{Anzahl}}{\text{Gesamtzahl}}$

Zwei Wochen vor den Gemeinderatswahlen in Wallhaus und Rookirch wurden in beiden Orten unterschiedlich viele Personen gefragt, welche Partei sie wählen wollen.

a) Berechne für beide Umfragen die relativen Häufigkeiten in Prozent.

b) Stelle die relativen Häufigkeiten in zwei Säulendiagrammen dar und vergleiche.

c) Zeichne zwei Kreisdiagramme für die relativen Häufigkeiten.

5.

Cantor-Schule		Noether-Schule		Riemann-Schule	
schwarz	30	schwarz	12	schwarz	30
blau	56	blau	22	blau	72
rot	40	rot	16	rot	69
grün	30	grün	12	grün	57
gelb	18	gelb	7	gelb	27
weiß	10	weiß	4	weiß	18
sonstige	16	sonstige	7	sonstige	27

An drei Schulen wurden unterschiedlich viele Schülerinnen und Schüler nach ihrer Lieblingsfarbe befragt.

a) Stelle die angegebenen (absoluten) Häufigkeiten in drei Säulendiagrammen dar.

b) Berechne für alle drei Schulen die relativen Häufigkeiten, runde auf ganze Prozent.

c) Stelle die relativen Häufigkeiten in drei Säulendiagrammen dar.

d) Vergleiche: Sind die Umfrageergebnisse in allen drei Schulen ungefähr gleich?

6. Jugendliche von zwei Schulklassen haben untersucht, wo Münzen, die bis zum Jahr 2001 in Umlauf waren, geprägt wurden. Das ist am jeweiligen Buchstaben zu erkennen.

Cantor-Schule: 8a			Euler-Schule: 8b		
Berlin	A	64	Berlin	A	5
Hamburg	J	90	Hamburg	J	18
Karlsruhe	G	30	Karlsruhe	G	27
München	D	10	München	D	31
Stuttgart	F	6	Stuttgart	F	9

a) Berechne die relativen Häufigkeiten, runde auf ganze Prozent und stelle sie in zwei Säulendiagrammen dar.

b) Welche Klasse gehört wahrscheinlich zu einer Schule in Süddeutschland?

7. In zwei Städten wurden die Restaurants nach der Nationalität ihrer Küche und Speisen befragt.

Ahausen		Bekirchen	
chinesisch	9	chinesisch	7
deutsch	18	deutsch	18
griechisch	9	griechisch	10
italienisch	27	italienisch	18
türkisch	14	türkisch	4
US-fast food	4	US-fast food	7
sonstige	9	sonstige	6

a) Berechne für beide Städte die relativen Häufigkeiten, auf ganze Prozent gerundet. Stelle sie in zwei Säulendiagrammen dar.

b) Vergleiche, was ist in beiden Städten gleich, was ist unterschiedlich?

7 Stochastik

Mittelwert

Im Durchschnitt 1,35 m.

Den **Mittelwert** von Größen berechnet man in zwei Schritten:
1. Man addiert alle Größen.   2. Dann dividiert man die Summe durch die Anzahl der Größen.

Fünf Personen in einem Lift wiegen 73 kg, 87 kg, 54 kg, 66 kg, 73 kg. Wie viel wiegt jede im Durchschnitt?

$$\frac{73 + 87 + 54 + 66 + 73}{5} = \frac{353}{5} = 70{,}6 \approx 71$$

Im Durchschnitt wiegt jede Person etwa 71 kg.

Aufgaben

1. Weitsprungtraining. Die zwei mit dem besten Durchschnitt fahren zur Meisterschaft.

a)
Andy	Boris	Chris	Dany
4,62 m	4,73 m	4,30 m	4,95 m
4,89 m	4,19 m	4,91 m	4,39 m
4,91 m	4,65 m	4,55 m	5,02 m
4,17 m	4,73 m	4,25 m	4,14 m
4,09 m	4,83 m	4,27 m	4,45 m

b)
Erni	Flori	Goran	Heini
4,75 m	4,51 m	5,01 m	4,13 m
4,27 m	4,27 m	4,11 m	4,75 m
5,06 m	4,38 m	4,89 m	4,71 m
4,41 m	4,97 m	4,43 m	4,25 m
4,96 m	4,32 m	4,36 m	4,97 m

2. Frau Wolf hat unregelmäßige Einkünfte. Wie viel hat sie durchschnittlich im Monat verdient?

a) von Januar bis Juni   b) von Juli bis Dezember   c) im ganzen Jahr

Januar	Februar	März	April	Mai	Juni
540 €	724 €	645 €	563 €	824 €	715 €
Juli	August	September	Oktober	November	Dezember
774 €	865 €	623 €	568 €	612 €	867 €

3. Viola und Valerie waren auf Radtour. Du siehst die Tageskilometer für jeden Tag. Wie viel Kilometer sind sie durchschnittlich pro Tag gefahren?

47   55   64   58   63   48   72

4. In drei Tagen fuhr Maxi durchschnittlich 75 km pro Tag. Am ersten Tag fuhr er 90 km. Gib zwei mögliche Streckenlängen für den zweiten und dritten Tag an.

Stichproben

Wer ist Deutschlands beliebtester Filmstar?

- Da wird man wohl alle fragen müssen.
- Das sind aber 80 Millionen.
- Ich weiß es, ich habe gestern meine Freunde gefragt!
- Wir fragen alle an unserer Schule.
- Und was ist mit denen an der Berufsschule?
- Und mit den Erwachsenen?
- Ein paar Tausend ist besser.
- Reichen 20 Leute?

> Eine **Stichprobe** ist der Teil aus der Gesamtheit, der befragt oder untersucht wird. Sie ist **repräsentativ,** wenn ihre Ergebnisse auf die Gesamtheit übertragbar sind. Dazu muss sie genügend groß sein und ungefähr so zusammengesetzt sein wie die Gesamtheit.

Aufgaben

1. Das Wort „Stichprobe" stammt aus dem Hüttenwesen. Um die Qualität des geschmolzenen Metalls zu beurteilen, wird eine Probe aus dem Schmelzofen „abgestochen".
   a) Warum kann man nicht den ganzen Inhalt prüfen?
   b) Warum genügt eine Probe zur Beurteilung des Ganzen?

2. Ein Koch möchte prüfen, ob seine Suppe richtig gewürzt ist.
   a) Warum muss er dazu eine „Stichprobe" nehmen?
   b) Was muss er vorher tun, damit sie „repräsentativ" ist?

3. 9 kg Teig und 1 kg Rosinen werden in einem Kessel gemischt. Durch Entnahme von 100 g der Masse soll geprüft werden, ob gleichmäßig durchgemischt ist. Wie viel g Rosinen müssten (etwa) in der Probe sein?

4. Bei einer repräsentativen Untersuchung griffen 750 von 5 000 Testpersonen zum neuen Waschmittel „Colorsoft". Mit wie vielen Käufern bei insgesamt 30 Millionen möglichen Kunden ist etwa zu rechnen?

5. In einer Lostrommel sind 750 Nieten und 250 Gewinne. Welche Stichprobe ist sicher nicht repräsentativ?
   A: Unter 15 gezogenen Losen sind 4 Gewinne.   B: Von 20 Losen sind 16 Nieten.
   C: Von 10 Losen sind 7 Gewinne.   D: Gezogen wurden 9 Gewinne und 31 Nieten.

6. Ein Großhändler erhält eine Lieferung von 1 000 Kisten, jede mit 5 kg Erdbeeren. Er kontrolliert 5 Kisten und findet in ihnen insgesamt 500 g faule Früchte.
   a) Angenommen, diese Stichprobe ist repräsentativ, wie viel kg faule Früchte sind in der gesamten Ladung?
   b) Worauf muss er bei der Auswahl der 5 Kisten achten, damit diese Stichprobe ihn nicht täuscht?

- Chef, wär' es nicht besser ...
- Quatsch, nimm die 5 vordersten!

7 Stochastik

Vermischte Aufgaben

1. Eine Spende von 5 000 € soll unter drei Musikschulen entsprechend ihrem Anteil an der Gesamtzahl von 20 Preisträgern beim letzten Wettbewerb verteilt werden.
   Schule I: 7 Preisträger   Schule II: 5 Preisträger   Schule III: 8 Preisträger
   Wie hoch sind die Anteile an der Gesamtzahl? Wie viel € bekommt jede Schule?

2. In einer Fernsehsendung werden 5 Kurzfilme gezeigt, die von den Zuschauern bewertet werden, die im Studio anwesend sind. Jeder dieser Studio-Zuschauer nennt den Film, der ihm am besten gefallen hat. Entsprechend den Stimmanteilen werden insgesamt 10 000 € Prämie an die Filme verteilt.
   Wie viel € entfallen auf jeden Film?

Film	Anzahl
1	15
2	12
3	57
4	21
5	45

3. Zehn Jungen und Mädchen in einem Mietshaus haben durchschnittlich 15 € wöchentliches Taschengeld. Ein weiteres Mädchen zieht neu ins Haus, sein wöchentliches Taschengeld beträgt (unglaubliche) 180 €.
   Wie hoch ist jetzt das durchschnittliche Taschengeld in diesem Haus?

4. An der Hermann-Löns-Schule sind in allen Klassenstufen gleich viel Jungen und Mädchen. Die Klassen 5 – 6 bestehen aus 160 Kindern, die Klassen 7 – 8 aus 120 Jungen und Mädchen und die Klassen 9 – 10 aus 120 Jugendlichen.
   Wie müsste eine 20-köpfige Stichprobe zusammengesetzt sein, die in Geschlecht und Alter repräsentativ für die Schule ist?

5. Die Wilhelm-Busch-Schule mit insgesamt 600 Schülerinnen und Schülern entsendet eine repräsentativ ausgewählte 20-köpfige Schülerdelegation, in ihr sind 5 ausländische Jungen und Mädchen. Wie viele ausländische Schülerinnen und Schüler sind insgesamt (etwa) an der Schule?

6. In einem Teich werden 200 Fische gefangen, markiert und wieder in den Teich gesetzt. Ein paar Tage danach entnimmt man dem Teich eine Stichprobe von 50 Fischen, unter ihnen sind 5 markierte.
   a) Angenommen, diese Stichprobe ist repräsentativ. Wie viele Fische sind dann insgesamt im Teich?
   b) Warum muss man auf jeden Fall ein paar Tage warten, bis man die Stichprobe fängt?

7. „Wie viel € wöchentliches Taschengeld hast du?", wurden die 80 Schülerinnen und Schüler der 7. Klassen der Wilhelm-Busch-Schule gefragt.
   a) Wie hoch ist das durchschnittliche Taschengeld?
   b) Angenommen, diese Jugendlichen seien repräsentativ für alle 5 000 Jungen und Mädchen dieses Alters in derselben Stadt. Über wie viel Taschengeld verfügen sie alle zusammen?

5 €	I
10 €	IIII IIII IIII II
15 €	IIII IIII IIII IIII IIII II
20 €	IIII IIII IIII IIII I
25 €	IIII IIII II
30 €	II

8. Von 13 Telefongesprächen hat Raja die Anzahl der Einheiten notiert. Angenommen, sie sind repräsentativ für seine insgesamt 200 Gespräche. Wie viele Einheiten hat er dann insgesamt (etwa) telefoniert?

   1, 65, 2, 5, 18, 1, 1, 83, 34, 2, 79, 2, 97

7 Stochastik

Relative Häufigkeit

Klasse 8a: Wir sind die besten! — 32 Kinder, 8 Siegerpokale

Klasse 8b: Ihr seid ja auch mehr! — 25 Kinder, 6 Siegerpokale

Klasse 8c: Nein, wir sind die besten! — 18 Kinder, 6 Siegerpokale

Anzahlen oder Anteile vergleichen?

Absolute Häufigkeit ist eine Anzahl, **relative Häufigkeit** ist ein Anteil (Bruch oder Prozentsatz).

Beispiel: Siegerurkunden in der Klasse 6a

relative Häufigkeit = $\frac{\text{absolute Häufigkeit}}{\text{Gesamtzahl}}$ relative H. = $\frac{8 \text{ (absolute H.)}}{32 \text{ (Gesamtzahl)}} = \frac{1}{4} = 0{,}25 = 25\,\%$

Die Leibniz-Schule hat 500 Kinder, davon 300 Mädchen. Die Gauß-Schule hat 400 Kinder, davon 280 Mädchen. Welche Schule hat mehr Mädchen?

	Leibniz-Schule	Gauß-Schule
Gesamtzahl (Kinder)	500	400
absolute H. (Mädchen)	300	280
relative H. oder Anteil	$\frac{300}{500} = \frac{3}{5} = 0{,}6 = 60\,\%$	$\frac{280}{400} = \frac{7}{10} = 0{,}7 = 70\,\%$

Absolut hat die Leibniz-Schule mehr Mädchen, nämlich 300 statt 280.

Relativ hat die Gauß-Schule mit 70 % einen höheren Anteil Mädchen als die Leibniz-Schule mit 60 %.

Aufgaben

1. Die Klasse 8a besteht aus 30 Kindern, davon 18 Jungen. Die Klasse 8b besteht aus 20 Kindern, davon 14 Jungen. Bestimme und vergleiche die relativen Häufigkeiten von Jungen.

2. In A-Dorf sind von 1 200 Einwohnern 240 Kinder unter 14 Jahren, in B-Dorf sind es 480 Kinder von insgesamt 1 600 Einwohnern. Bestimme und vergleiche die relativen Häufigkeiten von Kindern in beiden Dörfern.

3. Zwei Tests hat Eva im letzten Halbjahr geschrieben. Im ersten erreichte sie 40 von 50 möglichen Punkten, im zweiten 45 von 60 Punkten. Welches Ergebnis war besser?

4. Die Klasse 8a besteht aus 30 Kindern. Bei der Klassensprecherwahl erhielt Esther $\frac{4}{5}$ aller Stimmen. Wie viele Stimmen waren es?

5. An der Gauß-Schule mit insgesamt 400 Kindern sind $\frac{2}{5}$ der Kinder Fahrschüler. Wie viele sind es?

6. Bei einer Kontrolle hatten 8 von 40 Fahrrädern Defekte an Bremsen und Beleuchtung. Wie viele wären es bei gleicher relativer Häufigkeit, wenn 100 Räder kontrolliert würden?

7. Vergleiche Karins Testergebnisse. Berechne dazu die relativen Anteile erreichter Punkte.

	Biologie	Englisch	Erdkunde	Mathematik
mögliche Punkte	70	60	30	90
erreichte Punkte	46	38	22	75

$46 : 70 = 0{,}657\ldots$

$\frac{46}{70} \approx 0{,}66$

$= \frac{66}{100}$

$= 66\,\%$

Auf Hundertstel runden.

8. Aaron, Beate und Carmen haben in verschiedenen Klassen Tests geschrieben. Aaron erreichte 63 von 80 Punkten, Beate 19 von 30, Carmen 37 von 50. Wer hat das relativ beste, wer das relativ schlechteste Ergebnis?

9. Nachmittags im Fernsehen: Uwe sieht 80 Minuten lang Western-TV, davon sind 17 Minuten Werbung. Annika sieht 50 Minuten lang Sport-TV, davon sind 9 Minuten Werbung.

a) Wer von beiden sieht absolut mehr Werbung?   b) Wer von beiden sieht relativ mehr Werbung?

10. In der Arndt-Schule kommen 58 von 90 Sechstklässlern mit dem Bus zur Schule, in der Brahms-Schule sind es 37 von 70. Vergleiche.

11. Fahrradkontrollen: Bestimme die relativen Häufigkeiten defekter Räder in Prozent. Runde auf ganze Prozent und ordne die Ergebnisse.

Schule	A	B	C	D	E	F	G	H
Anzahl kontrolliert	40	70	50	90	30	50	60	40
Anzahl defekt	19	28	12	36	23	29	19	29

12. Anna, Bernd und Conny spielen im Tischtennisverein. In der vergangenen Saison hat Anna 27 von 50 Spielen gewonnen, Bernd 14 von 60, Conny 23 von 30. Vergleiche.

13. Raja trainiert wöchentlich Elfmeterschießen. Bestimme die relativen Häufigkeiten erzielter Tore (gerundet auf Zehntel) und stelle sie grafisch dar.

Woche	1.	2.	3.	4.	5.	6.	7.	8.
Versuche	30	20	40	50	30	40	30	40
Tore	22	14	32	38	17	29	26	35

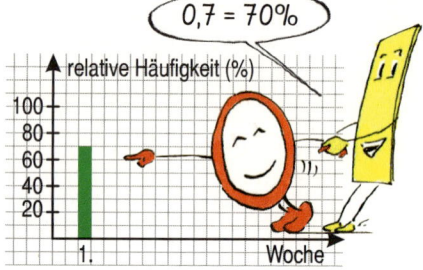

$0{,}7 = 70\,\%$

14. Pia trainiert Freiwürfe beim Basketball. Bestimme die relativen Häufigkeiten erzielter Treffer (gerundet auf ganze Prozent) und stelle sie grafisch dar.

Woche	1.	2.	3.	4.	5.	6.	7.	8.	9.	10.
Anzahl Würfe	70	60	80	90	50	60	80	70	90	60
Anzahl Treffer	36	48	60	48	27	23	55	46	73	51

15. Familienfest bei Meiers:
Jede Person mag entweder nur Reis oder nur Nudeln oder nur Kartoffeln als Beilage. Der Anteil der Nudelesser ist doppelt so groß wie der der Reisesser, beide zusammen sind gleich dem Anteil der Kartoffelesser. Würde eine Person von Kartoffeln zu Reis wechseln, wäre die Anzahl der Kartoffelesser doppelt so groß wie die der Reisesser. Wie viele Personen sind es?

7 Stochastik

Glück und Zufall

> Wir losen, wer putzt. Ich werfe die Münze.
>
> Ich nehme „Zahl".
>
> Wir losen, wer abwäscht. Ich werfe den Würfel.
>
> Ich nehme die Sechs.
>
> Wir losen, wer aufräumt. Ich drehe das Glücksrad.
>
> Ich nehme 0 bis 5.

Bei einem Zufallsversuch mit gleichwahrscheinlichen Ausfällen ist p die **Wahrscheinlichkeit** eines Ereignisses.

$$p \text{ (Ereignis)} = \frac{\text{Anzahl der günstigen Ausfälle}}{\text{Anzahl aller möglichen Ausfälle}}$$

Beim Würfeln mit einem fairen Würfel sind sechs Ausfälle (Augenzahlen) möglich. Zwei davon sind günstig für das Ereignis „5 oder 6".

Wahrscheinlichkeit für 5 oder 6:

$$p \text{ (5 oder 6)} = \frac{2}{6} = \frac{1}{3} \approx 0{,}33 = 33\%$$

Aufgaben

1. Bestimme für einen fairen Würfel die Wahrscheinlichkeit.
   a) p (1 bis 3) b) p (gerade Zahl) c) p (keine 6) d) p (weder 1 noch 6)

2. Das Glücksrad mit den Ziffern 0 bis 9 wird gedreht. Bestimme die Wahrscheinlichkeit.
   a) p (3 bis 7) b) p (ungerade Zahl) c) p (keine 0) d) p (Teiler von 12)
   e) p (Primzahl) f) p (keine Primzahl) g) p (höchstens 3) h) p (mindestens 3)

3. In einer Klasse mit 24 Schülerinnen und Schülern gibt jeder einen Zettel mit seinem Namen in eine Kiste. Es wird gemischt und dann ein Zettel gezogen. Mit welcher Wahrscheinlichkeit ist es der Name
   a) von einem der 16 Mädchen b) von einem der 6 ausländischen Jungen und Mädchen?

4. Gut mischen und dann eine Kugel ziehen, mit welcher Wahrscheinlichkeit ist es eine weiße?

5. a) Wie viele Flächen eines Würfels sind rot zu färben, damit die Wahrscheinlichkeit für das Ereignis „rot" $p \text{ (rot)} = \frac{2}{3}$ ist?
   b) Kann man den Würfel auch so färben, dass die Wahrscheinlichkeit $p \text{ (rot)} = \frac{1}{4}$ ist?

Die Würfel fallen

7 Stochastik

Die Würfel fallen

Arne

5	5	6	3	5	3	3	6	1	3
3	2	6	5	4	1	5	1	2	4
1	2	2	4	5	6	2	1	2	1
4	3	5	6	6	5	1	6	3	2
3	2	3	2	5	6	6	6	1	2
2	5	6	4	2	6	4	5	4	2

Birgit

5	5	3	6	4	3	4	1	1	1
6	2	3	6	4	5	2	1	5	2
4	3	2	6	3	6	3	1	4	2
5	3	5	1	6	6	6	1	4	4
6	5	2	1	1	2	3	1	5	6
5	1	6	5	4	4	2	4	2	2

Chris

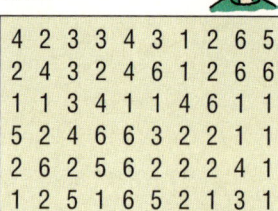

4	2	3	4	3	1	2	6	5
2	4	3	2	4	6	1	2	6	6
1	1	3	4	1	1	4	6	1	1
5	2	4	6	6	3	2	2	1	1
2	6	2	5	6	2	2	2	4	1
1	2	5	1	6	5	2	1	3	1

Dolly

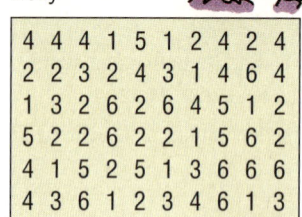

4	4	4	1	5	1	2	4	2	4
2	2	3	2	4	3	1	4	6	4
1	3	2	6	2	6	4	5	1	2
5	2	2	6	2	2	1	5	6	2
4	1	5	2	5	1	3	6	6	6
4	3	6	1	2	3	4	6	1	3

Emilio

1	1	1	1	4	3	5	6	6	6
6	5	4	1	5	3	6	4	3	4
3	2	6	2	6	4	6	2	1	1
1	5	2	3	3	5	5	6	2	2
5	1	5	6	2	3	3	2	6	4
3	6	4	6	5	4	4	2	5	3

Wir haben den Würfel mit 600 Würfen getestet.

Der Würfel ist ganz neu und einwandfrei.

Betrug! 6-mal habe ich gewürfelt, und keine einzige Sechs dabei!

Das ist Pech, aber kein Betrug.

1. In jeder der Listen mit Testergebnissen bedeutet jede Spalte eine Serie von sechs Würfen. Wie viele Spalten sind es in allen Listen zusammen? Wie viele von ihnen sind ohne die Augenzahl 6? Schätze zuerst, dann zähle nach.

	Spalten ohne 6
Arne	4
Birgit	

Gleichwahrscheinlich, also jede Augenzahl einmal bei 6 Würfen?

Nein, aber jede Augenzahl 100-mal bei 600 Würfen.

Aber nur ungefähr 100-mal.

Also ich schätze 90- bis 110-mal bei 600 Würfen.

2. Zähle, wie oft jede Augenzahl bei den Testwürfen gewürfelt wurde. Zähle zunächst in den einzelnen Listen und addiere dann für alle zusammen. Berechne zuletzt die relativen Häufigkeiten.

Augen-zahl	Arne	Birgit		gesamt	gesamt/600
⚀	8				
⚁	13				
⚂	9				
⚃	7				
⚄	11				
⚅	12				
Summe	60	60		600	

Die Würfel fallen

7 Stochastik

ALADIN — 10 Cent jeder Wurf — Gewinn 30 Cent bei ⚂⚂⚂

BOOOOM — 10 Cent jeder Wurf — Gewinn 20 Cent bei ⚁ ⚃

CASINO — 10 Cent jeder Wurf — Gewinn 60 Cent bei ⚅

Wo sollen wir spielen?
Wo am meisten zu holen ist.
Und wo ist das?

Franzi
```
2 6 2 5 5 2 6 5 5 1
5 2 1 1 3 1 2 3 4 1
1 5 2 3 2 6 3 1 5 3
6 5 3 2 1 5 2 5 3 2
1 2 4 2 3 5 4 3 3 1
4 5 5 4 1 3 1 4 3 1
```

Gerd
```
3 5 5 4 5 3 1 3 3 6
4 6 2 1 3 5 5 6 1 1
4 1 6 3 5 3 4 1 1 4
4 4 5 3 2 2 6 6 6 5
2 5 4 1 6 2 5 1 3 5
1 2 2 2 6 1 1 3 6 1
```

3. Wie viel Geld hättest du mit den 600 Testwürfen gewonnen oder verloren? Schätze zuerst, dann rechne.

	Aladin	Boooom	Casino
Anzahl der Gewinnwürfe			
Anzahl mal Gewinn			
Kosten für 600 Würfe			
Gesamter Gewinn/Verlust			

Hanna
```
4 4 5 4 1 6 4 6 6 4
2 6 5 6 5 2 2 6 3 4
2 4 2 2 3 3 4 6 3 4
2 2 1 2 1 3 5 3 2 2
4 5 2 3 3 6 4 4 5 1
5 1 2 6 5 6 6 4 3 2
```

Ob der das lange aushält, jedes Mal einen Gewinn auszuzahlen?
Er kassiert aber auch jedes Mal den Einsatz.

Hier gewinnt jeder Wurf! — 50 Cent jeder Wurf — Gewinn = Augenzahl mal 10 Cent

Ingo
```
4 3 5 3 1 5 5 5 1 6
4 5 1 2 2 6 6 3 2 1
6 3 1 3 1 4 6 6 1 4
1 5 5 6 4 1 5 5 3 5
3 5 4 2 5 5 6 3 6
2 2 2 1 5 2 1 3 4 2
```

4. „Augenzahl mal 10 Cent", wie viel Geld hättest du bei den 600 Testwürfen gewonnen oder verloren, wenn jeder Wurf 50 Cent kostet?

	Anzahl	Anzahl · Gewinn
⚀		
⚁		
⋮		
Gewinn gesamt		
Kosten f. 600 Würfe		

5. Bei welchem Einsatz pro Wurf ginge es für alle plusminus Null aus?

Jenny
```
2 4 3 4 6 3 1 5 2 6
1 3 4 2 6 3 4 1 6 3
1 5 5 5 6 5 4 1 3 1
2 6 2 3 3 4 3 1 2 1
6 4 4 6 5 3 5 2 4 1
5 5 5 3 6 2 5 6 5 2
```

Erwarteter Gewinn oder Verlust

> Auf zum Glücksrad, 5 € oder 1 € kann man gewinnen.
>
> Aber auch 0 €, also gar nichts.
>
> Und den Einsatz von 2 € musst du auf jeden Fall bezahlen.
>
> Erst mal nachdenken, wie viel im Durchschnitt zu erwarten ist.
>
> Werwillnochmalwerhatnochnicht ... Einsatz: 2 €

Den durchschnittlich zu **erwartenden Gewinn** (oder **Verlust**) pro Spiel berechnet man so:
1. Jede Zahlung mit der zugehörigen Wahrscheinlichkeit multiplizieren.
2. Die Summe dieser Produkte bilden und
3. den Einsatz subtrahieren.

$$E = 5\,€ \cdot \tfrac{1}{5} + 1\,€ \cdot \tfrac{2}{5} - 2\,€$$
$$= -0{,}60\,€$$

Pro Spiel ist ein durchschnittlicher **Verlust von 0,60 €** zu erwarten.

Aufgaben

1. Der Einsatz ist der Preis für einmal Drehen des Glücksrades. Wie viel gewinnt oder verliert ein Spieler durchschnittlich pro Spiel?

2. Der Einsatz ist für einmaliges Würfeln. Ausgezahlt wird die Augenzahl in Cent. Wie viel gewinnt oder verliert ein Spieler im Durchschnitt pro Spiel?
   a) Einsatz: 4 Cent
   b) Einsatz: 3 Cent
   c) Einsatz: 2 Cent
   d) Einsatz: 4 Cent

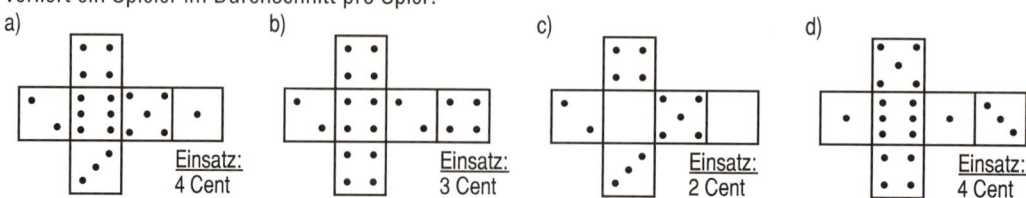

3. Esther und Martin würfeln abwechselnd um Gummibärchen. Esther gewinnt bei den Augenzahlen 1, 2, 3 oder 4, Martin bei 5 oder 6. Der Gewinner erhält vom anderen die Augenzahl in Gummibärchen. Ist das Spiel fair, oder ist einer besser gestellt als der andere?

7 Stochastik

Mehrstufige Zufallsversuche

2 rote und 2 schwarze Kugeln sind in der Urne. Ich mische und dann ziehst du 2 Kugeln.

2 mal rot will ich ziehen.

Beim 1. Zug hat „rot" die Chance $2 : 4 = \frac{1}{2}$

Aber beim 2. Zug sind nur noch 3 Kugeln in der Urne ...

Überlege es dir mit einem Baumdiagramm.

Produktregel: Die Wahrscheinlichkeit eines Ereignisses ist das Produkt der Wahrscheinlichkeiten längs des zugehörigen Pfades im Baumdiagramm.

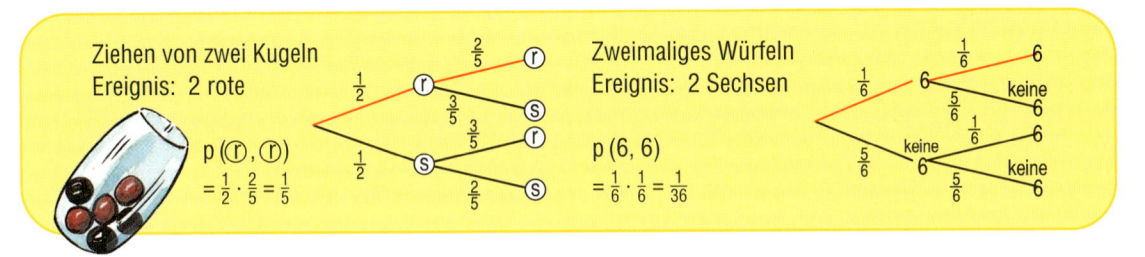

Ziehen von zwei Kugeln
Ereignis: 2 rote

$$p(\text{r}, \text{r}) = \frac{1}{2} \cdot \frac{2}{5} = \frac{1}{5}$$

Zweimaliges Würfeln
Ereignis: 2 Sechsen

$$p(6, 6) = \frac{1}{6} \cdot \frac{1}{6} = \frac{1}{36}$$

Aufgaben

1. Die vier Könige eines Skatspiels liegen verdeckt auf dem Tisch. Zwei Karten werden gezogen. Mit welcher Wahrscheinlichkeit sind es zwei rote Könige?

2. Eine Münze wird zweimal geworfen. Mit welcher Wahrscheinlichkeit erscheint zweimal „Wappen"?

3. In einer Urne liegen 50 Lose, davon sind 5 Gewinne, der Rest Nieten. Claudia zieht zwei Lose. Mit welcher Wahrscheinlichkeit zieht Claudia zwei Nieten?

4. Der „Spielautomat" besteht aus zwei Glücksrädern, die sich beide gleichzeitig drehen. Mit welcher Wahrscheinlichkeit zeigt die gemeinsame Anzeige
   a) links 6, rechts 6;
   b) links gerade, rechts gerade;
   c) links 6, rechts keine 6;
   d) links 1, 2 oder 3, rechts 5 oder 6?

5. Aus einem gut gemischten Skatspiel mit 32 Karten werden verdeckt zwei Karten gezogen. Mit welcher Wahrscheinlichkeit sind es
   a) 2 Kreuz-Karten;
   b) 2 schwarze Karten;
   c) 2 Asse;
   d) 2 Bilder (König, Dame oder Bube)?

6. Für ein Ferienhaus erhält Frau Hirt insgesamt 5 nicht gekennzeichnete Schlüssel, 2 davon passen auf die Haustür. Sie probiert jeden Schlüssel, ob er passt und kennzeichnet ihn. Mit welcher Wahrscheinlichkeit findet sie einen, der die Haustür öffnet
   a) im 1. Versuch;
   b) im 2. Versuch;
   c) im 3. Versuch;
   d) im 4. Versuch?

7 Stochastik — Testen, Üben, Vergleichen

1. Arno und Rolf sind 6 Tage gewandert. 18 km, 25 km, 17 km, 30 km, 28 km und 21 km waren die Tagesetappen. Wie viel km waren es durchschnittlich an einem Tag?

2. So viele Briefe versendete das Büro Köppert 2003 an einem Tag. Wie hoch war das durchschnittliche Briefporto?

Porto	Anzahl
0,55 €	18
1,00 €	23
1,44 €	26
2,20 €	8

3. Angenommen, die Anzahl Briefe des Büros Köppert aus Aufgabe 3 seien repräsentativ für alle 15 000 Briefe des Jahres. Wie hoch (etwa) waren dann die gesamten Portokosten?

4. Mit welcher Wahrscheinlichkeit würfelt man mit einem fairen Würfel eine Augenzahl
   a) von 2 bis 5 einschließlich, b) weder 2 noch 5?

5. In einer Kiste sind gut gemischt 60 Zettel mit Namen, einer wird gezogen. Mit welcher Wahrscheinlichkeit ist es der Name
   a) von einem der 42 Mädchen,
   b) von einem der 12 katholischen Kinder?

6. Ein Glücksrad mit den Zahlen 0 bis 9 wird 1000-mal gedreht. Wie oft ungefähr ist dabei eine Zahl von 0 bis 3 zu erwarten?

7. Das Glücksrad wird mit 1 € Einsatz einmal gedreht. Wie hoch ist der zu erwartende Gewinn oder Verlust?

8. In Julians „Spielbank" kostet einmal Würfeln den Einsatz von 1,50 €.
   Gewinne: ⚀ 1 €   ⚁ 2 €   ⚂ 3 €
   a) Welchen Gewinn oder Verlust hat ein Spieler durchschnittlich zu erwarten?
   b) Bei welchem Einsatz wäre der durchschnittliche Gewinn „plus minus Null"?

9. In einer Urne sind 50 Lose, nämlich 10 Gewinne und 40 Nieten. Karin zieht zwei Lose. Mit welcher Wahrscheinlichkeit sind es
   a) zwei Gewinne;   b) zwei Nieten?

10. Raja dreht zweimal ein Zehnerglücksrad mit den Zahlen 0 bis 9. Mit welcher Wahrscheinlichkeit erzielt er
    a) zweimal die 5; b) erst 5, dann eine andere Zahl?

Den Mittelwert von Größen berechnet man so:
1. Größen addieren.
2. Die Summe durch die Anzahl dividieren.

Beispiel: 73 kg, 87 kg, 54 kg, 66 kg, 73 kg
Mittelwert:
$\frac{73 + 87 + 54 + 66 + 73}{5}$ kg = $\frac{353}{5}$ kg = 70,6 kg ≈ 71 kg

---

Eine **Stichprobe** ist der Teil der Gesamtheit, der untersucht wird. Sie ist **repräsentativ**, wenn ihre Ergebnisse auf die Gesamtheit übertragbar sind.

Bei einem Zufallsversuch mit gleichwahrscheinlichen Ausfällen ist die **Wahrscheinlichkeit** eines Ereignisses:

$$p \text{ (Ereignis)} = \frac{\text{Anzahl der günstigen Ausfälle}}{\text{Anzahl aller möglichen Ausfälle}}$$

Beispiel: Würfeln mit einem fairen Würfel
6 Ausfälle (= 6 Augenzahlen) sind möglich, 2 davon sind günstig für das Ereignis „5 oder 6", also ist die Wahrscheinlichkeit:
p (5 oder 6) = $\frac{2}{6} = \frac{1}{3}$ ≈ 0,33 = 33%

Den durchschnittlich zu **erwartenden Gewinn** (oder Verlust) pro Spiel berechnet man so:
1. Jeden Gewinn mit seiner Wahrscheinlichkeit multiplizieren,
2. alle diese Produkte addieren und
3. den Einsatz subtrahieren.

Beispiel:
Drehen des Glücksrades   Einsatz: 2 €
Erwarteter Gewinn:
E = 5 € · $\frac{1}{4}$ + 1 € · $\frac{1}{4}$ − 2 €
  = − 0,50 € (Verlust)

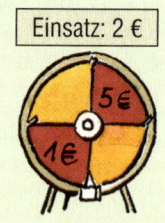

Produktregel: Die Wahrscheinlichkeit eines Ereignisses ist das Produkt der Wahrscheinlichkeiten längs des zugehörigen Pfades im Baumdiagramm.

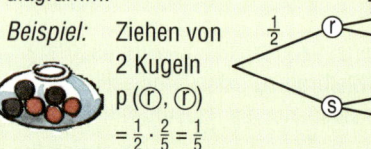

Beispiel: Ziehen von 2 Kugeln
p (r, r) = $\frac{1}{2} \cdot \frac{2}{5} = \frac{1}{5}$

Testen, Üben, Vergleichen

7 Stochastik

141

1. Bauer S. hat notiert, wie viele Ferkel seine Sauen geworfen haben.

Ferkel	
5	I
6	
7	I
8	II
9	IIII
10	HHH I
11	IIII
12	HHH
13	I
14	I

   a) Wie viele Ferkel sind es durchschnittlich? Runde ganzzahlig.

   b) Angenommen, dies ist repräsentativ. Wie viele Ferkel sind es dann (etwa) in insgesamt 500 Würfen?

2. Eine Bäckerei stellt Nussbrot her. Dazu werden 4 kg Haselnüsse in 46 kg Brotteig gegeben. Wie viel g Nüsse sind (etwa) in einer 100-g-Stichprobe, wenn gut gemischt worden ist?

3. Berechne die relativen Anteile. Schreibe sie als Bruch, als Dezimalbruch und als Prozentsatz.

   a) Von den 28 Kindern der Klasse 7a sind 7 Nichtschwimmer.

   b) 18 von 45 getesteten Fahrrädern hatten Mängel.

   c) Von den 25 gültigen Stimmen bei der Wahl zum Klassensprecher erhielt André 8 Stimmen, Sarah 12 und Vera die restlichen Stimmen.

4. „Mensch ärgere dich nicht", Grün ist am Zug. Mit welcher Wahrscheinlichkeit

   a) kann Grün den roten Stein schlagen,

   b) kann Grün den roten Stein *nicht* schlagen,

   c) kann Grün in sein Haus gelangen,

   d) muss sich Grün vor den roten Stein setzen,

   e) kann Grün keinen Stein bewegen?

5. Bestimme für ein Glücksrad mit den Zahlen von 1 bis 12 die Wahrscheinlichkeit

   a) p (gerade Zahl);   b) p (Vielfaches von 4);   c) p (höchstens 9);   d) p (mindestens 10).

6. Die Kugeln in der Urne werden gut gemischt, dann werden zwei gezogen. Mit welcher Wahrscheinlichkeit sind es

   a) zwei gerade Zahlen;   b) zwei Zahlen größer als 4;

   c) weder 0 noch 9;   d) die Zahlen 0, 1 oder 1, 0?

7. In Deutschland muss jeder Glücksspielautomat im Durchschnitt 60% (oder mehr) der Einsätze wieder auszahlen.

Auszahlung €	Wahrscheinlichkeit %
1	50
5	10
10	5
50	1
100	1

   a) Erfüllt dieser Automat die Vorschrift?

   b) Der Besitzer des Automaten rechnet mit monatlich 10 000 Spielen. Welchen Gewinn kann er erwarten?

   c) Mit welchem Verlust muss ein Spieler rechnen, der an einem Wochenende 1 000-mal spielt?

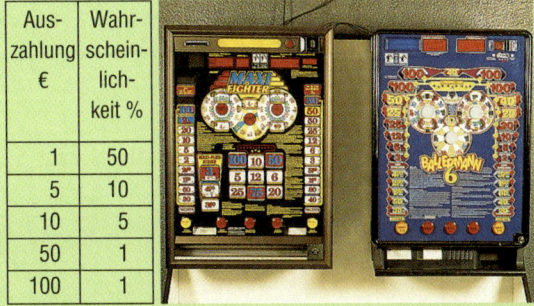

8. In einer Urne sind 10 Kugeln, 9 schwarze und 1 weiße. Max und Moritz dürfen abwechselnd eine Kugel ziehen, wer die weiße zieht, hat gewonnen. Max und Moritz zanken, wer als erster ziehen darf. Lohnt der Zank, ist es wichtig, wer anfängt?

Qualitätssicherung

Grundfertigkeiten

1. a) $\frac{1}{2}$ von 324 €   b) $\frac{3}{7}$ von 84 m   c) $\frac{4}{5}$ von 75 kg   d) $\frac{2}{3}$ von 114 cm   e) $\frac{3}{4}$ von 220 g

2. a) $\frac{2}{3} + \frac{7}{3}$ b) $\frac{8}{9} - \frac{5}{9}$ c) $\frac{5}{8} - \frac{1}{4}$ d) $\frac{2}{3} + \frac{1}{6}$ e) $\frac{5}{6} - \frac{3}{4}$ f) $\frac{2}{3} + \frac{1}{4}$

3. a) $\frac{1}{2} \cdot 9$ b) $6 \cdot \frac{4}{9}$ c) $\frac{3}{4} : 2$ d) $2\frac{2}{3} : 4$ e) $\frac{2}{9} \cdot \frac{3}{4}$ f) $\frac{2}{3} : \frac{1}{4}$

4. Wie viele $\frac{3}{4}$-l-Flaschen kann man mit 1 000 l Orangensaft füllen?

5. a) 0,28 · 10   b) 124,9 · 1 000   c) 12,47 : 10   d) 127,45 : 1 000   e) 27,3 : 1 000
    3,79 · 100   0,894 · 100   0,843 : 100   240,9 : 1 000   27,3 · 1 000

6. a) 93,3 + 18,5   b) 10,5 − 7,9   c) 4,32 · 12   d) 40,05 : 9   e) 12,05 · 3,22
    1,27 + 14,64   125,9 − 8,74   0,87 · 1,8   5,901 : 0,7   100 : 0,75

7. Berechne die fehlende Größe.

	a)	b)	c)	d)	e)	f)
Grundwert	240 kg	138 m	180 kg	450 €	54 l	92 km
Prozentsatz	64%		36%		25%	
Prozentwert		8,28 m		157,50 €		13,8 km

8. a) Herr Mahle kauft einen Fernseher zu 825 €. Wegen Barzahlung spart er 2%. Wie viel zahlt Herr Mahle?
   b) Der Preis eines Mantels wird von 128 € auf 89,60 € herabgesetzt. Wie viel % Preisnachlass ist das?

9. 500 Personen wurden gefragt, wer in der kommenden Saison deutscher Fußballmeister wird. Die Antworten: Bayer Leverkusen 80 Personen, Bayern München 140 Personen, Hertha BSC 210 Personen und Borussia Dortmund 70 Personen. Berechne die prozentualen Anteile und zeichne ein Säulendiagramm.

10. Schreibe mit einer positiven bzw. negativen Zahl:
    a) 5 Grad unter Null   b) 12 Grad über Null   c) 400 € Guthaben   d) 250 € Schulden

11. a) Welche der beiden Zahlen −8 und 3 ist die größere?   b) Welche hat den größeren Betrag?

12. a) −29 + 38   b) −63 − 124   c) 4 · (−15)   d) −108 : 12   e) −12 · (−15)   f) −192 : (−8)
     −27 + 18   72 − 151   −3 · 27   108 : (−18)   0 · (−278)   −18 · (−1)

13. a) −3 · 5 + 8 · (−9)   b) (−12 + 63) : (−3)   c) 100 : 20 − 50 : 10   d) −26 − 144 : (−16) − 53
     124 · (−4) + 48   (15 − 45) · (−2)   −128 + 8 · (−9) − 37   −13 · (−54) + 120 : (−5)

14. Löse die Gleichung.
    a) $4x + 12 = 40$ b) $18 - 2z = 4$ c) $4 + 3y = -20$ d) $7y + 9 = 65$ e) $5 - 3x = 17$

15. a) $3y + 7 - 4y + 8 + 5y = 39$ b) $48 - 3x + 7 - 5x - 39 + 9x = 10$
    c) $17 + 5z + 18 - 9z + 8 - 18z = -1$ d) $4 - 3y + 9 - 16y - 41 + 2y = 40$

16. a) Herr Löwen ist 7 Jahre älter als seine Frau. Beide zusammen sind 95 Jahre alt. Wie alt ist er, ist sie?
    b) Daniela kauft einen Scanner zu 145 € und 4 Packungen CD-Rohlinge. Insgesamt zahlt sie 172,60 €. Wie viel kostet eine Packung CD-Rohlinge?

17. a) Zeichne das Dreieck A(1|2) B(12|0,5) C(4|10) und konstruiere den Mittelpunkt seines Umkreises.
b) Zeichne noch einmal dasselbe Dreieck ABC und konstruiere den Mittelpunkt seines Inkreises.

18. Berechne die Winkel α, β, γ, δ aus den gegebenen Winkelgrößen.

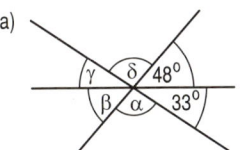

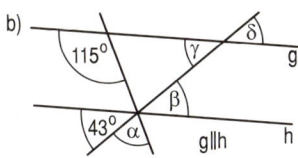

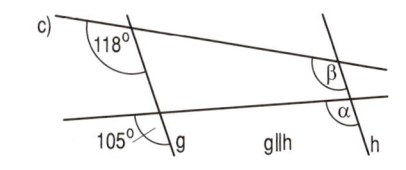

19. Wie groß ist die Entfernung? Schätze zuerst, und bestimme sie dann mit einer genauen Zeichnung.

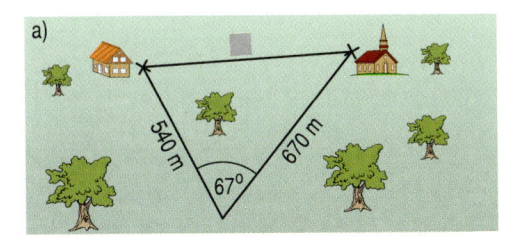

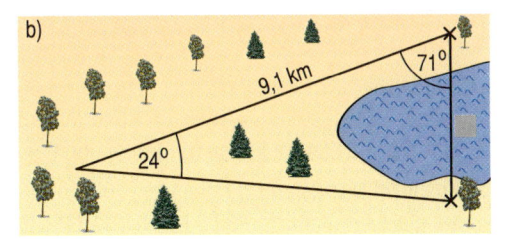

20. Übertrage ins Heft und spiegele an s.

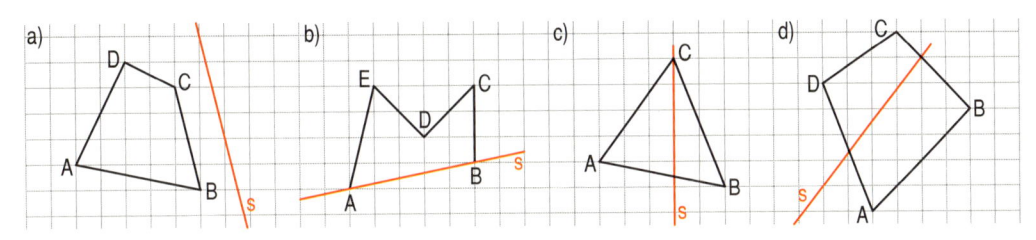

21. Zeichne ein Quadrat, ein Rechteck, eine Raute, ein gleichschenkliges Trapez und einen Drachen sowie jeweils alle Symmetrieachsen dazu.

22. Ein Fass Rotwein wurde in 720 Flaschen umgefüllt, jede zu 0,7 l. Wie viel l Rotwein waren in dem Fass?

23. a) Ein Ferienhaus kostet pro Tag 55 €. Zeichne den Graphen der Zuordnung Anzahl Tage $\longrightarrow$ Preis.
b) Wie viel kostet die Miete für 3, 7, 10 oder 18 Tage?
c) Familie Stöhr möchte höchstens 750 € für Miete ausgeben. Wie viele Tage kann sie maximal mieten?

24. Bestimme die fehlende Größe. Die Zuordnung soll die angegebene Eigenschaft haben.

a)
g	€
250	3,00
500	■

proportional

b)
min	l
3	1,8
50	■

proportional

c)
cm³	g
5	47
24	■

proportional

d)
Pers.	€
42	16
28	■

antiproportional

e)
$\frac{km}{h}$	min
80	45
50	■

antiproportional

25. Überlege, bevor du rechnest: proportional, antiproportional oder keins von beiden.
a) 7 Lkws brauchen für den Abtransport eines Schuttberges 3 h. Wie lange brauchen 5 Lkws?
b) 7 Lkws auf einem Güterzug brauchen 3 h für die Fahrt zum Händler. Wie lange brauchen 5 Lkws?
c) Um 7 Lkws zu reinigen, brauchen zwei Mann 3 h. Wie lange brauchen sie für die Reinigung von 5 Lkws?

Komplexe Aufgaben

1. Julias Zimmer wird renoviert.
   a) Julias Mutter näht neue Vorhänge. 1 m Stoff kostet 7,90 €. Stelle die Zuordnung Meter ⟶ Euro im Koordinatensystem dar und lies ab, wie viel m Stoff man für 25 € und für 30 € ungefähr bekommt.
   b) Für das Esszimmer hatte Julias Vater vorigen Monat 9 Rollen Rauhfasertapete zum Preis von 67,50 € gekauft. Für Julias Zimmer werden 7 Rollen derselben Tapete benötigt. Wie viel € kosten sie?
   c) Wenn Julias Vater mit einer 18 cm breiten Rolle streicht, reichen 30 l Farbe für 60 m² Wandfläche. Für wie viel m² reicht dieselbe Farbmenge, wenn er mit einer 22 cm breiten Rolle streicht?
   d) Eine Dose mit 2 kg Teppichbodenkleber reicht für eine Fläche von 9 m². Wie viel Kleber benötigt man für 14 m²?

2. Auf dem Wochenmarkt.
   a) Die Tabelle zeigt Preise für Kartoffeln. Stelle die Zuordnung Menge ⟶ Preis im Koordinatensystem dar und lies die Preise für 3,5 kg und 6,5 kg ab.

Menge in kg	2	3	4	5
Preis in €	0,90	1,35	1,80	2,25

   b) An einem Marktstand werden von 7.00 Uhr bis 8.30 Uhr 75 kg Kartoffeln verkauft. Wie viel kg werden am gleichen Stand von 9.00 Uhr bis 11.00 Uhr verkauft?
   c) Bauer Harms bietet an seinem Stand Tomaten zu 1,29 € pro kg an, Bauer Weding verlangt 1,35 € pro kg. Herr Bitter hat für 2,8 kg Tomaten 3,78 € bezahlt. An welchem der beiden Stände hat er gekauft?
   d) Ein Blumenhändler bindet 10 Sträuße mit jeweils 15 Gerbera. Aus der gleichen Anzahl Rosen bindet er 6 Sträuße. Wie viele Rosen sind in einem Strauß?
   e) Frau Krack zahlt für 500 g Kirschen 1,95 €. Für eine Nachbarin kauft sie zusätzlich 700 g derselben Sorte am selben Stand. Wie viel kosten die Kirschen für die Nachbarin?

3. Die Klasse 7b unternimmt eine Klassenfahrt.
   a) Nach 65 km Fahrt sagt der Busfahrer: „20% des Weges sind hinter uns." Wie lang ist der ganze Weg?
   b) Jeder Teilnehmer muss 130 € zahlen. Davon sind 35 € für den Bus, 85 € für Übernachtung und Verpflegung, der Rest für Sonstiges. Berechne die prozentualen Anteile (runde auf eine Stelle nach dem Komma) und stelle sie mit einem Kreisdiagramm dar.
   c) Für einen Schüler, dessen Eltern zur Zeit arbeitslos sind, zahlt die Stadt einen Zuschuss von 60% seiner Kosten. Wie viel € sind das?
   d) Eine Übernachtung mit Vollverpflegung kostet 21,25 €. Vor einem Jahr wurden in derselben Jugendherberge dafür 20 € berechnet. Um wie viel Prozent ist der Preis gestiegen?
   e) Der Eintritt in den Zoo kostet für Einzelpersonen 9 €. Die Klasse erhält eine Gruppenermäßigung von 40%. Wie viel kostet jetzt eine Eintrittskarte?

4. Im Supermarkt.
   a) Eine Packung Super-Weiß kostet dreimal so viel wie eine Flasche Weichspüler. Für beide zusammen zahlt man 24 €. Berechne die Einzelpreise.
   b) Herr Baier kauft eine Packung Müsli für 3 € und zwei Packungen Kaffee. Insgesamt zahlt er 11 €. Wie viel kostet eine Packung Kaffee?
   c) Am Dienstag wurden 36 Flaschen Milch mehr verkauft als am Montag. An beiden Tagen wurden zusammen 288 Flaschen verkauft. Wie viele Flaschen wurden am Montag verkauft?
   d) Frau Timm arbeitet als Aushilfe im Supermarkt. Im Februar verdiente sie 120 € mehr als im Januar und im März 80 € mehr als im Januar, insgesamt 860 € in drei Monaten. Wie viel verdiente sie im Januar?

Lösungen der TÜV-Seiten

Seite 44

1. a) 2, 7   b) 1, 2, 5, 7, 8   c) 1, 2, 4, 6, 7, 8   d) 3, 9   e) 5, 10
2. —   3. —   4. —   5. —   6. —
7. a) Beim gleichseitigen Dreieck.
   b) W und S liegen immer innen.
   M und H können auch außerhalb liegen (beim stumpfwinkligen Dreieck).
8. Mittels Thaleskreis über $\overline{AB}$ und auf dem Kreisbogen.
9. 4,5 cm (Thaleskreis)
10. —   11. —

Seite 45

1. —   2. —   3. 3,8 km
4. a) Quadrat, Rechteck, Parallelogramm, Raute.
   b) Quadrat, Rechteck.
   c) Quadrat, Rechteck, Parallelogramm, Raute.
   d) Quadrat, Raute, Drachen.
5. —
6. a) Gegenüberliegende Seiten sind parallel und gleich lang.
   b) Nebeneinanderliegende Seiten sind gleich lang.
   c) 2 Gegenüberliegende Seiten sind parallel die anderen Seiten sind gleich lang und haben den gleichen Winkel zur Grundseite.
7. a) bei einer Raute sind alle Seiten gleich lang   b) unendlich viele
8. Satz des Thales anwenden   9. Es muss der Schwerpunkt konstruiert werden.
10. a) Rechteck   b) Raute

Seite 70

1. a) 10,34 kg   b) 486,31 €   c) 8,9%   2. 35,4%
3. a) Preissenkung um 15,84 € auf 248,16 €   b) Preiserhöhung um 15,40 € auf 155,40 €
4. a) 13,93 €   b) 134,24 €   c) 9,18 €   d) 297 €
5. 112,50 €   6. 24 000 €
7. a) 13,10 € Rabatt; zu zahlen: 423,40 €   b) 1,69 € Rabatt; zu zahlen: 82,81 €
   c) 63,20 € Rabatt; zu zahlen: 726,80 €
8. a) 820,50 €   b) 279,72 €   9. 1 446,98 €
10. a) 84,576 € ≈ 84,58 €   b) 3,57% (gerundet)   c) $144\frac{4}{9}$ km ≈ $144,\overline{4}$ km
    d) 136 €   e) 200%   f) 0,225 kg
11. 1,7 Mrd. DM Biersteuer (ca. 850 Mio. €); 21,7 Mrd. DM Tabaksteuer (ca. 11,1 Mrd. €).
12. 924,45 €

Lösungen der TÜV-Seiten

Seite 71

1. a) K = 200 €; Z = 10 €; p = 5%   b) K = 1 000 €; Z = 75 €; p = 7,5%
2. a) 48 €   b) 106,25 €
3. 275 €
4. a) 7%   b) 10,5%   5. 6,5%
6. a) 750 €   b) 5 600 €   7. 4 000 €

8.

	a)	b)	c)
Kapital	280 €	1 000 €	1 612 €
Zinssatz	2,7%	$5\frac{1}{2}$%	9,5%
Jahreszins	7,56 €	55 €	153,14 €

9. a) $\frac{2}{3}$ b) $\frac{1}{2}$ c) $\frac{3}{4}$ 10. a) 215,33 €   b) 1 211,33 €   11. a) 5,10 €   b) 36,62 €

Seite 91

1. a) u = 2y + 4x   b) u = 2b + a + c
2. 9x + 8: 44; 98; 26; −19; −55; −128
3. a) y = 8   b) x = 10   c) z = 5   d) y = −10   e) x = −6   f) z = −5
4. a) x = −1   b) y = $\frac{5}{10}$ = $\frac{1}{2}$ c) z = 10
5. a) $6x^2 + 15x$ b) 63 ab − 28 a   c) $10x^2 - 8xy$
6. a) 5 · (5a + 8)   b) 7x · (3y − 4)   c) 12a · (−2a + 3b)
7. h = $\frac{2A}{g}$
8. a) 31,5 cm²   b) 7,8 cm   c) 7,2 m
9. a) 2x − 3   b) x + y + 2   c) 3x − 7
10. a) x = −8   b) a = 2   c) x = 4   d) z = −1   e) x = 7   f) b = 6

Seite 106

1. a) A = 48 m²; u = 28 m   b) A = 17,5 m²; u = 17 m   2. a) 11 m²   b) 14 m²
3. Die Fläche der Wand ist 20 m². Ein Eimer reicht nicht.
4. a) A = 130 mm² = 1,3 cm²; u = 59 mm = 5,9 cm   b) A = 300 mm² = 3 cm²; u = 91 mm = 9,1 cm
   c) A = 250 mm² = 2,5 cm²; u = 74 mm = 7,4 cm   d) A = 450 mm² = 4,5 cm²; u = 113 mm = 11,3 cm
5. a) A = 12,6 cm²; u = 14,6 cm   b) A = 18,15 cm²; u = 17,6 cm
6. a) A = 5 cm²; u = 9,2 cm   b) A = 13,5 cm²; u = 15,6 cm
7. a) u = 40,84 m; A = 132,73 m²   b) u = 44,61 cm; A = 158,37 cm²
8. 12,57 m   9. A = 9,62 m² ≈ 2 405 282 Knoten hat der Teppich.

Lösungen der TÜV-Seiten

Seite 107

1. a) 60 cm²　　b) 60,8 cm²　　c) 22 cm²　　d) 84 cm²

2. a) Rechteck: 7 · 2,5 cm² = 17,5 cm²　　b) Quadrat: 3,5 · 3,5 cm² = 12,25 cm²
   c) Dreieck: $\frac{1}{2}$ · 5 · 7 cm² = 17,5 cm²　　d) Parallelogramm: 5,5 · 4 cm² = 22 cm²
   e) Trapez: (4,5 + 6,5) · $\frac{1}{2}$ · 3 cm² = 16,5 cm²

3. a) Hof 1: 90 m²; Hof 2: 205 m²
   b) Jeder Schüler hat etwa 76 cm² Platz.
   c) Hof 1: 38 m; Hof 2: 64 m
   d) –

4. a) Trapezfläche: $A_T = \frac{8,5 + 5,5}{2} \cdot 4,0$ m² = 28 m²
   Dreiecksfläche: $A_D = \frac{6 \cdot 4,2}{2}$ m² = 12,60 m²
   Gesamtfläche: $A = 2 \cdot A_T + 2 A_D$　　A = 81,20 m²
   b) Es müssen 975 Ziegel bestellt werden.
   c) 2 842 €

5. 176,71 cm²　　6. a) A = 132,73 m²; u = 40,84 m　　b) A = 158,37 cm²; u = 44,61 cm

7. a) 13,2 cm　b) 27,71 cm²　　8. 3,6 m²

9. a) 2,61 m²　　b) Front-/Rückseite: 1 050 cm²; Boden/Seitenteil: 900 cm² (3x); Dachfläche: 540 cm² (2x)

Seite 124

1. a) V = 343 cm³; O = 294 cm²　　b) V = 192 cm³; O = 208 cm²

2. Säulen sind die Körper a, b, c, d, e, g und i.
   Prismen sind die Körper a, c, d, e, g und i.
   Die Grundflächen sind Quadrat (a), Kreis (b), Dreieck (c), Parallelogramm (d), Sechseck (e), Quadrat (g) sowie ein unregelmäßiges Vieleck, zusammengesetzt aus einem Rechteck und einem Quadrat (i).

3. —　　4. a) O = 340,2 cm²　b) O = 330 cm²　　5. a) O = 66 cm²　b) O = 827,2 cm²
   　　　　　　V = 351 cm³　　　V = 350 cm³　　　　V = 27 cm³　　V = 1 286,4 cm³

6. a) 150 cm³　　b) 87,96 cm³　　c) 453,96 cm³

7. a) M = 75,40 cm²; O = 131,95 cm²　　b) M = 311,02 cm²; O = 501,08 cm²

Seite 125

1. —　　2. a) 126 cm³　b) 364 cm³　c) 2 400 cm³ = 2,4 l　d) 3 500 cm³ = 3,5 l

3. a) 260,82 m³　　b) 29-mal (genau: 28,98)

4. a) 2,4 m · 3 m = 7,2 m²
   b) Seitenwände je 3 · 2 m² = 6 m²
   　Vorder-/Rückwand　je 6 m²
   　Deckenfläche　　　je 4,8 m²
   　insgesamt　　　　　33,6 m²
   c) V = 6 m² · 3 m = 18 m³

5. a) 3 · 48 · 6 m² = 864 m²
   b) Dachfläche je: 10 · 48 m² = 480 m²
   　zusammen: 1 920 m²
   c) 2 · 352 m² + 672 m² + 112 m² = 1 488 m²　　d) V = 16 896 m³

6. a) 4 541,7 cm³　b) 410 cm³　c) 2 613,8 m³　d) 2 163 cm³　　7. a) 319,4 cm²　b) 213,8 cm²

8. a) M = 351,9 cm²; O = 754 cm²　b) M = 403,6 cm²; O = 738,5 cm²　c) M = 192,3 m²; O = 264,9 m²

Lösungen der TÜV-Seiten

Seite 140

1. $23\frac{1}{6}$ km = $23,1\overline{6}$ km
2. 2,448 DM ≈ 2,45 DM
3. 3
4. 400 Melonen
5. a) $\frac{2}{3}$ ≈ 66,7%   b) $\frac{2}{3}$ ≈ 66,7%
6. a) $\frac{42}{60}$ = 70%   b) $\frac{12}{60}$ = 20%
7. 75 Cent Gewinn
8. a) 50 Cent Verlust   b) Bei 1 €
9. a) $\frac{9}{245}$ ≈ 4%   b) $\frac{156}{245}$ ≈ 64%
10. a) $\frac{1}{100}$ = 1%   b) $\frac{9}{100}$ = 9%

Seite 141

1. a) Anzahl der Ferkel: 255, Anzahl der Würfe: 25
   Durchschnittliche Anzahl der Ferkel pro Wurf: $\frac{255}{25}$ ≈ 10
   b) 5 000 Ferkel

2. 8 g

3. a) $\frac{7}{28} = \frac{1}{4}$ = 0,25% = 25%   b) $\frac{18}{45} = \frac{2}{5}$ = 0,4% = 40%   c) André: $\frac{8}{25}$ = 0,32 = 32%
   Sarah: $\frac{12}{25}$ = 0,48 = 48%
   Vera: $\frac{5}{25} = \frac{1}{5}$ = 0,2 = 20%

4. a) p = $\frac{2}{6} = \frac{1}{3}$ ≈ 33%   b) p = $\frac{4}{6} = \frac{2}{3}$ ≈ 67%   c) p = $\frac{1}{6}$ ≈ 17%   d) p = $\frac{1}{6}$ ≈ 17%   e) p = 0%

5. a) p = $\frac{6}{12}$ = 50%   b) p = $\frac{3}{12}$ = 25%   c) p = $\frac{9}{12}$ = 75%   d) p = $\frac{3}{12}$ = 25%

6. a) p = $\frac{2}{9}$ b) p = $\frac{2}{9}$ c) p = $\frac{28}{45}$ d) p = $\frac{1}{45}$

7. a) Ja; 1 · 0,50 + 5 · 0,10 + 10 · 0,05 + 50 · 0,01 + 100 · 0,01 = 3;
   $\frac{3}{5}$ = 60%, wenn Einsatz höchstens 5 € beträgt.
   b) Bei einem Einsatz von 5 € kann er einen Gewinn von 20 000 € erwarten.
   c) Bei einem Einsatz von 5 € muss der Spieler mit einem Verlust von 2 000 € rechnen.

8. Für beide ist die Wahrscheinlichkeit zu gewinnen gleich groß, nämlich p = $\frac{1}{2}$.
   (derjenige, der anfängt, gewinnt:
   p = $\frac{1}{10} + \frac{9}{10} \cdot \frac{8}{9} \cdot \frac{1}{8} + \frac{9}{10} \cdot \frac{8}{9} \cdot \frac{7}{8} \cdot \frac{6}{7} \cdot \frac{1}{6} + \frac{9}{10} \cdot \frac{8}{9} \cdot \frac{7}{8} \cdot \frac{6}{7} \cdot \frac{5}{6} \cdot \frac{4}{5} \cdot \frac{1}{4} + \frac{9}{10} \cdot \frac{8}{9} \cdot \frac{7}{8} \cdot \frac{6}{7} \cdot \frac{5}{6} \cdot \frac{4}{5} \cdot \frac{3}{4} \cdot \frac{2}{3} \cdot \frac{1}{2} = \frac{1}{2}$
   derjenige, der als Zweiter zieht, gewinnt:
   p = $\frac{9}{10} \cdot \frac{1}{9} + \frac{9}{10} \cdot \frac{8}{9} \cdot \frac{7}{8} \cdot \frac{1}{7} + \frac{9}{10} \cdot \frac{8}{9} \cdot \frac{7}{8} \cdot \frac{6}{7} \cdot \frac{5}{6} \cdot \frac{1}{5} + \frac{9}{10} \cdot \frac{8}{9} \cdot \frac{7}{8} \cdot \frac{6}{7} \cdot \frac{5}{6} \cdot \frac{4}{5} \cdot \frac{3}{4} \cdot \frac{1}{3}$
   $+ \frac{9}{10} \cdot \frac{8}{9} \cdot \frac{7}{8} \cdot \frac{6}{7} \cdot \frac{5}{6} \cdot \frac{4}{5} \cdot \frac{3}{4} \cdot \frac{2}{3} \cdot \frac{1}{2} = \frac{1}{2}$)

Lösungen der Qualitätssicherung

Seite 142

1. a) 162 € b) 36 m c) 60 kg d) 76 cm e) 165 g   **2.** a) 3 b) $\frac{1}{3}$ c) $\frac{3}{8}$ d) $\frac{5}{6}$ e) $\frac{1}{12}$ f) $\frac{11}{12}$

3. a) $\frac{9}{2} = 4\frac{1}{2}$ b) $\frac{24}{9} = 2\frac{2}{3}$ c) $\frac{3}{8}$ d) $\frac{2}{3}$ e) $\frac{1}{6}$ f) $\frac{8}{3} = 2\frac{2}{3}$ **4.** 1 333 Flaschen

5. a) 2,8   b) 124 900   c) 1,247   d) 0,12745   e) 0,0273
      379   89,4   0,00843   0,2409   27 300

6. a) 111,8   b) 2,6   c) 51,84   d) 4,45   e) 38,801
      15,91   117,16   1,566   8,43   133,$\overline{3}$

7. a) W = 153,60 kg b) p% = 6% c) W = 64,8 kg d) p% = 35% e) W = 13,5 l f) p% = 15%

8. a) 808,50 €   b) 30%

9. Bayer Leverkusen: 16%   Bayern München: 28%   Herta BSC: 42%   Borussia Dortmund: 14%

10. a) −5°C   b) 12°C   c) 400 €   d) −250 €   **11.** a) 3   b) −8; |8| = 8

12. a) 9   b) −187   c) −60   d) −9   e) 180   f) 24
       −9   −79   −81   −6   0   18

13. a) −87   b) −17   c) 0   d) −88
       −448   60   −237   678

14. a) x = 7   b) z = 7   c) y = −8   d) y = 8   e) x = −4

15. a) y = 6   b) x = −6   c) z = 2   d) y = −4

16. a) 2x + 7 = 95; Frau Löwen (x): 44 Jahre; Herr Löwen: 51 Jahre
       b) 145 + 4x = 172,60; 1 Pck. CD's (x): 6,90 €

Seite 143

17. —   **18.** a) α = δ = 99°   β = 48°   γ = 33°   **19.** a) 670 m   b) 3,7 km   **20.** —
             b) α = 72°   β = γ = δ = 43°   c) α = 105°   β = 118°

21.

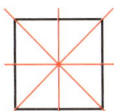

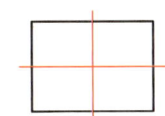

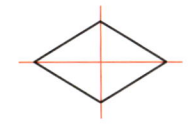

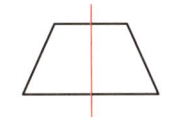

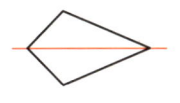

22. 504 l   **23.** a) —   b)

Tage	3	7	10	18
Miete (€)	165	385	550	990

c) 13 Tage

24. a) 6,00 €   b) 30 l   c) 225,60 g   d) 24 €   e) 72 min

25. a) antiproportional: 252 min = 4 h 12 min   b) keins: 3 h   c) proportional: ~129 min = 2 h 9 min

Seite 144

1. a) ~3,20 m für 25 €; ~3,80 m für 30 €   b) 52,50 €   c) Auch 60 m²   d) ~3,1 kg

2. a) ~1,58 € für 3,5 kg; ~2,93 € für 6,5 kg   b) kann man nicht sagen   c) Bauer Weding
       d) 25 Rosen   e) 2,73 €

3. a) 325 km   b) Bus 26,9 %, Übernachtung und Verpflegung 65,4 %, Sonstiges 7,7 %
       c) 78 €   d) 6,25 %   e) 5,40 €

4. a) Weichspüler: 6 €; Super-Weiß: 18 €   b) 4 €   c) 126 Flaschen   d) 220 €

Formeln

Rechteck	*Rechteck mit Seiten a, b*	Flächeninhalt: $A = a \cdot b$ Umfang: $u = 2a + 2b$
Dreieck	*Dreieck mit Grundseite g und Höhe h*	Flächeninhalt: $A = \dfrac{g \cdot h}{2}$
Parallelogram	*Parallelogramm mit g und h*	Flächeninhalt: $A = g \cdot h$
Trapez	*Trapez mit g_1, g_2, h*	Flächeninhalt: $A = \dfrac{g_1 + g_2}{2} \cdot h$
Kreis	*Kreis mit Radius r, Durchmesser d*	Flächeninhalt: $A = \pi \cdot r^2$ Umfang: $u = \pi \cdot d$ $u = 2\pi r$ $\pi = 3{,}141512\ldots$

Körper

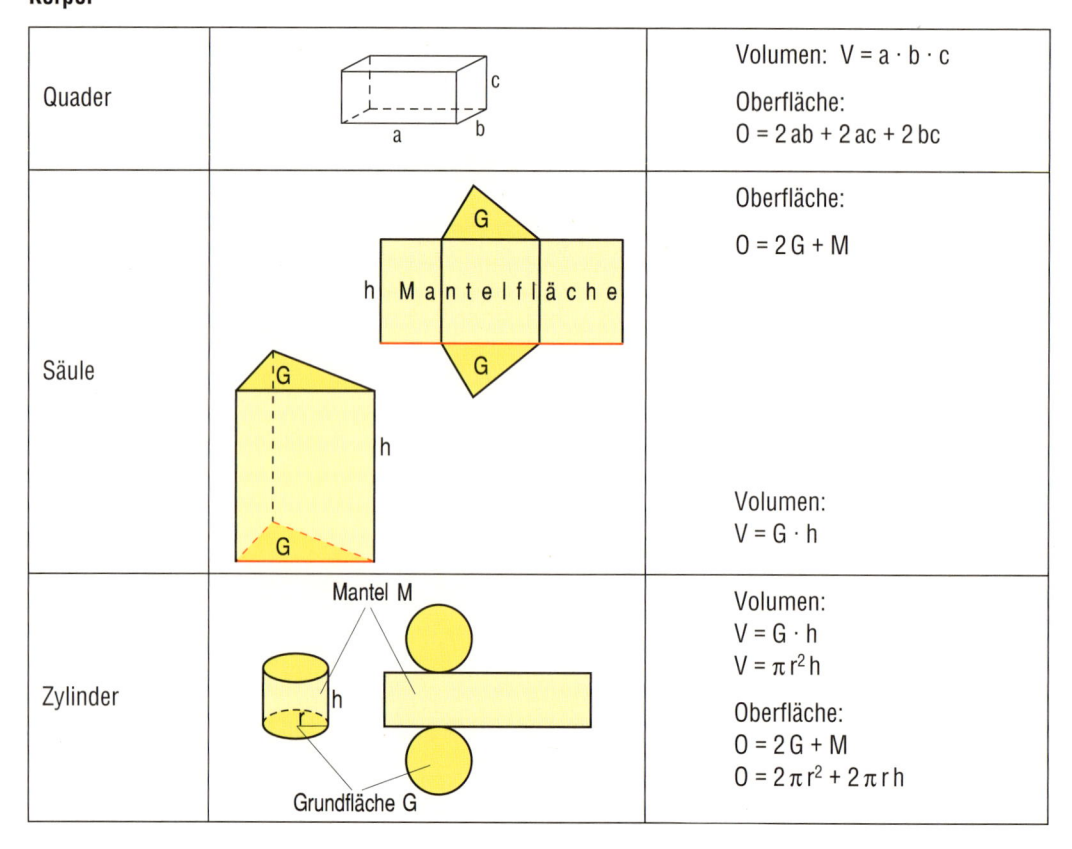

Quader	*Quader mit a, b, c*	Volumen: $V = a \cdot b \cdot c$ Oberfläche: $O = 2ab + 2ac + 2bc$
Säule	*Säule mit Grundfläche G, Mantelfläche, Höhe h*	Oberfläche: $O = 2G + M$ Volumen: $V = G \cdot h$
Zylinder	*Zylinder mit Mantel M, Grundfläche G, Höhe h, Radius r*	Volumen: $V = G \cdot h$ $V = \pi r^2 h$ Oberfläche: $O = 2G + M$ $O = 2\pi r^2 + 2\pi r h$

Maßeinheiten

Kilometer	Meter	Dezimeter	Zentimeter	Millimeter
1 km =	1 000 m			
	1 m =	10 dm =	100 cm =	1 000 mm
		1 dm =	10 cm =	100 mm
			1 cm =	10 mm

Quadratkilometer	Hektar	Ar	Quadratmeter
1 km² =	100 ha =	10 000 a	
	1 ha =	100 a =	10 000 m²
		1 a =	100 m²

Quadratmeter	Quadratdezimeter	Quadratzentimeter	Quadratmillimeter
1 m² =	100 dm² =	10 000 cm²	
	1 dm² =	100 cm² =	10 000 mm²
		1 cm² =	100 mm²

$1\ dm^3 = 1\ l$

Kubikmeter	Kubikdezimeter	Kubikzentimeter	Kubikmillimeter
1 m³ =	1 000 dm³		
	1 dm³ =	1 000 cm³	
		1 cm³ =	1 000 mm³

Hektoliter	Liter	Zentiliter	Milliliter
1 hl =	100 l		
	1 l =	100 cl =	1 000 ml
		1 cl =	10 ml

Tonne	Kilogramm	Gramm	Milligramm
1 t =	1 000 kg		
	1 kg =	1 000 g	
		1 g =	1 000 mg

Tag	Stunde	Minute	Sekunde
1 d =	24 h		
	1 h =	60 min	
		1 min =	60 s

Stichwortverzeichnis

absolute Häufigkeit 133
antiproportional 22
  – Zuordnung 26
Ausklammern 89, 91
Ausmultiplizieren 89, 91

Dichte 117
Drachen 38
Dreieck
  – Flächeninhalt 95, 106
  – Umfang 95, 106
Dreisatz 18
Durchmesser 100

Flächeninhalt
  – Dreieck 95, 106
  – Kreis 102, 106
  – Parallelogramm 96, 106
  – Quadrat 106
  – Rechteck 94, 106
  – Trapez 97, 106

gleichschenkliges Dreieck 30, 44
gleichseitiges Dreieck 30, 44
Gleichung 78, 91
Grundwert 48

Höhe 36, 44

Inkreis 35, 44

Jahreszinsen 62, 71

Kapital 61, 71
Körperhöhe 110, 124
Kreis
  – Durchmesser 100
  – Flächeninhalt 102, 106
  – Umfang 100, 106
Kreisdiagramm 59

Mantelfläche 124
Mittelsenkrechte 34, 44
Mittelwert 130, 140
Monatszinsen 66

Oberfläche
  – Quader 112, 124
  – Säule 113, 124
  – Würfel 112, 124
  – Zylinder 121, 124

Parallelogramm 38
  – Flächeninhalt 96, 106
  – Umfang 96, 106
Passante 42
Prisma 110, 124
  – Volumen 115
Produktregel 139, 140
Promille 57, 70
proportional 16
  – Zuordnung 26
Prozentformel 51
Prozentrechnung 70
Prozentsatz 48
Prozentwert 48

Quader
  – Oberfläche 112, 124
  – Volumen 114, 124
Quadrat 38
  – Flächeninhalt 106
  – Umfang 106

Rabatt 58, 70
Raute 38
Rechteck 38
  – Flächeninhalt 94, 106
  – Umfang 94, 106
rechtwinkliges Dreieck 30, 44
relative Häufigkeit 133
repräsentativ 131, 140

Satz des Thales 37, 44
Säule 110, 124
  – Körperhöhe 110, 124
  – Mantelfläche 124
  – Oberfläche 113, 124
Säulendiagramm 59
Schrägbilder 111
Schwerpunkt 36, 44
Sehne 42
Seitenhalbierende 36, 44
Sekante 42
Skonto 58, 70
spitzwinkliges Dreieck 30, 44
Stichprobe 131, 140
Streifendiagramm 59
stumpfwinkliges Dreieck 30, 44

Tageszinsen 66
Tangente 42, 44
Tangram-Spiel 92
Terme 75, 91
Termlexikon 76
Thaleskreis 37
Trapez 38
  – Flächeninhalt 97, 106
  – Umfang 97, 106

Umfang
  – Dreieck 95, 106
  – Kreis 100, 106
  – Parallelogramm 96, 106
  – Quadrat 106
  – Rechteck 94, 106
  – Trapez 97, 106
Umkreis 34, 44
Ungleichung 78

Variable 75, 91
Viereck 38
Volumen
  – Prisma 115
  – Quader 114, 124
  – Würfel 114, 124
  – Zylinder 122, 124

Wahrscheinlichkeit 135, 140
Winkelhalbierende 35, 44
Würfel
  – Oberfläche 112, 124
  – Volumen 114, 124

Zinsen 61, 71
Zinsjahr 71
Zinsmonat 71
Zinssatz 61, 71
Zinstage 71
Zylinder
  – Oberfläche 121, 124
  – Volumen 122, 124